数据库应用项目化教程

主　审　宋梦华

主　编　王　英　吴鸿飞

副主编　杨永健　赵　祯　郭　皓　何　焱

电子工业出版社

Publishing House of Electronics Industry

北京·BEIJING

内 容 简 介

本书以 SQL Server 2012 为数据库平台，为突出实践设计，采用项目"网上商城数据库系统"引导，按照基于工作过程的设计思想组织教材的 4 个模块，每个模块分成若干个任务实现。模块 1 为数据库的创建，先介绍数据库的基础知识，再对数据库版本进行选择和安装，以及关系数据库的设计，最后创建网上商城数据库和其中的表。模块 2 为数据库基础管理与维护，对创建的数据库、数据库本身及表进行基础管理。模块 3 为数据库应用，创建好的数据库可以使用表的查询、视图、索引、游标、存储过程、触发器及 XML 文件等。模块 4 为数据库安全管理，网上商城数据库需要安全管理，包括安全机制管理、备份和恢复、分离与附加、导入与导出等内容。

本书配有大量的课堂练习、实践与实训，并附有答案。本书可以作为职业院校计算机相关专业教材。

未经许可，不得以任何方式复制或抄袭本书之部分或全部内容。
版权所有，侵权必究。

图书在版编目（CIP）数据

数据库应用项目化教程 / 王英，吴鸿飞主编. —北京：电子工业出版社，2015.8

ISBN 978-7-121-26336-1

Ⅰ. ①数… Ⅱ. ①王… ②吴… Ⅲ. ①关系数据库系统—高等学校—教材 Ⅳ. ①TP311.138

中国版本图书馆 CIP 数据核字（2015）第 130325 号

策划编辑：施玉新
责任编辑：郝黎明
印　　刷：北京虎彩文化传播有限公司
装　　订：北京虎彩文化传播有限公司
出版发行：电子工业出版社
　　　　　北京市海淀区万寿路 173 信箱　邮编　100036
开　　本：787×1 092　1/16　印张：18.25　字数：474 千字
版　　次：2015 年 8 月第 1 版
印　　次：2019 年 6 月第 2 次印刷
定　　价：38.00 元

凡所购买电子工业出版社图书有缺损问题，请向购买书店调换。若书店售缺，请与本社发行部联系，联系及邮购电话：（010）88254888。

质量投诉请发邮件至 zlts@phei.com.cn，盗版侵权举报请发邮件至 dbqq@phei.com.cn。

服务热线：（010）88258888。

前　言

随着计算机科学与技术的飞速发展和广泛应用，计算机已经渗透到科学技术的各个领域，在计算机应用领域中，数据库系统的应用可以说是创建目前信息社会和维持其运作的主角。数据库系统的出现给人们的生活带来了便利，为人们的工作提高了效率，可以说目前需要信息存储的地方大部分采用了数据库系统。

本书根据最新的高等职业教育教学改革精神，结合编者多年的教学经验，按照项目导向、任务驱动的思路编写而成。本教材采用网上商城数据库系统为项目导向，以 SQL Server 2012 为软件环境，采用基于实际工作过程的设计理念组织了 4 个模块，每个模块又划分成若干个任务，具体如下。

模块 1　数据库的创建

该模块共分成 4 个任务，首先介绍数据库的基础知识，再对数据库版本进行选择和安装，以及关系数据库的设计，根据以上 3 个任务的知识最终创建一个空的网上商城数据库。

模块 2　数据库基础管理与维护

该模块共分成 2 个任务，根据模块 1 中创建的网上商城数据库对数据库本身进行基础管理和维护，以及对数据表的基础管理和维护。

模块 3　数据库应用

该模块共分成 7 个任务，网上商城数据库创建好后，需要对该数据库进行使用，包括表的查询、视图的使用、索引的使用、游标的使用、存储过程的使用、触发器的使用以及 XML 文件的使用等。

模块 4　数据库安全管理

该模块共分成 4 个任务，网上商城数据库需要安全管理，包括安全机制管理、备份和恢复、分离与附加、导入与导出等。

为突出高等职业教育的要求，本书具有以下特点。

（1）以项目为导向，任务驱动。

（2）在设计上，使用了基于实际的工作过程。

（3）丰富的课后习题与实训。

本书无论是在项目的组织上，还是在项目中各个任务的安排上，均采用由易到难、循序渐进的方式，符合读者的认知规律。本书由深入教学第一线的多个高职高专院校的教师及从事该行业多年的业内人士共同编写，因此，可以作为职业院校、应用型本科院校及成人教育等计算机相关专业教材，也可作为兴趣爱好者的自学教材。本书中为每个任务编写了课后习题和实践实训，配有参考答案。同时，欢迎读者将图书使用过程中的问题与各种探讨、建议反馈给我们。

在本书编写过程中，有着丰富教材编写经验的宋梦华老师为主审，对教材设计思路提出了很多建设性的建议，并认真审阅了本书全稿，在此对宋梦华老师提出的宝贵建议和一丝不苟的工作态度表示感谢。

本书由天津海运职业学院王英老师、广西理工职业技术学院吴鸿飞老师担任主编，天津青年职业学院杨永健老师、内蒙古电子信息职业技术学院赵祯老师、天津海运职业学院郭皓老师、广西理工职业技术学院何焱老师共同担任副主编，天津海运职业学院吴士杰老师、天津城市职业学院红桥分院张绍洁老师、中铁工程设计（天津）有限公司的姜为峰工程师，参与了资料的搜集筛选和部分编写工作。

本书得到了"天津市高等学校人文社会科学研究项目"（课题编号为20132542）的资助，在此表示衷心的感谢！

由于时间仓促和编者水平有限，疏漏之处在所难免，敬请广大读者批评指正（联系E-mail:sqlServerwy@163.com）。

编　者

2015年4月

目 录

模块一 数据库创建 (1)

任务 1 数据库技术基础知识 (1)
子任务 1.1 数据与数据库的基本概念 (1)
子任务 1.2 数据模型 (9)
子任务 1.3 概念模型 (12)
子任务 1.4 主流数据库系统及数据库语言 (15)
课堂练习 (18)
实践与实训 (19)
任务总结 (19)

任务 2 数据库的安装 (20)
子任务 2.1 SQL Server 2012 概述 (20)
子任务 2.2 SQL Server 2012 的安装 (26)
子任务 2.3 SQL Server 2012 组件和工具 (33)
课堂练习 (37)
实践与实训 (37)
任务总结 (37)

任务 3 关系数据库设计 (37)
子任务 3.1 数据库设计基础 (38)
子任务 3.2 概念模型设计 (40)
子任务 3.3 逻辑结构设计 (42)
子任务 3.4 数据库物理设计 (45)
子任务 3.5 数据库的体系结构和访问方式 (49)
课堂练习 (51)
实践与实训 (51)
任务总结 (52)

任务 4 创建数据库 (52)
子任务 4.1 创建数据库 (52)

子任务 4.2　创建数据表 ··（58）
　　课堂练习 ··（67）
　　实践与实训 ··（67）
　　任务总结 ··（68）

模块二　数据库基础管理和维护 ··（69）

　任务 5　数据库管理和维护 ···（69）
　　子任务 5.1　重命名数据库 ··（69）
　　子任务 5.2　修改数据库 ··（71）
　　子任务 5.3　删除数据库 ··（75）
　　课堂练习 ··（77）
　　实践与实训 ··（77）
　　任务总结 ··（78）
　任务 6　数据表管理和维护 ···（78）
　　子任务 6.1　修改数据表 ··（78）
　　子任务 6.2　删除数据表 ··（82）
　　子任务 6.3　数据表数据的添加 ··（83）
　　子任务 6.4　数据表数据的修改 ··（85）
　　子任务 6.5　数据表数据的删除 ··（87）
　　课堂练习 ··（88）
　　实践与实训 ··（89）
　　任务总结 ··（89）

模块三　数据库应用 ··（90）

　任务 7　表数据查询 ···（90）
　　子任务 7.1　单表查询 ··（90）
　　子任务 7.2　多表查询 ···（108）
　　子任务 7.3　使用查询结果向表中插入数据 ···（123）
　　子任务 7.4　使用查询结果修改指定表数据 ···（125）
　　子任务 7.5　使用查询结果删除指定表数据 ···（127）
　　课堂练习 ···（130）
　　实践与实训 ···（131）
　　任务总结 ···（131）
　任务 8　视图的应用 ··（131）
　　子任务 8.1　视图的创建 ···（132）
　　子任务 8.2　视图的管理与应用 ···（134）
　　课堂练习 ···（137）
　　实践与实训 ···（138）
　　任务总结 ···（138）
　任务 9　索引的应用 ··（139）
　　子任务 9.1　索引的创建 ···（139）

子任务 9.2　索引的管理与应用 ………………………………………………………（143）
　　课堂练习 ……………………………………………………………………………………（151）
　　实践与实训 …………………………………………………………………………………（152）
　　任务总结 ……………………………………………………………………………………（152）
任务 10　游标的应用 …………………………………………………………………………………（152）
　　子任务 10.1　游标的创建与操作 ………………………………………………………（152）
　　课堂练习 ……………………………………………………………………………………（157）
　　实践与实训 …………………………………………………………………………………（158）
　　任务总结 ……………………………………………………………………………………（158）
任务 11　存储过程的应用 ……………………………………………………………………………（158）
　　子任务 11.1　了解存储过程 ……………………………………………………………（159）
　　子任务 11.2　创建与执行存储过程 ……………………………………………………（160）
　　子任务 11.3　操作存储过程 ……………………………………………………………（170）
　　课堂练习 ……………………………………………………………………………………（172）
　　实践与实训 …………………………………………………………………………………（173）
　　任务总结 ……………………………………………………………………………………（173）
任务 12　触发器的应用 ………………………………………………………………………………（173）
　　子任务 12.1　了解触发器 ………………………………………………………………（173）
　　子任务 12.2　触发器的创建 ……………………………………………………………（174）
　　子任务 12.3　操作触发器 ………………………………………………………………（181）
　　课堂练习 ……………………………………………………………………………………（185）
　　实践与实训 …………………………………………………………………………………（186）
　　任务总结 ……………………………………………………………………………………（186）
任务 13　SQL Server 与 XML ………………………………………………………………………（186）
　　子任务 13.1　XML 数据类型 …………………………………………………………（186）
　　子任务 13.2　XML 查询方法 …………………………………………………………（190）
　　子任务 13.3　发布 XML 数据 …………………………………………………………（194）
　　课堂练习 ……………………………………………………………………………………（195）
　　实践与实训 …………………………………………………………………………………（196）
　　任务总结 ……………………………………………………………………………………（196）

模块四　数据库安全管理 ……………………………………………………………………（197）

任务 14　SQL Server 的安全机制 …………………………………………………………………（197）
　　子任务 14.1　了解 SQL Server 的安全机制 …………………………………………（197）
　　子任务 14.2　身份验证模式 ……………………………………………………………（198）
　　子任务 14.3　账户管理 …………………………………………………………………（200）
　　子任务 14.4　角色管理 …………………………………………………………………（208）
　　子任务 14.5　权限管理 …………………………………………………………………（215）
　　课堂练习 ……………………………………………………………………………………（223）
　　实践与实训 …………………………………………………………………………………（224）
　　任务总结 ……………………………………………………………………………………（224）

任务 15　备份和恢复数据 ···（224）
　　子任务 15.1　备份设备 ···（225）
　　子任务 15.2　备份数据库 ··（229）
　　子任务 15.3　恢复数据库 ··（236）
　　课堂练习 ···（239）
　　实践与实训 ··（239）
　　任务总结 ···（240）
任务 16　分离与附加数据库 ··（240）
　　子任务 16.1　分离数据库 ··（240）
　　子任务 16.2　附加数据库 ··（243）
　　课堂练习 ···（246）
　　实践与实训 ··（246）
　　任务总结 ···（247）
任务 17　导入导出数据 ··（247）
　　子任务 17.1　导出数据 ···（247）
　　子任务 17.2　导入数据 ···（250）
　　课堂练习 ···（253）
　　实践与实训 ··（253）
　　任务总结 ···（253）

附录 A　T-SQL 编程基础 ···（254）

附录 B　T-SQL 常用函数 ···（256）

附录 C　参考答案 ··（268）

模块一 数据库创建

任务 1 数据库技术基础知识

 任务描述

本任务将带领大家深入数据库的最基层,让大家对数据库技术基础知识有更深的了解,从而更好地掌握数据库技术基础知识,将数据库技术应用到平时的工作、生活中,将会带来极大的方便。

数据库技术是一门综合性的软件技术,是使用计算机进行各种信息管理的必备知识。数据库技术是 20 世纪 60 年代开始兴起的一门信息管理自动化的学科,是计算机科学中的一个重要分支。随着计算机应用的不断发展,在计算机应用领域中,数据处理越来越占主导地位,数据库技术已经成为各领域中各种业务数据管理的重要工具和最新技术,与计算机网络、人工智能被称为计算机技术界的三大热门技术。

 知识重点

(1) 熟悉数据、数据管理和数据库的基本概念。
(2) 掌握数据库技术的特点、应用及发展趋势。
(3) 熟悉数据库系统的组成及数据库的体系结构。

 知识难点

(1) DBMS 的工作模式、主要功能及其组成。
(2) 数据模型与概念模型的理解。

子任务 1.1 数据与数据库的基本概念

【子任务描述】

随着 IT 技术的快速发展和广泛应用,数据库技术的应用已经从事务处理扩展到计算机网络服务、商务智能、计算机辅助设计和决策支持系统等新领域,各行业大量的重要数据需要经过数据库才能进行有效组织、存储、处理和共享。通过学习数据库有关技术知识,可以为今后的业务学习和就业奠定重要基础。

【子任务实施】

熟练掌握数据、数据库、数据管理与处理和数据库系统等基本概念,对数据库技术和后续知识及内容的学习极为重要。

一、信息和数据的概念

1. 信息

信息（Information）通常被认为是有一定含义的、经过加工的、对决策有价值的数据。例如，"2014年全市高校新生人数为8万人"是一条信息，而"全市"、"2014"、"年"及"8"等只是数据。数据表示信息，而信息只有通过数据形式表示出来才能为人所理解。

2. 数据

数据（Data）是信息的表达方式和载体，是人们描述客观事物及其活动的抽象表示，是描述事物的符号记录。它是利用信息技术进行采集、处理、存储和传输的基本对象，数据的概念包括描述事物特性的数据内容和存储在某一种媒体上的数据形式。

数据的概念包括两方面含义：数据的含义是信息，数据的表现形式是符号。通常，数据分为数值数据和非数值数据两大类，可以是数字、文字、符号、图形、表格、图像、声音、录像、视频等形式。数据是数据库中存储与管理的基本对象，人们收集并抽取出需要的大量数据之后，将其保存起来，经过进一步加工处理，从而得到有用信息。

数据库中的数据具有的特性如下。

（1）全局性：数据库中的数据都是从全局观点出发建立的，按一定的数据模型（即结构，详见子任务1.2）进行组织、描述、存储、管理和控制。

（2）共享性：数据库中的数据是为多用户共享建立的，已经摆脱了具体程序的限制和制约，不同的用户可以按各自的需求和用法使用数据库中的数据。

3. 信息与数据的区分

数据与信息既有区别又互相依存。数据是信息的具体表示形式和载体，信息反映了数据的含义。数据是数据库管理的基本内容和基本对象，是信息的一种符号化表示方法，采用一定的符号表示信息，而具体用哪种形式的符号及表示方式则是人为规定的。

信息来源于数据，数据是信息的具体表现形式，信息以数据的形式存储、管理、传输和处理，数据经过处理后可得到更多有价值的信息。信息是概念性的，数据是物理性的。信息可用数据的不同形式来表示，数据的表示方式可以选择，而信息不随数据表现形式而改变。

二、数据库与数据库管理系统

1. 数据库

数据库（Database，DB）指的是以一定方式存储在一起、能为多个用户共享、具有尽可能小的冗余度、与应用程序彼此独立的数据集合。

数据库中的数据是从全局观点出发建立的，按照一定的数据模型进行组织、描述和存储。按数据管理类型来划分，数据库主要分为层次数据库、网状数据库和关系型数据库，目前应用最多的是关系型数据库。

2. 数据库管理系统

数据库管理系统（Database Management System，DBMS）是一种操纵和管理数据库的软件，它对数据库进行统一的管理和控制，以保证数据库的安全性和完整性。用户通过 DBMS 访问数据库中的数据，数据库管理员也通过 DBMS 进行数据库的维护工作。它可以使多个应用程序和用户用不同的方法在同时或不同时刻建立、修改和查询数据库。DBMS 是整个数据库系统的核心，对数据库中的各种数据进行统一管理、控制和共享。

数据库管理系统为用户提供以下几个主要功能。

（1）建立数据库功能：DBMS通过相应的操作语言实现对采集的数据的组织与存储。

（2）数据操纵功能：根据用户的需求，对数据库中的数据进行修改、删除、插入、检索、重组等操作。

（3）数据库的控制与维护功能：通过对数据库进行有效的控制、分析与监视，实现数据的完整性、安全性及并发控制与数据恢复。

（4）数据的网络化：通过数据库的操作语言产生数据网页，实现数据的网络查询、修改等功能，并实现数据与其他管理系统数据格式的转换功能，最大限度地实现数据共享。

三、数据库技术的应用及特点

1. 数据库技术应用

随着IT技术的快速发展，数据库技术的应用从数据处理与管理，扩展到计算机辅助设计、人工智能、决策支持系统和计算机网络应用等新领域。在现代信息化社会，由于信息无处不在，所以，数据库技术的应用非常广泛，遍布各个领域、行业、业务部门和各个层面。网络数据库系统及数据库应用软件已成为信息化建设和应用中的重要支撑性软件产业。

数据库技术在以下几种行业中得到了广泛的应用。

（1）销售业：存储、查询供应商、商品、客户及销售信息和商品的网上订购等。

（2）金融业：用于银行客户的信息、账户、贷款及银行的交易记录。还可以用于存储股票、债券、金融票据的持有、出售和买卖等交易信息。

（3）制造业：用于产供销存储产品的订单、产品原料的供应情况，跟踪产品的产量及仓库产品的详细清单。

（4）电信业：用于存储通信网络的信息，存储通话记录，存储用户付费业务记录及产生每月通信账单，以及交费情况等。

（5）航空业：用于存储、查询、网络订购国内外各种航班和票务信息。

（6）教育系统：用于存储教职员工的信息，存储工资、津贴和纳税的信息，产生工资单，存储学生信息、课程及实验信息、成绩信息和大学生科创信息等。

数据库技术是数据管理的最新技术，给广大用户的业务发展和生活带来了极大便利。例如，通过网络查询信息、预订机票、网上购物和付费等，数据库的应用更加广泛。

随着信息技术的快速发展，数据库技术也产生了一些新的应用领域，主要如下。

（1）云数据库：将数据库应用于地理信息系统（GIS）和计算机辅助设计与制造（CAD/CAM），与地球上的空间位置相关的空间数据是GIS的重要组成部分，而设计数据则是CAD/CAM的核心。

（2）多媒体数据库：多媒体数据库主要存储与多媒体相关的，如声音、图像和视频等数据。多媒体数据最大的特点是数据量大、数据类型多且数据类型间差距较大，因此，需要较大的存储空间和较复杂的数据管理。

（3）信息检索系统：信息检索系统是一种典型的联机文档管理系统，一直与数据库技术同步发展。

（4）决策支持系统：联机分析处理（OLAP）是数据库系统的主要应用，它支持复杂的分析操作，侧重决策支持，并且提供直观易懂的查询结果。可使分析管理人员或执行人员从多角度对信息进行快速、一致、交互地存取，获得对数据更深入地了解。

（5）移动数据库：移动数据库是在移动计算机系统上发展起来的，其最大特点是通过无线数字通信网络进行传输，用户可以随时随地访问和获取数据，为一些商务应用和应急情况带来了极大的便利。

2. 数据库技术的主要特点

1) 控制数据的安全性和完整性

针对数据库进行的各种操作必须根据操作者所拥有的权限进行鉴别，鉴别机制由 DBMS 提供，每个用户的操作权限设定则由数据库管理员（DBA）负责，以保障数据库应用系统及数据的安全性、机密性和完整性。

2) 数据独立冗余低

数据独立性是指数据库存储的数据与处理数据的应用程序互相独立，避免了在传统的数据处理应用系统中，应用程序与相关业务数据关联，致使各种业务数据在多种不同的数据文件中分别存储，数据大量冗余且无法统一更新等问题的发生。数据库技术可对所有数据集中管理，并利用有效地数据共享功能，不再需要各项业务单独保存各自的数据文件，极大地减少了数据冗余。

3) 数据高度集成

数据处理应用系统中的数据源于多项业务，且数据之间相互关联。如在一个商品供销管理信息系统中，进货数据来源于供货管理、销售数据来源于售货管理、员工数据来源于人力资源管理等。对这些数据进行集中管理，保持它们的正确关联，才能完成所需的综合数据处理。利用数据库技术和 DBMS 提供的数据管理功能可实现多种数据的集成。

4) 应用程序开发与维护效率高

在应用程序开发时，数据的独立性可不必考虑软件和数据关联问题，以及所处理的数据组织等问题，减少了应用程序的开发与维护的工作量。只在应用系统开发初期，需要规划数据库、设计数据库中的各个数据集、规范数据库中相关数据间的关联。只有一个满足规范化设计要求的数据库，才能够真正实现各类业务不同的应用需求。

5) 数据广泛共享

在一个数据库应用系统中，可对集中管理的数据进行共享。如供货管理需要参考商品销售管理系统中近期的销售数据，确定进货种类与数量，确定销售单价时又需要参照最近的进货单价等，利用数据库技术通过计算机网络可实现数据广泛共享。

6) 实施统一的数据标准

数据标准是指数据库中数据项的名称、数据类型、数据格式、有效数据的判定准则及要求等数据项特征值的取值规则。

7) 保证数据一致性

数据一致性是指存储在数据库中不同数据集合（表）的相同数据项必须具有相同的值。一个数据库由多种数据文件组成，数据文件之间通过公共数据项相联系，当对一个数据文件中的数据项进行更新时，相关联文件中的对应数据项也必须自动更新，才能始终保持数据库中数据的一致性和正确性。通过 DBMS 可以自动实现对数据库中数据进行追加、插入和删除等操作时的一致性问题。

四、数据管理技术的产生和发展

数据库技术随着数据应用和需求的变化而不断发展。数据处理是指对各种数据进行收集、存储、加工和传播的一系列活动的总和。数据处理的目的是从大量的、原始的数据中获得所需要的资料并提取有用的数据成分，作为行为和决策的依据。数据管理则指对数据进行分类、组织、编码、存储、检索和维护，它是数据处理的中心问题。随着电子计算机软件和硬件技术的发展，数据处理过程发生了划时代的变革，而数据库技术的发展，又使数据处理跨入了一个崭新的阶段。

数据管理技术的发展大致经历了以下 3 个阶段。

1. 人工管理阶段

世界上第一台计算机"ENIAC"的诞生初期，应用计算机面临的一个重要问题就是数据的存储。当时的计算机将数据以打孔的方式存储在纸带上，既不容易检索也不容易修改。它以电子管为主要元器件，主要依靠硬件系统，包括运算器、控制器、存储器和简单的输入输出设备，工作效率极低，只能计算并输入输出很少的数据。

人工管理阶段的计算机主要应用于科学计算，绝大部分的数据管理基本上以是手工方式，用纸卡及报表等进行一记载、存储、查询和修改。当时，外存没有磁盘等直接存取的存储设备，也没有操作系统和数据库。

人工管理阶段的数据具有以下几个特点。

（1）数据不保存。由于当时计算机主要用于科学计算，数据保存上并不做特别要求，只是在计算某一个课题时将数据输入，对数据不做保存。

（2）数据不独立。数据是输入程序的组成部分，即程序和数据是一个不可分割的整体，数据和程序同时提供给计算机运算使用。对数据进行管理，如现在的操作系统可以以目录、文件的形式管理数据。程序员不仅要知道数据的逻辑结构，也要规定数据的物理结构，程序员对存储结构、存取方法及输入输出的格式有绝对的控制权，要修改数据必须修改程序。

（3）数据不共享。数据是面向应用的，一组数据对应一个程序。不同应用的数据之间是相互独立、彼此无关的，即使两个不同应用涉及相同的数据，也必须各自定义，无法互相利用、互相参照。数据不但高度冗余，而且不能共享。

（4）由应用程序管理数据。数据没有专门的软件进行管理，需要应用程序自行进行管理，应用程序中要规定数据的逻辑结构和设计物理结构（包括存储结构、存取方法、输入/输出方式等），因此程序员负担很重。

人工管理阶段应用和数据文件之间的关系如图 1.1 所示。

图 1.1 人工管理阶段应用和数据文件关系图

2. 文件管理阶段

20 世纪 50 年代，计算机以晶体管取代了运算器和控制器中的电子管，由于存储介质的更新，数据以文本文件或二进制文件的形式存储；可将成批数据单独组成文件存储到外部存储设备，出现了操作系统、汇编语言和一些高级语言。计算机不限于科学计算使用，还大量用于管理等，在操作系统中有专门的数据管理软件，称为文件系统，是数据库系统发展的初级阶段，并非真正的数据库系统。

文件管理阶段把有关的数据组织成一种文件，这种数据文件可以脱离程序而独立存在，由一个专门的文件管理系统实施统一管理。文件管理系统是一个独立的系统软件，它是应用程序与数据文件之间的一个接口。在这一管理方式下，应用程序通过文件管理系统对数据文件中的数据进行加工处理。应用程序的数据具有一定的独立性，比手工管理方式前进了一步。但是，数据文件仍高度依赖于其对应的程序，不能被多个程序通用。由于数据文件之间不能建立任何联系，因而数据的通用性仍然较差，并且冗余量大。

文件管理阶段的数据具有以下几个特点。

（1）数据长期保留。数据可以长期保留在外存上反复处理，即可以经常有查询、修改和删除等操作，所以计算机大量用于数据处理。

（2）数据的独立性。由于有了操作系统，可利用文件系统进行专门的数据管理，程序员可以集中精力在算法设计上，而不必过多地考虑细节。例如，要保存数据时，只需给出保存指令，而不必所有的程序员都精心设计一套程序,控制计算机物理地实现保存数据。在读取数据时,只要给出文件名,而不必知道文件的具体存放地址。文件的逻辑结构和物理存储结构由系统进行转换,程序与数据有了一定的独立性,数据的改变不一定要引起程序的改变。

(3) 可以实时处理。由于有了直接存取设备,也有了索引文件、链接存取文件、直接存取文件等,所以既可以采用顺序批处理方法,也可以采用实时处理方式,数据的存取以记录为基本单位。

文件管理阶段应用和数据文件之间的关系如图 1.2 所示。

文件管理阶段比人工管理阶段有了很大的改进,但随着数据管理规模的扩大,数据量急剧增加,文件系统的缺陷显现出来,主要表现如下。

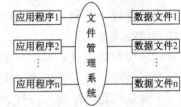

图 1.2　文件管理阶段应用和数据关系图

① 数据共享性差,冗余度大。

由于数据文件之间缺乏联系,造成每个应用程序都有对应的数据文件,这样相同的数据会在多个数据文件中重复存储。

② 数据和程序缺乏足够的独立性。

由于数据冗余,在进行更新操作时,若不注意,就容易使相同的数据在多个数据文件中不一致,如修改时遗漏或错改数据。

③ 数据联系弱。

文件之间相互独立且缺乏必要的关联,影响了数据管理。

3. 数据库系统管理阶段

从 20 世纪 60 年代中期以来,随着计算机软硬件技术的快速发展,CPU 向超大规模集成电路发展,为存储和处理大数据量的数据库给予了极大的技术支持。同时,操作系统得到了发展,而且各种 DBMS 软件不断涌现,使得数据库管理技术不断发展和完善,成为计算机领域中最具影响力和发展潜力、应用范围最广、成果最显著的技术之一,形成了"数据库时代"。数据库系统管理阶段指对所有的数据实行统一规划管理,形成一个数据中心,构成一个数据库,数据库中的数据能够满足所有用户的不同要求,供不同用户共享。在这一管理方式下,应用程序不再只与一个孤立的数据文件相对应,而是可以取整体数据集中的某个子集作为逻辑文件与其对应,通过数据库管理系统实现逻辑文件与物理数据之间的映射。

在数据库系统管理的环境下,应用程序对数据的管理和访问灵活方便,而且数据与应用程序之间完全独立,使程序的编制质量和效率都有所提高。由于数据文件之间可以建立关联关系,因此数据的冗余量大大减少,数据共享性显著增强。

数据库管理阶段的主要特点如下。

1) 数据结构化

数据结构化是数据库系统与文件系统的根本区别。在文件系统中,相互独立的文件的记录内部是有结构的,传统文件的最简单形式是等长同格式的记录集合,这样可以节省许多存储空间。数据的结构化是数据库主要特征之一,这是数据库与文件系统的根本区别。

2) 数据共享性高,冗余小

数据库从整体的观点来看待和描述数据,数据不再面向某一应用,而是面向整个系统。这样就减小了数据的冗余,节约了存储空间,缩短了存取时间,避免数据之间的不相容和不一致。对数据库的应用可以很灵活,面向不同的应用,存取相应的数据库的子集。当应用需求改变或增加时,只要重新选择数据子集或者加上一部分数据,便可以满足更多更新的要求,即保证了系统的易扩充性。

3) 数据独立性高

数据库提供数据的存储结构与逻辑结构之间的映像或转换功能,使得当数据的物理存储结构改变时,数据的逻辑结构可以不变,从而使程序也不用改变,这就是数据与程序的物理独立性。也就是说,程序面向逻辑数据结构,不考虑物理的数据存放形式。数据库可以保证数据的物理改变不引起逻辑结构的改变。

4) 数据统一进行管理和控制

数据库管理系统对所有数据统一进行管理和控制,保证了数据的安全性和完整性。数据库系统对访问用户身份及其操作的合法性进行检查,自动检查数据的一致性、相容性,保证数据符合完整性约束条件,以并发控制手段有效控制多用户程序同时对数据操作,保证共享及并发操作,恢复功能保障,当数据库遭到破坏时能自动恢复到正确状态。

数据库管理阶段应用和数据文件之间的关系如图 1.3 所示。

4. 高级数据库管理阶段

从 20 世纪 80 年代以后,数据库技术在商业领域取得巨大成功,激发了其他领域对其需求的快速增长。数据库技术新的应用领域的研究,极大地推动了数据库技术,特别是面向对象数据库系统的研究和发展。同时,它不断与其他技术结合,向高级数据库技术发展。

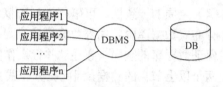

图 1.3 数据库管理阶段应用和数据文件关系图

1) 分布式数据库系统

分布式数据库系统是在集中式数据库系统成熟技术的基础上发展起来的,但不是简单地把集中式数据库分散地实现,它是具有自己的性质和特征的系统。集中式数据库系统的许多概念和技术,如数据独立性、数据共享和减少冗余度、并发控制、完整性、安全性和恢复等在分布式数据库系统中都有了不同之处及更加丰富的内涵。分布式数据库系统具有以下几个特点。

(1) 数据独立性。

数据独立性是数据库方法追求的主要目标之一。在集中式数据库中,数据独立性包括两方面:数据的逻辑独立性与数据的物理独立性,其含义是用户程序与数据的全局逻辑结构及数据的存储结构无关。

在分布式数据库中,数据独立性这一特性更加重要,并具有更多的内容。除了数据的逻辑独立性与物理独立性外,还有数据分布独立性(亦称分布透明性)。用户不必关心数据的逻辑分区、数据物理位置分布的细节,也不必关心局部场地上数据库支持哪种数据模型。当数据从一个场地移到另一个场地时不必改写应用程序,当增加某些数据的重复副本时也不必改写应用程序。数据分布的信息由系统存储在数据字典中,用户对非本地数据的访问请求由系统根据数据字典予以解释、转换、传送。

(2) 集中与自治相结合的控制结构。

在集中式数据库中,为了保证数据库的安全性和完整性,对共享数据库的控制是集中的,并设有 DBA 负责监督和维护系统的正常运行。在分布式数据库中,数据的共享有两个层次:一是局部共享,即在局部数据库中存储局部场地上各用户的共享数据;二是全局共享,即在分布式数据库的各个场地中也存储可供网中其他场地的用户共享的数据,支持系统中的全局应用。因此，分布式数据库系统常常采用集中和自治相结合的控制结构，各局部的 DBMS 可以独立地管理局部数据库，具有自治的功能。同时，系统又设有集中控制机制，协调各局部 DBMS 的工作，执行全局应用。

当然，不同的系统集中和自治的程度不尽相同，有些系统高度自治，有些系统则集中控制程度较高，场地自治功能较弱。

（3）适当增加数据冗余度。

在集中式数据库中，尽量减少冗余度是系统目标之一，其原因是冗余数据浪费存储空间，而且容易造成各副本之间的不一致性。而为了保证数据的一致性，系统要付出一定的维护代价，减少冗余度的目标是用数据共享来达到的。而在分布式数据库中却希望增加冗余数据，在不同的场地存储同一数据的多个副本，其原因如下。

① 提高系统的可靠性、可用性：当某一场地出现故障时，系统可以对另一场地上的相同副本进行操作，不会因一处故障而造成整个系统的瘫痪。

② 提高系统性能：系统可以根据距离选择离用户最近的数据副本进行操作，减少通信代价，改善整个系统的性能。

（4）全局的一致性、可串行性和可恢复性。

分布式数据库中各局部数据库应满足集中式数据库的一致性、可串行性和可恢复性。此外，还应保证数据库的全局一致性、并行操作的可串行性和系统的全局可恢复性。因为全局应用要涉及两个以上节点的数据，因此在分布式数据库系统中一个业务可能由不同场地上的多个操作组成。

分布式数据库系统兼顾分布、集中管理两项任务，因而具有良好的性能，其具体结构如图 1.4 所示。

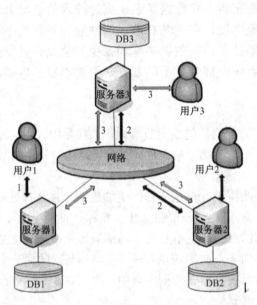

图 1.4 分布式数据库系统

2）面向对象数据库技术

在数据库中提供面向对象的技术是为了满足特定应用的需要。随着许多基本设计应用（如 MACD 和 ECAD）中的数据库向面向对象数据库的过渡，面向对象思想也逐渐延伸到其他涉及复杂数据的应用中，其中包括辅助软件工程（CASE）、计算机辅助印刷（CAP）和材料需求计划（MRP）。这些应用如同设计应用一样在程序设计方面和数据类型方面都是数据密集型的，它们需要识别于类型关系的存储技术，并能对相近数据备份进行调整。面向对象数据库技术主要有两个特点。

① 对象数据模型能完整地描述现实世界的数据结构，表达数据间嵌套、递归的联系。
② 具有面向对象技术的封装性和继承性的特点，提高了软件的可重用性。

3）面向应用领域的数据库技术

数据库技术经过几十年的发展，形成完善的理论体系和实用技术。为了适应应用多元化的需求，结合各应用领域的特点，将数据库技术应用到特定领域，产生了工程数据库、地理数据库、统计数据库、科学数据库、空间数据库等多种数据库，也出现了数据仓库和数据挖掘等技术，使数据库领域中的新技术不断涌现。

最新的 SQL Server 2012 实现了一个为云做好准备的信息平台，可以有效解决日益增加的数据量带来的挑战，以帮助用户管理任意大小、本地或云端中的任何数据。通过提供的数据平台和工具，用户可以提取更有价值的数据，从而做出有效决策。

SQL Server 2012 与以前版本相比，更具扩展性、更可靠，提供了更高的性能。另外，它还包含了 Power View 功能，微软称"这是行业领先的商业智能功能"，该功能通过强大的交互能力，可以将用户对于任何地方、任何数据的探索，转变成一种更加自然、轻松的体验。此外，通过 Windows Azure 中的一项基于 Apache Hadoop 的服务，可以连接 SQL Server 并整合商业智能工具。

5. 数据库技术的发展趋势

随着经济的快速发展和信息网络日新月异的进步，功能强大的数据库系统在电子商务、商业智能、在线交易处理、内容管理中发挥着重要作用。数据库技术已经表现出明显的发展趋势，更多的理解功能赋予数据库系统，并具备对冷、热两种存储中的物理数据管理的能力。此外，数据库技术还将向着实用性更强、可扩展性更强、更加人性化、智能化的方向发展。

自数据库技术从产生至今，在社会对其研究的不断加深，以及实践应用的逐渐广泛，不论是在理论基础和实际应用，还是在商业产品方面，都已形成了较为完善的体系。同时，数据库技术也因其自身的强大功能，逐渐成为一项广泛研究的技术。但是，伴随着各种新技术和新方法的不断涌现，也给数据库技术带来了一定的冲击，为确保数据库技术的地位，研究人员不断对其进行优化和创新，研发了很多创造性的数据模型，使数据库技术不断多样化。面向专业应用领域的数据库技术，提出了适合应用领域的数据库技术，如工程数据库、统计数据库、科学数据库、空间库、地理数据库等。这类数据库在原理上没有太多的变化，但与应用相结合，把理论切实用到了实践当中，从而加强了系统对有关应用的支撑能力，尤其表现在数据模型、语言、查询等方面。

子任务 1.2　数据模型

【子任务描述】

数据需要经过认识、理解、整理、规范和加工才能存储到数据库中。在数据库中，数据以一定的数据模型进行组织、描述和存储，供用户共享。数据模型是数据库系统的核心和基础，是用于抽象、表示和处理现实世界中的数据和信息的模拟方法。

【子任务实施】

现实世界中的客观事物是相互联系的。一方面，某一事物内部的诸因素和诸属性根据一定的组织原则相互具有联系，构成一个相对独立的系统。另一方面，某一事物同时也作为一个更大系统的一个因素或一种属性而存在,并与系统的其他因素或属性发生联系。

客观事物的这种普遍联系性决定了作为事物属性记录符号的数据与数据之间也存在一定的联系性。具有联系性的相关数据总是按照一定的组织关系排列的,从而构成一定的结构,对这种结构的描述就是数据模型。

1. 数据模型

数据模型(Data Model)是一种表示数据特征的抽象模型,是数据处理的关键和基础。它是专门用于抽象、表示和处理现实世界中的数据(信息)的工具,DBMS 的实现都是建立在某种数据模型基础上的。数据模型通常由数据结构、数据操作和完整性约束(数据的约束条件)3 个基本部分组成,称为数据模型的三要素。不同的数据模型实际上是提供给我们模型化数据和信息的不同工具。数据模型应满足以下 3 方面的要求。

(1)数据模型应能够比较真实地模拟现实世界。只有数据模型精确表达了真实的世界,才能正确地在计算机中存储数据信息。例如,利用数据模型正确地表达学生、教师与课程的关系。

(2)数据模型应容易为人所理解。当设计人员构建数据模型表达客观世界时,必须先调查用户的实际需求,借助数据模型抽象用户需求,并通过不断反复的协商,与用户达成共识。因此数据模型不但要被设计人员理解,还要被用户理解。

(3)便于在计算机上实现。由于计算机不能直接处理现实世界中的客观事物,所以必须通过一定的规则,将客观事物转化成可以存储在计算机中的数据,并有序地存储、管理这些数据,用户利用这些数据能够查询所需的信息。

因此,现实世界中客观对象的抽象过程,是一个将现实世界转变成信息世界、将信息世界转变成机器世界的过程,如图 1.5 所示。

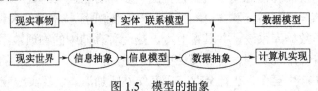

图 1.5 模型的抽象

2. 数据模型的组成因素

通常情况下,数据模型由数据结构、数据操作和完整性约束 3 部分组成。

1)数据结构

数据结构是对系统静态特征的描述,它规定了如何把基本的数据项组织成较大的数据单位,以描述数据的类型、内容、性质和数据之间的相互关系。

2)数据操作

数据操作是对系统动态特征的描述,它是指一组用于数据结构的所有有效的操作或推导规则。例如,从数据集合中查询数据,根据现实世界的变化,修改、删除和更新数据。数据模型要给出这些操作的操作规则,如操作对象是谁,操作结果是什么,实现操作的方法是什么等。

3)完整性约束

完整性约束是完整性规则的集合。它定义了给定数据模型中数据及其联系具有的制约和依存规则。只有在满足给定约束规则的条件下,才允许对数据库进行更新、删除等操作。

3. 数据模型的类型

数据模型是对现实世界的模拟,需要满足一方面要求,较真实地模拟现实世界、容易理解、易在计算机上实现。针对不同使用对象和应用目的,可采用不同的数据模型。

不同的数据模型用于模型化数据和信息的不同工具。根据模型的不同应用,数据模型可分为 3 类:层次模型、网状模型和关系模型。其中,层次模型以"树结构"表示数据之间的联系,网状模型以"图结构"来表示数据之间的联系,关系模型以"二维表"来表示数据之间的联系。

1）层次模型

层次模型（Hierarchical Model）是数据库系统最早使用的一种模型，它的数据结构是一棵"有向树"。根节点在最上端，层次最高，子节点在下，逐层排列。层次模型的优点是存取方便且速度快，结构清晰，易于理解，数据修改和数据库扩展容易实现；缺点是结构呆板，缺乏灵活性，数据冗余大。

层次模型的特点在于这种模型的数据库系统中，要定义和保存每个节点的记录型及其所有值和每个父子联系；对数据进行操作，需要给出从树根节点开始的完整路径。用层次模型表示概念模型时，对于一对一和一对多的联系可直接转换成层次模型中的父子联系，而对于多对多联系则不能直接转换过来，通常需要分解为一对多的联系来实现。用层次模型表示概念模型不方便，因此产生了网状模型。层次模型的案例如图1.6所示。

图1.6 层次模型案例

2）网状模型

网状模型（Network Model）以网状结构表示实体与实体之间的联系。网中的每一个节点代表一个记录类型，联系用链接指针来实现。网状模型是层次模型的扩展，可以表示多个从属关系的联系，也可以表示数据间的交叉关系，即数据间的横向关系和纵向关系。网状模型案例如图1.7所示。

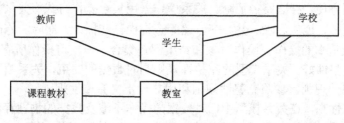

图1.7 网状模型案例

网状模型的特点在于型和值的区别，且需要经常变化。型是抽象的、静态的、相对稳定不变的，值是具体的、动态的。由于经常需要对数据库中的业务数据（值）进行插入、删除和修改等实际操作，改变具体实际的数据值。而逻辑数据结构模型一经建立后一般不会被轻易修改。在以网状数据模型实现的数据库系统中，同样需要建立和保存所有节点的记录型、父子联系型，以及所有数据值。

在数据库的查询和更新方面，网状模型比层次模型灵活，既允许按给定路径查询和更新数据，又允许直接按节点的数据值查询和更新数据，并可从子节点向父节点查询。网状模型和层次模型统称为非关系模型，其本质相同，网状包含层次，适应范围更广。数据的操作方式都是过程式的，即按照所给路径访问一个记录，若要同时访问多条记录，则必须通过用户程序中的循环过程来实现。网状模型表示数据之间多对多联系仍不简便，也需要设法转换成一对多的联系，而且，存取数据仍是过程式的，还需在程序中给出存取路径和具体方法，增加了编程的负担，程序和数据没有完全独立。

3）关系模型

关系模型（Relational Model）是目前最流行的数据库模型。关系模型以二维表结构来表示实体与实体之间的联系，操作的对象和结果都是二维表。该模型不分层也没有指针，是建立空间数据和属性数据之间关系的一种非常有效的数据组织方法。关系模型的优点是结构灵活，能搜索、组合和比较不同类型的数据，数据增删方便，数据独立性和安全保密性高；缺点是数据库大时，查找满足特定关系的数据费时，无法满足空间关系。关系模型案例如图1.8所示。

学号	姓名	性别	专业	
0511011401	陈琳	女	国际贸易	01/01/88
0511011402	李兰兰	女	国际贸易	
0511011403	孙阳亮	男	国际贸易	02/06/89
0511011501	吴云芳	女	服装设计	09/24/88
0511011502	关温丹	男	服装设计	
0511011601	秦春霞	女	艺术设计	01/30/87

图1.8 关系模型案例

采用关系模型建立数据库系统具有以下优点。

（1）理论基础扎实。关系模型与非关系模型不同，关系模型一开始就注重理论研究，建立在严格的数学概念基础上。关系系统研究逐渐完善，也促进了其他软件分支（如软件工程）的发展。

（2）数据结构简单。在关系模型中，实体或实体之间的联系都用关系表示，关系不仅表示数据的存储，还表示数据之间的联系。从用户角度来看，关系模型中数据的逻辑结构是一张二维表，数据及其定义都以二维表（关系）的结构形式表示，符合人们使用数据的习惯，也便于计算机实现，每个关系（表）可以作为一个文件被保存到外存，由DBMS和操作系统共同管理。

（3）查询处理方便，存取路径清晰。关系操作采用集合操作方式，关系模型中常用的关系操作包括选择、投影、连接、除、并、交、差等查询操作和插入、删除、修改等更新操作两部分，其中查询是最基本的操作。操作对象和结果都是集合，一次可操作所有满足条件的记录。

（4）关系的完整性好。关系模型的完整性规则是对数据的约束，关系模型提供了3类完整性规则：实体完整性规则、参照完整性规则和用户自定义完整性规则。

（5）数据独立性高。在关系模型中，对数据的操作不涉及数据的物理存储位置，而只需给出数据所在的表、属性等有关数据自身的特性，具有较高的数据独立性。

关系模型存在的不足之处如下。

（1）查询效率低。关系模型的DBMS提供了较高的数据独立性和非过程化的查询功能，因此系统的负担很重，直接影响了查询速度和效率。

（2）RDBMS（关系数据库管理系统）实现较困难。由于关系数据库管理系统的效率较低，因此必须对关系模型的查询进行优化，这一工作相当复杂，实现难度较大。

子任务1.3 概念模型

【子任务描述】

对现实世界认识和抽象时，需要先通过概念模型进行分析，再考虑数据结构形式中数据本身的结构和相互之间的内在联系，最后由计算机具体实现。

【子任务实施】

1. 概念模型

概念模型（Conceptual Model）是对真实世界中问题域内的事物的描述，不是对软件设计的描述。概念的描述包括记号、内涵、外延，其中记号和内涵是其最具实际意义的。概念数据模型也称信息模型，位于客观现实世界与机器世界之间。它只是用于描述某个特定机构所关心的数据结构，实现数据在计算机中表示的转换，是一种独立于计算机系统的数据模型。概念模型按用户的观点对数据进行建模，强调其语义表达能力。概念应该简单、清晰、易于用户理解，是对现实世界的第一层抽象,是用户和数据库设计人员之间进行交流的工具,这类模型中最常用的是"实体联系模型"。

概念模型中的基本术语包括以下几种。

1) 联系

联系(Relationship)是指实体之间的相互关系,通常表示与实体有关的一种活动,如一张订单、一个讲座、一场比赛、一次选课等。

2) 键

键(Key)是区别实体的唯一标识,如学号、身份证号、工号、电话号码等,一个实体可以存在多个键。键可能是实体中的一个或一组属性,特别在联系实体中常为一组属性。实体中用于键的属性称为主属性(Main Attribute),否则称为非主属性。

3) 域

域(Domain)是实体中相应属性的取值范围,如"性别"的属性域为(男,女)。

2. 概念模型中实体的联系分类

联系分类(Relationship Classify)

联系分类是指两个实体型(含联系型在内)之间的联系的类别。按照一个实体型中的实体个数与另一个实体型中的实体个数的对应关系,可分类为一对一联系、一对多联系、多对多联系等3种情况。

1) 一对一联系

若一个实体型中的一个实体至多与另一个实体型中的一个实体发生关系,同样,另一个实体型中的一个实体至多与该实体型中的一个实体发生关系,则这两个实体型之间的联系被定义为一对一联系,简记为 1∶1。

2) 一对多联系

若一个实体型中的一个实体与另一个实体型中的任意多个实体(含0个)发生关系,而另一个实体型中的一个实体至多与该实体型中的一个实体发生关系,则这两个实体型之间的联系被定义为一对多联系,简记为 1∶n。

3) 多对多联系

若一个实体型中的一个实体与另一个实体型中的任意多个实体(含0个)发生关系,或另一个实体型中的一个实体与该实体型中的多个实体(含0个)实体发生关系,则这两个实体型之间的联系被定义为多对多联系,简记为 m∶n。3 种实体间的联系如图1.9所示。

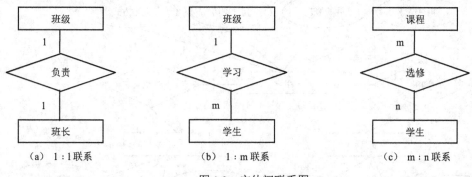

图1.9 实体间联系图

3. 概念模型的表示方法

1976 年,美籍华人陈平山提出了实体联系模型(Entity Relationship Model),也称 E-R 模型或 E-R 图。这种模型是用 E-R 图描述事物及其联系的概念模型,是数据库应用系统设计者与普通用户进行数据建模和交流沟通的常用工具,非常直观易懂、简单易用。进行数据库应用系统设计时，先要根据用户需求建立 E-R 模型，再建立与 DBMS 相适应的逻辑数据模型和物理数据模型，最后在计算机系统上建立、调试和运行数据库。

1）绘制 E-R 图所需的图形工具

E-R 模型是一种用图形表示数据及其联系的方法，所使用的图形构件包括矩形、菱形、椭圆形和连接线。矩形表示实体类型（考虑问题的对象），矩形框内写上实体名。菱形表示联系类型（实体间联系），菱形框内写上联系名。椭圆形表示实体类型和联系类型的属性，椭圆形框内写上属性名。连接线表示实体、联系与属性之间的所属关系或实体与联系之间的相连关系。

2）E-R 图的 3 个主要部分

实体集：在 E-R 图中用矩形来表示实体集，实体是实体集的成员。

联系：在 E-R 图中用菱形来表示联系，联系与其涉及的实体集之间以直线连接，并在直线端部标上联系的种类（1∶1，1∶n，m∶n）。

属性：在 E-R 图中用椭圆形来表示实体集和联系的属性，对于主键码的属性，在属性名下画一条横线。

3）E-R 模型应用案例

使用 E-R 模型建立数据及其联系，首先要将应用系统中涉及的所有数据分类整理划分为若干个相互独立的实体，然后通过数据之间实际存在的各种关系建立起各独立实体之间的相互联系，最后形成统一的 E-R 图。

下面以网上商城系统为例绘制局部 E-R 模型图，并转换成关系模式。网上商城系统致力于提供产品展示及订购为核心的网上购物服务，商家通过该系统宣传自己的产品，并将产品展现给客户，让客户通过网上浏览便能自由地选择购买产品。该局部中存在 3 个实体集，一是"用户"实体集，属性有会员 ID、用户名、密码、详细地址等；二是"商品"实体集，属性有商品 ID、商品名、商品重量、商品描述等；三是"订单"实体集，属性有订单 ID、订单日期、总金额、运费等。

用户与商品间存在"购买"联系，每个用户可选购多种商品。用户与订单之间存在"产生"联系。网上商城系统用户、商品和订单之间的局部 E-R 图如图 1.10 所示。

关系模式如下。

用户（用户编号，用户账户，用户密码，联系方式）。

商品（商品编号，商品名称，商品内容，生产厂家）。

订单（订单编号，下单时间，订单状态，买方编号）。

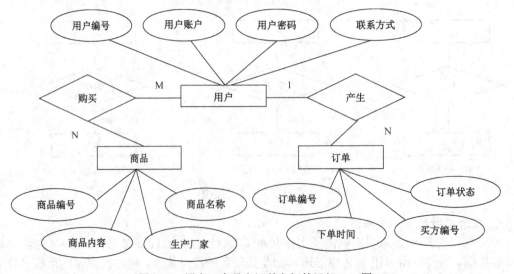

图 1.10　用户、商品和订单之间的局部 E-R 图

子任务 1.4　主流数据库系统及数据库语言

【子任务描述】

目前，数据库产品以关系数据库为主流，但各大数据库厂商也在开发面向对象的关系型数据库，实现高级程序设计语言和数据库的无缝连接，以发挥各自的优点。下面介绍几款代表性的数据库产品，用户可以结合相应的特点，选择适合自己的数据库产品。

【子任务实施】

目前，市场上主流的数据库产品包括 Oracle 公司的 Oracle、IBM 公司的 DB2 以及 Microsoft 公司的 SQL Server 和 Access 等。在一定意义上，这些产品的特征反映了当前数据库产业界的最高水平和发展趋势。因此，分析这些主流产品的发展状况，是了解数据库技术发展的一个重要方面。

一、数据库系统

1. Oracle

Oracle 是 1983 年推出的世界上第一个开放式商品化关系型数据库管理系统，Oracle 数据库被认为是业界目前比较成功的关系型数据库管理系统。它采用标准的结构化查询语言，支持多种数据类型，提供面向对象存储的数据支持，被认为是运行稳定、功能齐全、性能超群的产品。这一方面反映了它在技术方面的领先，另一方面反映了它在定位上更着重于大型的企业数据库领域。对于数据量大、事务处理繁忙、安全性要求高的企业，Oracle 无疑是比较理想的选择（当然，用户必须在费用方面做出充足的考虑，因为 Oracle 数据库在同类产品中是比较贵的）。随着 Internet 的普及，带动了网络经济的发展，Oracle 适时地将自己的产品紧密地和网络计算结合起来，成为在 Internet 应用领域数据库厂商的佼佼者。

Oracle 公司是目前全球最大的数据库软件公司，也是近年业务增长极为迅速的软件提供与服务商。IDC（Internet Data Center）2007 年度统计数据显示数据库市场总量份额如下：Oracle 44.1%、IBM 21.3%、Microsoft 18.3%、Teradata 3.4%、Sybase 3.4%，但从使用情况看，BZ Research 的 2007 年度数据库与数据存取的综合研究报告表明 76.4%的公司使用了 SQL Server，高端领域仍然以 Oracle、IBM、Teradata 为主。

2007 年 7 月 12 日，甲骨文公司在美国纽约宣布推出数据库 Oracle 11g，这是 Oracle 数据库的最新版本。Oracle 公司介绍说，Oracle 11g 有 400 多项功能，经过了 1500 万个小时的测试，开发工作量达到了 3.6 万人/月。Oracle 11g 在安全、XML DB、备份等方面得到了很大提升。Oracle 数据库可以运行在 UNIX、Windows 等主流操作系统平台，完全支持所有的工业标准，并获得最高级别的 ISO 标准安全性认证。Oracle 采用完全开放策略，可以使客户选择最适合的解决方案，同时对开发商提供全力支持。

2010 年 9 月份，Oracle 再次发布了数据库版本的重要更新，推出了 11.2.0.2.0，这也是 11g R2 的第一个 Patchset。同时从 11.2.0.2.0 开始，今后 Oracle 数据库所有的 Patchset 将以完整安装包的形式发布。Oracle 在 11.2.0.2 补丁版本中主要增强了 Oracle Automatic Storage Management Cluster File System（ACFS）功能、Quality of Service Management 功能、Database Replay 功能和 Management 功能。

2. DB2

DB2 是 IBM 公司研制的一种关系型数据库系统，主要应用于大型应用系统，具有较好的可伸缩性，可支持从大型机到单用户等环境，应用于 OS/2、Windows 等平台下。DB2 提供了高层次的数据利用性、完整性、安全性、可恢复性，以及小规模到大规模应用程序的执行能力，具有与平台无关的基本功能和 SQL 命令。其功能足以满足大中型公司的需要，并可灵活地服务于中小型电子商务解决方案，DB2 系统在企业级的应用中十分广泛。

1968 年，IBM 公司推出的信息管理系统（Information Management System，IMS）是层次数据库系统的典型代表，是第一个大型的商用数据库管理系统。1970 年，IBM 公司的研究员首次提出了数据库系统的关系模型，开创了数据库关系方法和关系数据理论的研究，为数据库技术奠定了基础。20 世纪 80 年代初期，DB2 的重点放在大型的主机平台上，到 20 世纪 90 年代初，DB2 发展到中型机、小型机及微机平台。2001 年，IBM 公司兼并了世界排名第四的著名数据库公司 Informix，并将其所拥有的先进特性融入到 DB2 中，使 DB2 系统的性能和功能有了进一步提高。2006 年 7 月 14 日，IBM 全球同步发布了一款具有划时代意义的数据库产品——DB2 9。这款新品最大特点即是率先实现了可扩展标记语言（XML）和关系数据间的无缝交互，而无需考虑数据的格式、平台或位置。

DB2 采用了数据分级技术，能够使大型机中的数据很方便地下载到 LAN 数据库服务器中，使得客户机/服务器用户和基于 LAN 的应用程序可以访问大型机数据，并使数据库本地化及远程连接透明化。它以拥有一个非常完备的查询优化器而著称，其外部连接改善了查询性能，并支持多任务并行查询。DB2 具有很好的网络支持能力，每个子系统可以连接十几万个分布式用户，可同时激活上千个活动线程，对大型分布式应用系统尤为适用。

自 2006 年以来，IBM 增加了 2000 多名具有相关技能的从业人员，并继续扩展其全球的技术队伍，以便在客户部署信息基础架构环境时给予充分的帮助。同时，为了配合信息随需应变计划，IBM 宣布将在 3 年中投入 10 亿美元，并将其掌握相关技能的从业人员的数量增加 65%。IBM 还将在新的研究工作、产品开发、战略收购、客户服务、销售队伍和新的合作伙伴计划中进行持续不断的投资。

3. SQL Server

SQL Server 是一个关系数据库管理系统。它最初是由 Microsoft、Sybase 和 Ashton-Tate 3 家公司共同开发的，于 1988 年推出了第一个 OS/2 版本。在 Windows NT 推出后，Microsoft 与 Sybase 在 SQL Server 的开发上"分道扬镳"，Microsoft 将 SQL Server 移植到 Windows NT 系统上，专注于开发推广 SQL Server 的 Windows NT 版本。Sybase 则较专注于 SQL Server 在 UNIX 操作系统上的应用。

SQL Server 的功能全、效率高，可以作为大中型企业或单位的数据库平台。SQL Server 在可伸缩性与可靠性方面做了很多工作，近年来在许多企业的高端服务器上得到了广泛的应用。同时，该产品继承了微软产品界面友好、易学易用的特点，与其他大型数据库产品相比，在操作性和交互性方面独树一帜。SQL Server 可以与 Windows 操作系统紧密集成，这种安排使 SQL Server 能充分利用操作系统提供的特性，不论是应用程序开发速度还是系统事务处理运行速度，都能得到较大的提升。另外，SQL Server 可以借助浏览器实现数据库查询功能，并支持内容丰富的扩展标记语言，提供了全面支持 Web 功能的数据库解决方案。对于在 Windows 平台上开发的各种企业级信息管理系统来说，不论是 C/S（客户机/服务器）架构还是 B/S（浏览器/服务器）架构，SQL Server 都是一个很好的选择。SQL Server 的许多良好的性能和可靠性优势是通过与 Windows NT Server 平台的紧密集成来获得的。在微软平台上，SQL Server 能提供各方面较好的性能，并针对该平台进行了一些专门的设计。

4. Access

Access 是微软 Office 中一个重要成员，是在 Windows 操作系统下工作的关系型数据库管理系统。它采用了 Windows 程序设计理念,以 Windows 特有的技术设计查询、用户界面、报表等数据对象,内嵌了 VBA(Visual Basic Application)程序设计语言,具有集成的开发环境。Access 提供了图形化的查询工具和屏幕、报表生成器,当用户建立复杂的报表、界面时,无需编程和了解 SQL,Access 会自动生成 SQL 代码。

Access 被集成到 Office 中,具有 Office 系列软件的特点,如菜单、工具栏等。与其他数据库管理系统软件相比,更加简单、易学,一个普通的计算机用户,没有程序语言基础,仍然可以快速地掌握和使用它。更重要的一点是,Access 的功能比较强大,足以应付一般的数据管理及处理需要,适用于中小型企业数据管理的需求。当然,在数据定义、数据安全可靠、数据有效控制等方面,它比前面几种数据库产品要逊色不少。Access 数据库与 SQL Server 数据库之间的区别如表 1.1 所示。

表 1.1 Access 与 SQL Server 的区别

内容	Access	SQL Server
版本	桌面版	网络版,可支持跨界的集团公司异地使用数据库的要求
节点	节点少,要锁定	节点多,支持多重路由器
管理权限	无	管理权限划分细致,对内安全性高
防黑客能力	无	数据库划分细致,对外防黑客能力高
并发处理能力	100 人或稍多	同时支持万人在线提交
导出 XML 格式	需要单编程序	可导出为 XML 格式,与 Oracle 和 DB2 通用,减少开发成本
数据处理能力	一般	快
是否被优化过	否	是

5. 大数据

"大数据"通常用来形容一个公司创造的大量非结构化数据和半结构化数据。"大数据"的意义不在于掌握庞大的数据信息,而在于对这些含有意义的数据进行专业化处理。从技术上看,"大数据"与"云计算"的关系就像一枚硬币的正反面一样密不可分。"大数据"必然无法用单台的计算机进行处理,必须采用分布式架构。它的特色在于对海量数据进行分布式数据挖掘,但它必须依托"云计算"的分布式处理、分布式数据库和云存储、虚拟化技术。

大数据分析相比于传统的数据仓库应用,具有数据量大、查询分析复杂等特点。业界将其归纳为 4 个"V",即 Volume(数据体量大)、Variety(数据类型繁多)、Velocity(处理速度快)、Value(价值密度低)。从某种程度上说,大数据是数据分析的前沿技术。大数据最核心的价值就在于对海量数据进行存储和分析。相比于现有的其他技术而言,大数据的"廉价、迅速、优化"这 3 方面的综合成本是最优的。

二、数据库语言

1. VB

VB(Visual Basic)是以 BASIC 语言作为其基本语言的一种可视化编程工具,它在众多编程工具中占据着非常重要的地位。VB 作为一种较早出现的开发程序以其容易学习,开发效率较高,具有完善的帮助系统等优点曾影响了几代编程人员。但是由于 VB 不具备跨平台的特性,从而决定了 VB 在未来的软件开发中将会逐渐地退出其历史舞台。它对组件技术的支持基于 COM 和 ActiveX,对于组件技术不断完善发展的今天,也显现出它的落后性。同时,VB 在进行系统底层开发的时候相对复杂,调用 API 函数不方便,不能进行 DDK 编程,不能深入 Ring0

编程，不能嵌套汇编。此外，它面向对象的特性差，网络功能和数据库功能也没有非常突出的表现，综上所述，VB 作为一种可视化的开发工具由于其本身的局限性，导致了它在未来软件开发中逐步被其他工具代替。

2. PB

PB（Power Builder）是开发 MIS 和各类数据库跨平台的首选，使用简单，容易学习，容易掌握，在代码执行效率上也有相当出色的表现。PB 是一种真正的 4GL 语言（第四代语言），可随意直接嵌套 SQL 语句返回值被赋值到语句的变量中，支持语句级游标、存储过程和数据库函数，是一种类似 SQL 的规范，数据访问中具有无可比拟的灵活性。但是它在系统底层开发中与 VB 具有相同的缺陷，调用 API 函数需声明，调用不方便，不能进行 DDK 编程，不可能深入 Ring0 编程，不能嵌套汇编。在网络开发中提供了较多动态 Web 页面的用户对象和服务对象，非常适合编写服务端动态 Web 应用，有利于商业逻辑的封装。但是用于网络通信的支持不足，静态页面定制支持有限，使得 PB 在网络方面的应用也不能非常广泛。

3. C++Builder/Delphi

它们都是基于 VCL 库的可视化开发工具，在组件技术的支持、数据库支持、系统底层开发支持、网络开发支持、面向对象特性等方面都有相当不错的表现，并且学习使用较为容易，充分体现了所见即所得的可视化开发方法，开发效率高。由于两者都是 Borland 公司的产品，自然继承了该公司代码执行效率高的优良传统。但是，它们并不是毫无缺点，它们的不足之处是帮助系统在众多的编程工具中较差。C++Builder 的 VCL 库是基于 Object Pascal（面向对象 Pascal），使得 C++Builder 在程序的调试执行上落后于其他编程工具。而 Delphi 则有语言不够广泛、开发系统软件功能不足两个比较大的缺点。

4. Visual C++

Visual C++是基于 MFC 库的可视化的开发工具，从总体上说它是一个功能强大但是不便使用的工具。它在网络开发和多媒体开发中都具有不俗的表现，帮助系统也做得非常不错。但是，作为基本语言的 C++在面向对象特性上却不够好，主要是为了兼容 C 的程序，结果顾此失彼。在组件支持方面，虽然它支持 COM、ActiveX、CORBA，但是没有任何 IDE 支持，最大的问题是开发效率不高。

5. Java

Java 是一种可以撰写跨平台应用软件的面向对象的程序设计语言，是由 Sun Microsystems 公司于 1995 年 5 月推出的 Java 程序设计语言和 Java 平台（即 JavaSE，JavaEE，JavaME）的总称。Java 技术具有卓越的通用性、高效性、平台移植性和安全性，广泛应用于个人 PC、数据中心、游戏控制台、科学超级计算机、移动电话和互联网，同时拥有全球最大的开发者专业社群。在全球云计算和移动互联网产业环境下，Java 具备了更显著的优势和广阔前景。

课堂练习

一、选择题

1. 在数据库中存储的是（ ）。
   A. 数据   B. 数据模型
   C. 数据及数据之间的联系   D. 信息
2. 存储在计算机内有结构的数据的集合是（ ）。
   A. 数据库系统   B. 数据库
   C. 数据库管理系统   D. 数据结构

3. 信息的数据表示形式是（　　）
   A. 只能是文字　　B. 只能是声音　　C. 只能是图形　　D. 上述皆可
4. 数据管理与数据处理之间的关系是（　　）。
   A. 两者是一回事　　　　　　　　B. 两者之间无关
   C. 数据管理是数据处理的基本环节　　D. 数据处理是数据管理的基本环节
5. 在数据管理技术的发展过程中，经历了人工管理阶段、文件系统阶段和数据库系统阶段，在这几个阶段中，数据独立性最高的阶段是（　　）。
   A. 数据库系统　　B. 文件系统　　C. 人工管理　　D. 数据项管理

二、填空题

1. 两个实体型之间的联系类型有_____、_____、_____三类。
2. 目前数据库领域中最常用的数据模型有_____、_____、_____。
3. 数据管理技术经历了_____、_____、_____3个阶段。
4. DBMS 是指_____，它位于_____和_____之间。
5. 用树形结构表示实体类型及实体间联系的数据模型称为_____。

三、简答题

1. 什么是数据？什么是数据库？
2. 数据管理技术的发展经历了几个阶段？
3. 什么是数据模型？什么是概念模型？
4. 什么是 E-R 图？

实践与实训

假定一个部门的数据库包括以下信息。
（1）职工的信息：职工号、姓名、地址和所在部门。
（2）部门的信息：部门所有职工、部门名、经理和销售的产品。
（3）产品的信息：产品名、制造商、价格、型号及产品的内部编号。
（4）制造商的信息：制造商名称、地址、生产的产品名和价格。
试画出这个数据库的 E-R 图。

任务总结

本任务介绍了数据库的基本概念，并通过对数据管理技术发展的几个阶段的介绍，阐述了数据库技术产生和发展的背景，说明了数据库系统的优点。数据模型是数据库系统的核心和基础，本任务介绍了组成数据模型的 3 个要素和概念模型。概念模型也称信息模型，是用于信息世界的建模，E-R 模型是这类模型的典型代表，因其简单、清晰，所以应用十分广泛。

任务 2　数据库的安装

 任务描述

根据全球权威 IT 研究与咨询机构 Garcner 的统计，未来十年的数据量将是现在的 40 多倍，其中有 85%的数据来自新的数据类型。在中国，各种数据处理的业务量非常巨大，网络数据库应用极为广泛。面对大数据处理及其分析的挑战，SQL Server 是世界上用户最多的关系型网络数据库管理系统，在网上商城系统中，选择使用企业版本的数据库，本任务用于实现 SQL Server 2012 的安装。

 知识重点

（1）了解 SQL 及 SQL Server 的发展历史。
（2）熟悉 SQL Server 2012 的版本、新特性及安装系统需求。
（3）掌握 SQL Server 2012 的安装方法，并能做出正确的安装选择。

 知识难点

（1）安装过程中的配置。
（2）组件和管理工具的使用。

子任务 2.1　SQL Server 2012 概述

【子任务描述】

与 SQL Server 2008 R2 相比，Microsoft 公司推出的 SQL Server 2012 在常用界面和使用教程上差异较小。学习好 SQL Server 的主要原因，除了其应用广泛外，SQL Server 具有其他关系型数据库系统不具有的优点。

【子任务实施】

一、知识基础

1．SQL Server 简介

SQL Server 是由 Microsoft 公司开发和推广的关系数据库管理系统，是在 Windows 操作系统上使用最多的数据库管理软件。虽然经历了多个版本的改进，但其核心架构始终没变。SQL Server 具体的发展过程如下。

1987 年，Microsoft 和 IBM 公司开发完成了 OS/2 操作系统，IBM 在其销售的 OS/2 Extended Edition 系统中绑定了 OS/2 Datebase Manager；而 Microsoft 的产品线中因为缺少数据库产品，所以处于不利地位。为此，Microsoft 公司将目光投向当时虽没有正式推出产品但已在技术上崭露头角的 Sybase 公司，同其签订了合作协议，使用 Sybase 的技术开发了基于 OS/2 平台的关系数据库。

1988 年，Microsoft、Sybase 和 Ashton-Tate 3 家公司共同开发了 Sybase SQL Server，运行在 OS/2 操作系统之上，后来由于种种原因 Aston-Tate 公司退出了产品的开发。

1991 年，Microsoft 和 IBM 宣布终止 OS/2 的合作开发。

1992 年，Sybase 公司和 Microsoft 公司继续合作并推出了 SQL Server 4.0 版本并移植到 Windows NT 平台，取得了成功。

而此时，Microsoft 和 Sybase 两家公司的合作出现了危机。一方面，基于 Windows NT 的 SQL Server 已经开始对 Sybase 基于 UNIX 的主流产品形成竞争；另一方面，Microsoft 希望针对 Windows NT 对 SQL Server 进行优化，却由于兼容性的问题，无法得到 Sybase 修改代码的认可。经协商，双方于 1994 年达成协议，两家公司合作终止，宣告双方将各自发展数据库产品。Microsoft 公司致力于 Windows NT 平台上的 SQL Server 开发，而 Sybase 公司致力于 UNIX 平台上的 SQL Server 开发。

1995 年，Microsoft 公司独立推出了第一个 SQL Server 版本，即 SQL Server 6.0。

1996 年，Microsoft 公司推出了影响深远的 SQL Server 6.5，具备了市场要求的速度快、功能强、易使用、价格低等特点，成为主流产品之一。

1998 年，SQL Server 7.0 推出，是 Microsoft 公司划时代的产品，使 SQL Server 进入了企业级数据库行列，确定了其在数据库领域的主导地位。

2000 年，Microsoft 公司发行了 SQL Server 2000（8.0），因其稳定、成熟，在数据库市场上占据大量的市场份额，已经成为 Windows NT/2000/2003 操作系统上运行性能最好的数据库管理软件。

2005 年，Microsoft 公司推出了 SQL Server 2005（9.0），是 Microsoft 新一代数据平台，已成为业界增长最快的数据库产品。

2008 年，SQL Server 2008 和 SQL Server 2008 Express 同时发布，该版本是一个高效的智能数据平台，开发人员可以使用其开发强大的数据库应用程序。

2012 年，Microsoft 公布了新一代 SQL Server 2012，提供标准、企业、智慧商务 3 种版本。

SQL Server 版本发布时间和开发代号如表 2.1 所示。

表 2.1 SQL Server 版本发布时间和开发代号

发 布 时 间	版　　本	开 发 代 号
1995 年	SQL Server 6.0	SQL95
1996 年	SQL Server 6.5	Hydra
1998 年	SQL Server 7.0	Sphinx
2000 年	SQL Server 2000	Shiloh
2005 年	SQL Server 2005	Yukon
2008 年	SQL Server 2008	Katmai
2012 年	SQL Server 2012	Denali

SQL Server 2012 提供了全新的高可用灾难恢复技术——AlwaysOn 技术，可以帮助企业在系统出现故障时快速恢复，同时能够提供实时读写分离，保证应用程序性能最大化。若主节点出现故障，AlwaysOn 会自动触发 Failover 机制，使辅助节点替代主节点，并继续进行读写操作。作为新一代的数据平台产品，SQL Server 2012 还引入了先进的列存储索引技术，列存储索引技术使查询性能能够得到十倍至数十倍的提升，其中星形连接查询及相似查询的性能提升幅度可以达到 100 倍。SQL Server 2012 不仅数据管理能力强大，而且全面支持云技术与平台，可快速构建相应的解决方案，实现私有云与公有云之间数据的扩展与应用的迁移。它也提供对企业基础架构最高级别的支持——专门针对关键业务应用的多种功能与解决方案，可以提供最高级别的可用性及性能。它还能够支持结构化和非结构化的实时数据，同时提供对 Hadoop 和大规模数据仓库的支持，支持基于 MPP 的并行数据仓库，能够将数据容量扩展至几百万亿字节。

2. SQL Server 2012 的新特性

SQL Server 2012 是一款综合统一、功能极强、易学易用的软件。此外，它还具有以下新特性：商业智能可视化、数据管理高性能、高安全性、支持大数据多维分析、报表服务快捷性、开发便捷性等，具体如下。

（1）商业智能可视化

SQL Server 2012 商业智能提供了 PowerView 可视化工具，迎合了 IT 消费化的趋势，使业务人员能够通过简洁、易懂的形式使用商业智能，将数据转换为信息，更好地为企业决策服务。业务人员只需要进行简单的拖动，就能在很短的时间内新建一个商业智能视图。生成的视图还可以快速导入 PowerPoint，业务人员可以安全地进行分享和汇报。

（2）数据管理高性能

传统的数据库索引采用行的形式进行存储，SQL Server 2012 引入先进的列存储索引技术，查询性能能够得到十倍至数十倍的提升。

（3）高安全性

AlwaysOn 技术是 SQL Server 2012 全新的高可用灾难恢复技术，它可以帮助企业在出现故障时快速恢复，同时能够提供实时读写分离，保证应用程序性能最大化。

（4）支持大数据多维分析

SQL Server 2012 能够支持结构化和非结构化的实时数据，同时提供对 Hadoop 和大规模数据仓库的支持。

（5）报表服务快捷性

SQL Server 2012 可实现全自动报表生成、报表分发等功能，提供辅助决策支持，利用对数据集中分析，辅助管理决策，通过分析市场营销及预订活动，辅助销售决策，借助深入挖掘会员与潜在会员的消费行为，提高会员的满意度和忠诚度。

（6）开发编程便捷性

利用开发工具 SSDT（SQL Server Data Tools）及框架，针对本地环境或云构建应用程序，通过对 SQL 的改进简化编程任务，提供丰富的搜索功能。为应用程序选择合适平台，可在桌面系统、扩展应用程序中，管理所有数据、服务器和云端运行。

3. SQL Server 2012 的版本

为了更好地满足不同规模用户的需要，SQL Server 2012 产品家族设计了企业版（Enterprise）、商业智能版（Business Intelligence）和标准版（Standard），还包括 Web 版本、开发者版本和精简版。其中，企业版是全功能版本，而其他两个版本则分别面向工作组和中小企业，所支持的机器规模和扩展数据库功能都不一样，用户可以根据不同的需求选择合适的版本进行安装。

（1）企业版

SQL Server 2012 企业版提供了全面的高端数据中心功能，极为快捷，虚拟化不受限制，还具有端到端的商业智能，可为关键任务工作负荷提供较高服务级别，支持最终用户访问深层数据。

（2）商业智能版

SQL Server 2012 商业智能版提供了综合性平台，可支持组织构建和部署安全、可扩展且易于管理的 BI 解决方案。它提供基于浏览器的数据浏览与可见性等卓越功能、强大的数据集成功能以及增强的集成管理功能。

（3）标准版

SQL Server 2012 标准版提供了基本数据管理和商业智能数据库，使部门和小型组织能够顺利运行其应用程序并支持将常用开发工具用于内部部署和云部署，有助于以最少的 IT 资源获得高效的数据库管理。

（4）Web 版

对于 Web 宿主来说，要为 Web 资产提供可伸缩性、经济性和可管理性的功能，SQL Server 2012 Web 版本是一个成本较低的选择。

（5）开发版

SQL Server 2012 开发版支持开发人员基于 SQL Server 构建任意类型的应用程序。它包括企业版的所有功能，但有许可限制，只能用做开发和测试系统，而不能用于生产服务器。SQL Server 开发版是构建和测试应用程序人员的理想之选。

（6）精简版

SQL Server 2012 精简版是入门级的免费数据库，是学习和构建桌面及小型服务器数据驱动应用程序的理想选择。它是独立软件供应商、开发人员和热衷于构建客户端应用程序人员的最佳选择。如果需要使用更高级的数据库功能，则可以将 SQL Server 精简版无缝升级为其他更高端的 SQL Server 版本。

SQL Server 2012 3 个主要版本之间的功能对比如表 2.2 所示。

表 2.2　3 个主要版本之间的功能对比

SQL Server 2012 功能	企业版	商业智能版	标准版
支持最大内核数	OS Max	16 Cores——数据库 OS Max——商业智能功能	16 Cores
基本的 OLTP 功能	√	√	√
可编程性（T-SQL，Data Types，File Table）	√	√	√
可管理性（SQL Server Management Studio，基于策略的管理）	√	√	√
Basic Corporate BI（Reporting、Analytics、Multidimensional Semantic Model、Data Mining）	√	√	√
企业级商业智能　（报表、分析、多维商业智能语义模型）	√	√	
自服务商业智能（Alerting、PowerView、PowerPivot for SharePoint Server）	√	√	
企业数据管理（数据质量服务与主数据服务）	√	√	
In-Memory Tabular BI Semantic Model	√	√	
高级安全功能（高级审计，透明数据加密）	√		
数据仓库　（列存储、压缩）	√		
高可用性（AlwaysOn）	Advanced	Basic**	Basic**

说明：

① SQL Server 2012 企业版服务器许可，无论是在 EA/EAP 中购买还是通过软件升级保障升级，最多只拥有每服务器 20Core 的许可权利。

② Basic**包括两节点的故障转移集群。

SQL Server 2012 可帮助企业对整个组织业务数据深入分析，并快速在内部和公共云端重部署方案及扩展数据。它主要提供如下 6 类服务。

（1）以 AlwaysOn 提供所需运行时间和数据保护。

（2）通过列存储索引获得突破性和可预测的性能。

（3）用于组的新用户定义角色和默认架构，帮助实现安全性和遵从性。

（4）利用列存储索引实现快速数据恢复，以便更深入地了解组织。

（5）通过 SSIS 改进，用于 Excel 的 Master Data Services 外接程序和新 Data Quality Services，确保更可靠、一致的整据。

（6）可用 SQL Azure 和 SQL Server 数据工具的数据层应用程序组件（DAC）奇偶校验、优化服务器和云间工作效率，在数据库、BI 和云功能间实现统一的开发体验等。

不同版本的 SQL Server 2012 主要技术指标如表 2.3 所示。

表 2.3 SQL Server 2012 各版本主要技术指标

功能名称	企业版	商业智能版	标准版	Web版	精简版
单个实例使用的最大计算能力（SQL Server 数据库引擎）	操作系统支持的最大值	限制为 4 个插槽或 16 核，取二者中的较小值	限制为 4 个插槽或 16 核，取二者中的较小值	限制为 4 个插槽或 16 核，取二者中的较小值	限制为 1 个插槽或 4 核，取二者中的较小值
单个实例使用的最大计算能力（Analysis Services、Reporting Services）	操作系统支持的最大值	操作系统支持的最大值	限制为 4 个插槽或 16 核，取二者中的较小值	限制为 4 个插槽或 16 核，取二者中的较小值	限制为 1 个插槽或 4 核，取二者中的较小值
利用的最大内存（SQL Server 数据库引擎）	操作系统支持的最大值	64 GB	64 GB	64 GB	1 GB
利用的最大内存（Analysis Services）	操作系统支持的最大值	操作系统支持的最大值	64 GB	不适用	不适用
利用的最大内存（Reporting Services）	操作系统支持的最大值	操作系统支持的最大值	64 GB	64 GB	4 GB
最大关系数据库大小	524 PB	524 PB	524 PB	524 PB	10 GB

4. 运行环境

安装 SQL Server 2012 之前需要检查安装环境是否满足需求。不同版本的 SQL Server 2012 对系统的要求略有差别，此处介绍 SQL Server 2012 企业版的安装环境。

硬件环境：SQL Server 2012 支持 32 位操作系统，至少 1GHz 或同等性能的兼容处理器，建议使用 2GHz 及以上处理器的计算机；支持 64 位操作系统，1.4GHz 或速度更快的处理器；最低支持 1GB，建议使用 2GB 或更大的 RAM，至少 2GB 可用硬盘空间。

软件环境：Windows 7，Windows Server 2008 SP2，Windows Server 2008 R2，Windows Vista SP2。

5. 软硬件要求

安装 SQL Server 2012 或 SQL Server 客户端组件的硬件要求如表 2.4 所示。当用户选择数据库引擎、Reporting Services、Master Data Services、Data Quality Services、复制或 SQL Server Management Studio 时，.NET 3.5 SP1 是 SQL Server 2012 所必需的，但不再由 SQL Server 安装程序安装。SQL Server 2012 不安装或启用 Windows PowerShell 2.0。但对于数据库引擎组件和 SQL Server Management Studio 而言，Windows PowerShell 2.0 是一个必备安装组件。SQL Server 2012 支持的操作系统具有内置网络软件，独立安装的命名实例和默认实例支持以下网络协议：共享内存、命名管道、TCP/IP 和 VIA。在安装 Microsoft 管理控制台、SSDT、Reporting Services 的报表设计器组件和 HTML 帮助时都需要安装 Internet Explorer 7 或更高版本。

表 2.4 安装 SQL Server 2012 或 SQL Server 客户端组件的硬件要求

硬件	最低要求
计算机处理器	最小值：x86 处理器为 1.0GHZ；x64 处理器为 1.4GHz。 建议：2.0GHz 或更快
处理器类型	x64 处理器：AMD Opteron、AMD Athlon 64、支持 Intel EM64T 的 Intel Xeon、支持 EM64T 的 Intel Pentium IVx 86 处理器：Pentium III 兼容处理器或更快

续表

硬件	最低要求
内存（RAM）	最小值：Express 版本为 512MB；其他版本 1GB 最大值：Express 版本为 1GB；其他版本至少 4GB 并且应该随着数据库大小的增加而增加，以便确保最佳的性能
硬盘空间	SQL Server 2012 要求最少 6 GB 的可用硬盘空间。 数据库引擎和数据文件、复制、全文搜索以及 Data Quality Services 需 811MB；Reporting Services 和报表管理器需 304MB Analysis Services 和数据文件需 345MB；Integration Services 需 591MB Master Data Services 需 243MB；客户端组件（除 SQL Server 联机丛书组件和 Integration Services 工具之外）需 1823MB 用于查看和管理帮助内容的 SQL Server 联机丛书组件需 375KB
驱动器	从磁盘进行安装时需要相应的 DVD 驱动器
显示器	SQL Server 2012 要求有 Super-VGA（800×600）或更高分辨率的显示器

6. 安装 SQL Server 前的安全注意事项

安全对于每个产品和每家企业都很重要，遵循简单的最佳做法，可以避免很多安全漏洞。在安装 SQL Server 前应考虑采用一些最佳的安全做法。

1）增强物理安全性。

物理和逻辑隔离是构成 SQL Server 安全的基础，若要增强 SQL Server 安装的物理安全性，需要注意以下两点。

（1）将数据库安装在 Intranet 的安全区域中，不得将 SQL Server 直接连接到 Internet。

（2）定期备份所有数据，并将备份存储在安全位置。

2）使用防火墙

防火墙对于协助确保 SQL Server 安装的安全十分重要。若要使防火墙发挥最佳效用，则需要注意以下几点。

（1）在服务器和 Internet 之间放置防火墙并启用防火墙。

（2）将网络分成若干安全区域，区域之间用防火墙分隔。

（3）在多层环境中，使用多个防火墙创建屏蔽子网。

如果在 Windows 域内部安装服务器，将内部防火墙配置为允许使用 Windows 身份验证。如果应用程序使用分布式事务处理，必须将防火墙配置为允许 Microsoft 分布式事务处理协调器（MS DTC）在不同的 MS DTC 实例之间进行通信。还需要将防火墙配置为允许在 MS DTC 和资源管理器（如 SQL Server）之间进行通信。

3）隔离服务

隔离服务可以降低风险，防止已受到危害的服务被用于危及其他服务。

4）配置安全的文件系统

使用正确的文件系统可提高安全性。对于 SQL Server 的安装，需要注意以下几点。

（1）使用 NTFS 文件系统。NTFS 是 SQL Server 安装的首选文件系统，因为它比 FAT 文件系统更加稳定和更容易恢复。NTFS 还可以使用安全选项，如文件和目录访问控制列表（ACL）和加密文件系统（EFS）文件加密。在安装期间，如果检测到 NTFS，SQL Server 将对注册表项和文件设置相应的 ACL，对这些权限不应做任何更改。SQL Server 的更高版本不支持在 FAT 文件系统的计算机上进行安装。

（2）对关键数据文件使用独立磁盘冗余阵列（RAID）。

5）禁用 NetBIOS 和服务器消息块

外围网络中的服务器应禁用所有不必要的协议，包括 NetBIOS 和服务器消息块（SMB）。

6）在域控制器上安装 SQL Server

出于安全方面的考虑，建议不要将 SQL Server 2012 安装在域控制器上。SQL Server 安装程序不会阻止在作为域控制器的计算机上进行安装，但存在以下几点限制。

(1) 在域控制器上，无法在本地服务账户下运行 SQL Server 服务。

(2) 将 SQL Server 安装到计算机上之后，无法将此计算机从域成员更改为域控制器。必须先卸载 SQL Server，才能将主机计算机更改为域控制器。

(3) 将 SQL Server 安装到计算机上之后，无法将此计算机从域控制器更改为域成员。必须先卸载 SQL Server，才能将主机计算机更改为域成员。

(4) 在群集节点用做域控制器的情况下，不支持 SQL Server 故障转移群集实例。

(5) SQL Server 安装程序不能在只读域控制器上创建安全组或设置 SQL Server 服务账户，在这种情况下，安装将失败。

7）SSMS

SSMS 为一个集成的可视化管理环境，用于访问、配置、控制和管理所有 SQL Server 组件，SSMS 为 Microsoft 统一的界面风格，所有已经连接的数据库服务器及其对象将以树状结构显示在左侧窗口中。SSMS 中各窗口和工具栏的位置并非固定不变，用户可根据自己的喜好将窗口拖动到主窗体的任何位置，甚至悬浮脱离主窗体。

子任务 2.2　SQL Server 2012 的安装

【子任务描述】

在网上商城系统中，选择使用企业版本的数据库，本任务用于实现 SQL Server 2012 的安装。

【子任务实施】

一、基础知识

1. SQL Server 2012 的安装和升级

1）下载与安装

安装 SQL Server 先要注意版本。Microsoft 发布的 SQL Server 2012 企业版为 4.7GB，另有学习和开发者用的免费精简版，可从 Microsoft 公司的官方网站上直接下载。

(1) 下载安装 SSMS，用于管理 SQL Server 的图形化界面（注意，根据个人计算机系统的不同选择 64 位或 32 位版本，该软件一定要先安装）。

64 位操作系统：CHS\\x64\\SQLManagementStudio_x64_CHS.exe。

32 位操作系统：CHS\\x86\\SQLManagementStudio_x86_CHS.exe。

(2) 下载安装 SQL Server 2012 其他软件。

64 位操作系统：CHS\\x64\\SQLEXPR_x64_CHS.exe。

32 位操作系统：CHS\\x86\\SQLEXPR_x86_CHS.exe。

可以通过计算机【属性】对话框查看操作系统位数，下面以 64 位为例进行概述。

SQL Server 2012 安装前需要进行系统检查。在系统安装之前，务必通过"系统配置检查器"，检查系统中影响其成功安装的可能因素，以减少安装过程中出现错误。

将下载的几个软件放在同一个目录下，并双击打开可执行文件 CHSx64_SQLFULL_X64_CHS_Intall.exe。系统解压缩之后打开另外一个安装文件夹 SQLFULL_x64_CHS，双击

SETUP.exe，弹出【SQL Server 安装中心】对话框，如图 2.1 所示。

2）SQL Server 2012 的升级

如果需要升级安装，可以选择从 SQL Server 2005、SQL Server 2008 或 SQL Server 2008 R2 升级到 SQL Server 2012。进行选择后，系统要求提供一个旧版本的升级磁盘等介质，同时系统会对此磁盘进行判断，系统还会谨慎地帮助做一次"安装程序支持规则"的检查，提前搜索缺少哪些升级的条件。

非集群环境安装 SQL Server 2012 时，选中【全新 SQL Server 独立安装或向现有安装添加

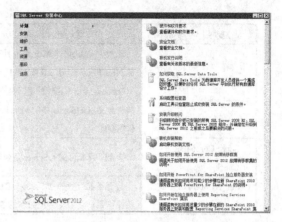

图 2.1　SQL Server 2012 安装中心

功能】，通过向导逐步在【非集群环境】中安装 SQL Server 2012。需要注意的是，注意查看系统默认的选择是否与自己的处理器类型相匹配，以及指定的安装介质根目录是否正确。

二、实施过程

【子任务分析】

根据上述子任务的描述，本任务需要为网上商城系统的数据库，搭建环境安装 SQL Server 2012 企业版软件。

【子任务实施步骤】

SQL Server 2012 企业版安装和配置的具体步骤如下。

步骤 1：根据系统现有的 SQL Server 版本，选择安装方式，如果是第一次安装 SQL Server，则选择【全新 SQL Server 独立安装或向现有安装添加功能】安装方式，进入 SQL Server 安装程序界面，如图 2.2 所示。

在安装程序界面中，系统将检查系统配置、安装程序支持原则，以确定安装 SQL Server 安装程序支持文件时可能发生的问题，必须更正所有失败，安装程序才能继续。

单击【查看详细报表】链接，系统将提供系统配置检查报告，如表 2.5 所示。

步骤 2：进入安装程序文件界面，单击【安装】按钮，将检查系统中是否有潜在的安装问题（如操作系统、注册表等一致性验证），如图 2.3 所示。

步骤 3：扫描完毕后，单击【下一步】按钮，弹出"设置角色"对话框，如图 2.4 所示。选中【SQL Server 功能安装】单选按钮，再逐个选择要安装的功能组件，包括数据库引擎服务、分析服务、报表服务等。选中【SQL Server PowerPivot for SharePoint】单选按钮，将在新的或现有的 SharePoint 服务器上安装 PowerPivot for SharePoint，或者添加关系数据库引擎以便用做新的数据库服务器。选中【具有默认值的所有功能】单选按钮，则使用服务账户的默认值安装所有功能。

表 2.5　系统配置检查报告

规则名称	规则说明	结果	消息/更正操作
GlobalRules	针对规则组"GlobalRules"的 SQL Server 2012 安装程序配置检查		

续表

规则名称	规则说明	结果	消息/更正操作
NoRebootPackageDownLevel	此规则确定此计算机是否具有必需的.NET Framework 2.0 或.NET Framework 3.5 SP1 的更新包,成功安装包含在 SQL Server 中的VisualStudio组件需要此包	不适用	此规则不适用于您的系统配置
ServerCore64BitCheck	检查此版本的 SQL Server 是否为 64 位	不适用	此规则不适用于您的系统配置
ServerCorePlatformCheck	检查当前运行的 Windows Server 内核操作系统是否支持此版本的 SQL	不适用	此规则不适用于您的系统配置
AclPermissionsFacet	检查 SQL Server 注册表项是否一致	已通过	SQL Server 注册表项是一致的,可以支持 SQL Server 安装或升级
FacetWOW64PlatformCheck	确定此操作系统平台是否支持 SQL Server 安装程序	已通过	此操作系统平台支持 SQL Server 安装程序
HasSecurityBackupAnd DebugPrivilegesCheck	检查正在运行 SQL Server 安装程序的账户是否有权备份文件和目录、有权管理审核和安全日志,以及是否有权调试程序	已通过	正在运行 SQL Server 安装程序的账户有权备份文件和目录、有权管理审核和安全日志,以及有权调试程序
MediaPathLength	检查 SQL Server 安装介质是否太长	已通过	SQL Server 安装介质不太长
NoRebootPackage	此规则确定此计算机是否具有必需的.NET Framework 2.0 或.NET Framework 3.5 SP 1 的更新包,成功安装包含在 SQL Server 中的 Visual Studio 组件需要此包	已通过	此计算机具有必需的更新包
RebootRequiredCheck	检查是否需要挂起计算机重新启动。挂起重新启动会导致安装程序失败	已通过	不需要重新启动计算机
SetupCompatibilityCheck	检查 SQL Server 当前版本是否与以后安装的版本兼容	已通过	安装程序尚未检测到任何不兼容的情况
ThreadHasAdminPrivilegeCheck	检查运行 SQL Server 安装程序的账户是否具有计算机的管理员权限	已通过	运行 SQL Server 安装程序的账户具有计算机的管理员权限
WmiServiceStateCheck	检查 WMI 服务是否已在计算机上启动并正在运行	已通过	Windows ManagementInstrumentation(WMI)服务正在运行

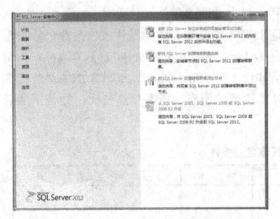

图 2.2 安装界面

图 2.3 安装程序支持原则界面

步骤 4：单击【下一步】按钮，弹出"功能选择"对话框，如图 2.5 所示。选择要安装的实例的 SQL Server 组件，只有在安装了 SQL Server Database Services 和 Analysis Services 组件后，才能创建 SQL Server 故障转移群集，选择相应的共享功能组件，修改共享功能安装目录，如果单击【全选】按钮，则安装所有功能。完成功能选择后，单击【下一步】按钮。

图 2.4 "设置角色"对话框

图 2.5 "功能选择"

步骤 5：在弹出的"实例配置"对话框中，如图 2.6 所示，配置实例的名称和实例的 ID。在一台计算机中可以安装多个实例，每个实例的配置与操作都与其他实例分开，实例可以在同一台计算机上并行操作。在没有默认实例的情况下，才可以安装新的默认实例。如果选择安装为默认实例，则数据库实例名由计算机名和用户名组合而成。如果选择安装为命名实例，则必须为实例命名。确定实例的安装位置，单击【下一步】按钮。

步骤 6：弹出"磁盘空间要求"对话框，如图 2.7 所示，系统会查看用户选择的功能所需的磁盘摘要。

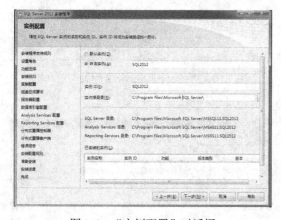

图 2.6 "实例配置"对话框

图 2.7 "磁盘空间要求"对话框

步骤 7：单击【下一步】按钮，弹出"服务器配置"对话框，如图 2.8 所示。在【服务账户】选项卡中，设置账户名、密码及启动类型（手动、自动、已禁用），可以为每个服务指定单独的账户。在【排序规则】选项卡中，设置排序规则指示符和排序顺序。

步骤 8：单击【下一步】按钮，弹出"数据库引擎配置"对话框，如图 2.9 所示。选择【服务器配置】选项卡，可以为数据库引擎指定身份验证模式和管理员。有两种身份验证模式，如果选择 Windows 认证模式，则 SQL Server 系统根据用户的 Windows 账号允许或拒绝访问；如果选择 SQL Server 认证模式，则要提供一个 SQL Server 登录用户名和口令，该记录将保存在 SQL Server 内部，而且该记录与任何 Windows 账号无关，如果想通过任何一个微软应用程序与

SQL Server 连接,则需要先检查 SQL Server 的授权并提供这个登录的用户名称和口令,通过认证后应用程序才可以连接到系统服务器上,否则服务器将拒绝用户的连接请求。选中【混合模式】单选按钮,并设置 sa 管理员的密码。在此可以添加、删除用户,SQL Server 管理员对数据库引擎具有无限制的访问权限。

图 2.8 "服务器配置"对话框

步骤 9:单击【下一步】按钮,弹出"Analysis Services 配置"对话框,如图 2.10 所示,指定 Analysis Services 服务器模式、管理员和数据目录。

步骤 10:单击【下一步】按钮,弹出"Reporting Services 配置"对话框,如图 2.11 所示,指定 Reporting Services 本机模式和集成模式。

步骤 11:单击【下一步】按钮,弹出"分布式重播控制器"对话框,如图 2.12 所示,指定哪些用户有对分布式重播控制器服务的权限。

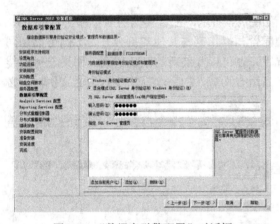

图 2.9 "数据库引擎配置"对话框

图 2.10 "Analysis Services 配置"对话框

图 2.11 "Reporting Services 配置"对话框

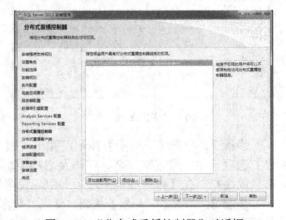

图 2.12 "分布式重播控制器"对话框

步骤 12:单击【下一步】按钮,弹出"分布式重播客户端"对话框,如图 2.13 所示,为分布式重播控制器指定相应的控制器和数据目录位置。

步骤 13：单击【下一步】按钮，弹出"错误报告"对话框，如图 2.14 所示。

图 2.13 "分布式重播客户端"对话框

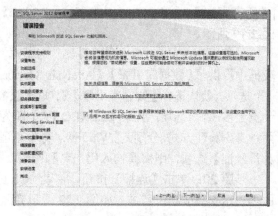
图 2.14 "错误报告"对话框

步骤 14：单击【下一步】按钮，弹出"安装配置规则"对话框，如图 2.15 所示。
步骤 15：单击【下一步】按钮，弹出"准备安装"对话框，如图 2.16 所示。

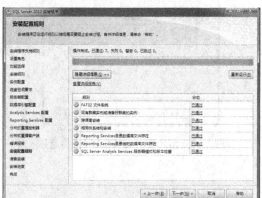
图 2.15 "安装配置规则"对话框

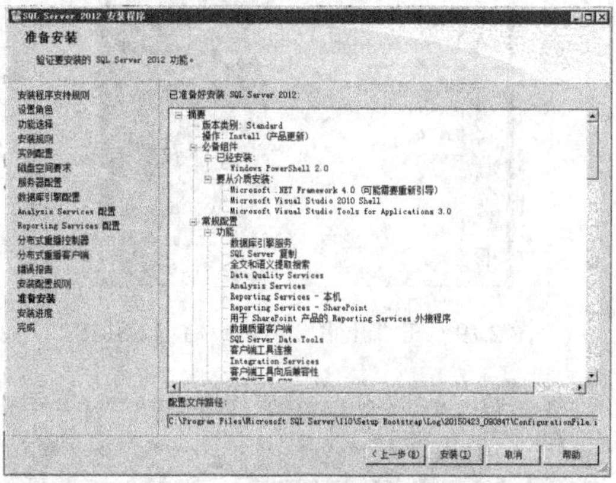

图 2.16 "准备安装"对话框

步骤 16：单击【安装】按钮，系统开始安装 SQL Server 2012，如图 2.17 所示。
步骤 17：安装完成后，单击【下一步】按钮，弹出"完成"对话框，显示关于安装程序操作或可能的随后步骤的信息，如图 2.18 所示。

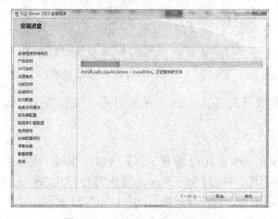
图 2.17 "安装进度"对话框

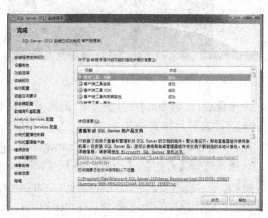
图 2.18 "完成"对话框

步骤 18：在 SQL Server 2012 安装完成后需要测试安装是否成功，可以选择【开始】|【所有程序】|【Microsoft SQL Server 2012】|【SQL Server Management Studio】选项，如图 2.19 所示。

步骤 19：弹出"连接到服务器"对话框，在【登录】选项卡中的【服务器类型】下拉列表框中提供了【数据库引擎】、【Analysis Services】、【Reporting Services】和【Integration Services】4 个选项，默认选择【数据库引擎】选项。【服务器名称】下拉列表框中显示了本地主机名和"<浏览更多…>"选项，其中【LENBO-PC】即为本例的本地主机，【身份验证】下拉列表框中有两种身份验证方式，分别是【Windows 身份验证】和【SQL Server 身份验证】，若选择【SQL Server 身份验证】选项，则需要输入用户名和密码，如图 2.20 所示。

步骤 20：单击【连接】按钮，启动 SQL 的主要管理工具 SSMS。若进入如图 2.21 所示界面则表示安装成功；若进入如图 2.22 所示界面，则代表安装不成功。

图 2.19 在"开始"菜单中启动 SSMS

图 2.20 SQL Server 2012 服务器选项

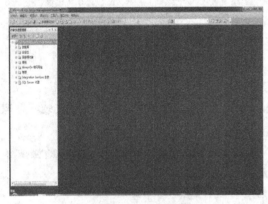

图 2.21 SSMS 操作界面

图 2.22 SQL Server 2012 安装失败

步骤 21：若 SSMS 界面不能正常开启，则需要开启 SQL Server 相应服务。SQL Server 服务开启有如下两种方法。

（1）利用 SQL Server Configuration Manager。

依次选择【开始】|【所有程序】|【Microsoft SQL Server 2012 配置工具】|【SQL Server 配置管理器】选项，进入 SQL Server Configuration Manager 界面，右击【SQL Server 服务（MS SQL Server）】选项，可以在弹出的快捷菜单中对该服务进行启动、停止、暂停及重新启动，如图 2.23 所示。

（2）利用系统服务。

依次选择【控制面板】|【系统和安全】|【管理工具】|【服务】选项，右击【SQL Server

服务（MS SQLServer）】选项，可以在弹出的快捷菜单中对该服务进行启动、停止、暂停及重新启动，如图 2.24 所示。

图 2.23　SQL Server Configuration Manager 界面

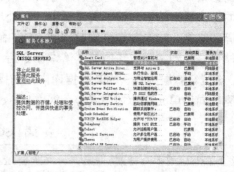

图 2.24　"服务"窗口

子任务 2.3　SQL Server 2012 组件和工具

【子任务描述】

完成 SQL Server 2012 的安装后，在"开始"菜单中可以看到 Microsoft SQL Server 的程序组，其中包括安装好的 SQL Server 2012 的组件。安装哪些组件取决于用户的具体需要，不同的组件能够满足用户独特的性能要求。

【子任务实施】

一、知识基础

1. 组件简介

SQL Server 2012 的组件主要包括：数据库引擎（Database Engine，DE）、分析服务（Analysis Services，AS）、集成服务（Integration Services，IS）、报表服务（Reporting Services，RS）以及主数据服务（Master Uata Services，MUS）组件等，各组件之间的关系如图 2.25 所示。

数据库引擎是整个 SQL Server 的核心，其他所有组件都与其有着密不可分的联系，SQL Server 2012 的总体架构与 SQL Server 2008 类似。SQL Server 数据库引擎有四大组件：协议（Protocol）、关系引擎（Relational Engine，查询处理器，即 Query Compilation 和 Execution Engine）、存储引擎（Storage Engine）和 SQLOS，各客户端提交的操作指令都与这 4 个组件交互，SQL Server 2012 总体架构如图 2.26 所示。

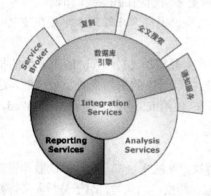

图 2.25　各组件之间的关系图

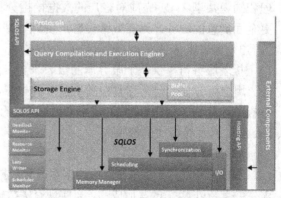

图 2.26　SQL Server 2012 总体架构图

其中，客户端发送的请求提交给协议层并将其转换为关系引擎可识别的形式，同时也能将查询结果、状态信息和错误信息等从关系引擎中获取出来，然后将这些结果转换为客户端可理解的形式返回给客户端。关系引擎负责处理协议层传来的 SQL 命令，对 SQL 命令进行解析、编译和优化。如果关系引擎检测到 SQL 命令需要数据，则会向存储引擎发送数据请求命令。存储引擎收到关系引擎的数据请求命令后，负责数据的访问，包括事务、锁、文件和缓存的管理。SQLOS 层则被认为是数据库内部的操作系统，负责缓冲池和内存管理、线程管理、死锁检测、同步单元和计划调度等。SQL Server 的服务器组件如表 2.6 所示。

表 2.6 SQL Server 服务器组件

服务器组件	功能说明
SQL Server 数据库引擎	SQL 数据库引擎包括数据库引擎（用于存储、处理和保护数据的核心服务）、复制、全文搜索、用于管理关系数据和 XML 数据的工具及 Data Quality Services（DQS）服务器
分析服务	用于创建和管理联机分析处理（OLAP）以及数据挖掘应用程序的工具
报表服务	用于创建、管理和部署表格报表、矩阵报表、图形报表以及自由表格的服务器和客户端组件还是一个可用于开发报表应用程序的可扩展平台
集成服务	一组图形工具和可编程对象，用于移动、复制和转换数据，还包括 Data Quality Services（DQS）组件
主数据服务	针对主数据管理的 SQL Server 解决方案，包括复制服务、服务代理、通知服务和全文检索服务等功能组件，共同构成完整的服务架构

2. 组件的功能

1）数据库引擎

它是系统的核心组件，负责业务数据的存储、处理、查询和安全管理等操作，在大多数情况下，使用数据库系统实际上就是使用 DE。实际上，DE 本身也是一个含有许多功能模块的复杂系统，如 Service Broker 和复制等。Service Broker 具有异步通信机制，可用于存储、传递消息；复制用于物理位置不同数据库之间对数据及其对象进行复制和分发，保证数据库之间同步和数据一致性。

2）分析服务

分析服务是系统提供的商务智能解决方案之一，它可以提供多维分析和数据挖掘功能，支持用户建立数据仓库和商业智能分析。由数据库引擎负责多维分析，利用 AS，可设计、创建和管理包含其他数据源数据的多维结构，通过对多维数据多角度的分析，可支持对业务数据的更全面的理解。用户还可完成数据挖掘模型的构造和应用，实现知识发现、知识表示、知识管理和知识共享。AS 完成对客户的数据挖掘分析，发现更多有价值的信息和知识，为客户提供更全面满意的服务，为有效管理客户资源、减少客户流失、提高客户管理水平提供支持。

3）报表服务

报表服务可提供基于服务器的报表平台，为各种数据源提供支持 Web 的企业级的报表功能。用户可方便地定义和发布满足需求的报表，可轻松实现报表的布局格式及数据源，这种服务极大地便利了企业管理人员，可高效、规范的管理需求。使用 RS 可以方便地生成 Word、PDF、Excel、XML 等格式的报表。

4）集成服务

集成服务是用于生成企业级数据集成和数据转换解决方案的平台，是从原来的数据转换服务派生并重新以.NET 改写而成的，可实现有关数据的提取、转换、加载等。对于分析服务，数据库引擎是一个重要的数据源，将其中的数据适当处理加载到分析服务中可进行各种分析处理。IS 可高效地处理各种类型的数据源，包括处理 Oracle、Excel、XML 文档、文本文件等数据源中的数据。

5）主数据服务

它针对主数据管理的 SQL Server 解决方案，可配置 MDS 管理任何领域（产品、客户、账户），MDS 可包括层次结构、各种级别的安全性、事务、数据版本控制和业务规则，以及可用于管理数据的用于 Excel 的外接程序，包括复制服务、服务代理、通知服务和全文检索服务等功能组件，共同构成完整的服务架构。

3. 管理工具

在实际应用中，经常使用 SQL Server 2012 的主要管理工具，如表 2.7 所示。

表 2.7 SQL Server 主要管理工具

管理工具	功能说明
SQL Server Management Studio	SSMS 是用于访问、配置、管理和开发 SQL Server 组件的集成环境，使各种技术水平的开发人员和管理员都能使用 SQL Server。安装需要 IE6 SP1 或更高版本
SQL Server 配置管理器	SQL Server 配置管理器为 SQL Server 服务、服务器协议、客户端协议和客户端别名提供基本配置管理
SQL Server 事件探查器	SQL Server 事件探查器提供了一个图形用户界面，用于监视数据库引擎实例或 Analysis Services 实例
数据库引擎优化顾问	数据库引擎优化顾问可以协助创建索引、索引视图和分区的最佳组合
数据质量客户端	提供了一个简单和直观的图形用户界面，用于连接到 DQS 数据库并执行数据清理操作，还允许集中监视在数据清理操作过程中执行的各项活动。安装需要 IE6 SP1 或更高版本
SQL Server 数据工具（SSDT）	提供 IDE 可为以下商业智能组件生成解决方案：AS、RS、IS 和"数据库项目"，为数据库开发人员提供集成环境，以便在 Visual Studio 内为 SQL Server 平台执行所有数据库设计，数据库开发人员可用 VS 中功能增强的服务器资源管理器，轻松创建或编辑数据库对象和数据或执行查询
连接组件	安装用于客户端和服务器之间通信的组件及用于 DB-Library、ODBC 和 OLE DB 的网络库

SQL Server Management Studio 组合了 SQL Server 2000 中包含的企业管理器、查询分析器和分析管理器的功能，是一个用于访问、配置、管理和开发 SQL Server 组件的集成环境，可以管理和配置 SQL Server 数据库引擎、分析服务和报表服务中的对象。

SQL Server 配置工具包括 Reporting Services 配置管理器、SQL Server 错误和使用情况报告、SQL Server 安装中心、SQL Server 配置管理器。SQL Server 配置管理器组合了 SQL Server 2000 中的服务器网络实用工具、客户端网络实用工具和服务管理器的功能，启动 SQL Server 配置管理器的操作步骤如下。

依次选择【所有程序】|【Microsoft SQL Server 2012 配置工具】|【SQL Server 配置管理器】选项，如图 2.27 所示。

SQL Server 配置管理器配置管理各种 SQL Server 服务、网络配置协议、客户端协议和客户端别名，可以停止、启动或暂停各种 SQL Server 2012 服务，SQL Server 配置管理器窗口如图 2.28 所示。

SQL Server Profiler 能够通过监视数据库引擎实例或 Analysis Services 实例，来识别影响性能的事件，可以通过事件探查器来创建管理事件跟踪文件。

启动事件探查器的方法有两种，具体如下。

方法一：依次选择【所有程序】|【Microsoft SQL Server 2012】|【配置工具】|【SQL Server Profiler】选项。

方法二：在 SQL Server Management Studio 窗口中选择【工具】|【SQL Server Profiler】选项。

创建跟踪的操作步骤具体如下。

图 2.27　SQL Server 2012 配置工具菜单　　　　图 2.28　SQL Server 配置管理器

在事件探查器窗口中，依次选择【文件】|【新建跟踪】选项，在"连接到服务器"对话框中，设置连接服务器的类型、名称，选择身份验证方式后，单击【连接】按钮，弹出"跟踪属性"对话框，如图 2.29 所示。

在【常规】选项卡中输入跟踪名称、跟踪提供程序名称和类型、跟踪文件的文件名，设置启用跟踪停止时间。

在【事件选择】选项卡中，选择需要跟踪的事件，对每个事件，可以选择需要监视的信息，如计算机名、用户名、命令文本、CPU 的使用情况等。

单击【运行】按钮，启动跟踪事件的变化情况，并在跟踪窗口中显示出来。

数据库引擎是用于存储、处理和保护数据的核心服务，而数据库引擎优化顾问可以协助创建索引、索引视图和分区的最佳组合。

启动数据库引擎优化顾问的方法如下。

依次选择【开始】|【所有程序】|【Microsoft SQL Server 2012】|【配置工具】|【数据库引擎优化顾问】选项，在"连接到服务器"对话框中，查看默认设置，再单击【连接】按钮。也可在 SQL Server Management Studio 窗口中，选择【工具】|【数据库引擎优化顾问】选项，打开"数据库引擎优化顾问"窗口，如图 2.30 所示。

图 2.29　"跟踪属性"对话框　　　　　　　　图 2.30　"数据库引擎优化顾问"窗口

课堂练习

一、选择题

1. 在"连接"选项组中有两种连接认证方式,其中在( )方式下,需要客户端应用程序连接所需要的登录账户及口令。
   A. Windows 身份验证   B. SQL Server 身份验证
   C. 其他   D. 前两种

2. 下面( )不是 Microsoft 公司为用户提供的种版本的 SQL Server 2012 之一。
   A. 企业版   B. 开发版   C. 应用版   D. 标准版

二、填空题

1. 在 SQL Server 中,一个 SQL Server 数据库就是一些相关表和_____的集合。
2. 在数据库恢复时,对尚未完成的事务执行_____操作。
3. 在 SQL Server 安装时,SQL Server 使用的服务器名取自_____。
4. SQL 服务器采用_____来保证数据库的安全。

三、简答题

1. 什么是 SQL?
2. SQL Server 2012 产品有哪些版本?各种版本的特点是什么?
3. 安装 SQL Server 2012 Enterprise 版本有哪些硬件需求与软件需求?
4. SQL Server 2012 包含哪些主要的组件?
5. SQL Server 2012 支持哪两种身份验证模式?各有何特点?

实践与实训

1. 在 Windows 7 中安装 SQL Server 2012 软件。
2. 测试安装 SQL Server 2012 是否成功。

任务总结

本任务概述了 SQL Server 的基本概念和 SQL Server 2012 的新特性、SQL Server 2012 的功能、SQL Server 2012 的组件和工具、数据库及其文件的种类,并对 SQL Server 2012 的安装与升级、配置和登录等具体操作过程进行了介绍。

任务 3 关系数据库设计

 任务描述

随着 Internet 的发展,计算机软件系统不断地应用于各个领域,如银行、超市、图书馆等。这些计算机软件系统给管理人员带来了极大的方便,提高了工作效率,减少了工作人员的工作量,网上商城就是其中之一。类似于现实世界中的商店,网上商城是一个虚拟商店,差别是利用电子商务的各种手段,达成从买到卖的过程,从而减少中间环节,消除运输成本和代理中间的差价,带动公司发展和企业腾飞,引导国民经济稳定快速发展,推动国内生产总值。在现如今的时代,新的产业在不断衍生,电子商务的兴起,为互联网创业者提供了更多的机会。

这里要开发一个基于网上商城在现阶段及未来的发展而开发的电子商务应用,为消费者提供更好、更快捷的服务,同时获得利润。在与客户协调并达成共识后,项目经理立刻组建了数据库设计团队,成立了 3 个项目小组。在项目会议上,项目经理强调"好的设计是项目成功的基石",开发一个高性能的网上商城,数据库设计非常重要。调研员要反复认真地进行实地调研,逐步明晰工作流程,明确系统功能需求,确定详细的数据结构,为下一阶段的开发工作提供依据。

知识重点

(1)熟练掌握数据库设计的基本步骤。
(2)熟练掌握数据库概念模型设计的方法。
(3)熟练掌握数据库逻辑结构设计的方法。
(4)熟练掌握数据库物理设计的方法。

知识难点

(1)E-R 图的画法。
(2)关系模式转换和优化的方法。

子任务 3.1　数据库设计基础

【子任务描述】

数据库技术是信息管理的最有效的手段。数据库设计是指根据需求和应用环境构建最优的数据库模式,建立数据库和应用系统,有效解决数据存储问题,满足客户的信息要求和处理要求。

【子任务实施】

一、数据库设计的方法

数据库设计是在一个通用的 DBMS 支持下进行的。数据库设计的主要内容包括结构特性设计和行为特性设计。其中,结构特性设计用于确定数据库的数据模型,即反映现实世界数据和数据之间的联系,是对现实世界的抽象,在满足客户需求的前提下,尽量减少冗余,实现数据共享。行为特性设计是指确定数据库应用的行为和动作,体现在应用程序中,即应用程序的设计。在数据库工程中,数据库模型是相对稳定的并为所有用户共享的数据基础,所以数据库设计的重点是结构设计,但必须与行为特性设计相结合。

由于信息结构复杂,数据库设计初始阶段主要采用人工手动试凑法,缺乏科学的理论依据和工程方法的支持,依赖于设计人员的经验和水平,难以保证工程的质量,给后期维护带来了很大的难度。经过设计人员几十年的努力探索,提出了各种设计数据库的方法,这些方法运用了软件工程的思想,总结出了很多准则和规程,这些都属于规范化设计方法。

二、数据库设计的步骤

按照规范化设计的方法，兼顾数据库设计和应用系统开发的过程，根据最著名的新奥尔良方法，将数据库的设计分为需求分析、概念设计、逻辑设计、物理设计、实施和运行维护 6 个阶段。基于 E-R 模型的数据库设计方法、基于 3NF 的设计方法都是在数据库设计不同阶段上支持实现的具体技术和方法，这些方法主要采用的是过程迭代和逐步求精的思想，数据库设计的步骤如图 3.1 所示。

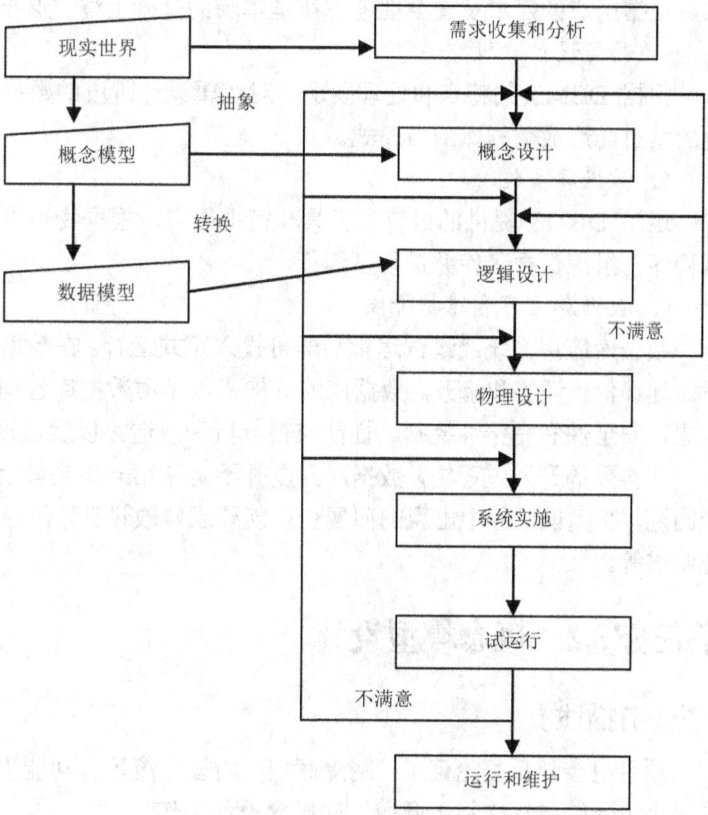

1. 需求分析阶段

数据库在设计时首先要了解用户的需求，所以需求分析是整个数据库设计的基础，需求分析的结论将影响整个数据库的设计，直接决定了应用系统的合理性和实用性。

图 3.1 数据库设计步骤

1）需求分析的任务

在进行数据库设计之前要详细调查客户的需求，包括要处理对象所涉及的数据和处理要求，了解现有的数据和处理方式，确定新系统的需求。通过调查、收集和分析，获得用户的信息需求、处理要求和安全性与完整性要求。其中，信息需求是指从应用系统中获得的信息内容和性质，即未来系统要输入的信息、从数据库中获得的信息和存储什么样的数据等；处理要求是指用户需要应用系统完成什么样的数据处理以及对相应时间的要求；安全性和完整性要求针对存储的数据做什么样的权限管理和备份还原的策略，为避免冗余数据的产生采取的措施等。

确定用户的需求是很困难的事情，因为用户不了解技术，而技术人员不了解用户的业务，所以需求分析阶段需要数据库设计人员与用户不断的交流，才能准确地定位用户的需求。

2）需求分析的基本步骤

（1）需求的收集：收集数据及其产生的时间、频率和数据的约束条件、联系等。

（2）需求的分析整理：包括数据流程分析—画数据流图，输入、输出和存储数据的分析统计，数据的各种处理功能—系统功能结构图。

系统需求分析阶段的成果是系统需求说明书，包括数据流图、数据字典和各类数据的统计表格、系统功能结构图和必要的说明，将作为数据库设计的依据。

2. 概念设计阶段

根据需求分析的结果，形成独立于计算机和 DBMS 产品的概念模型，用 E-R 图描述。

3. 逻辑设计阶段

将概念模型设计阶段的 E-R 图转换为具体 DBMS 产品支持的数据模型，并对其进行优化，然后根据用户的需求及安全性考虑在基本表的基础上建立必要的视图，形成数据库的外模式。

4. 物理设计阶段

根据 DBMS 的特点和处理要求，对逻辑设计阶段的数据模型进行物理存储安排并设计合适的索引，形成数据库的内模式。

5. 数据库实施阶段

运用 DBMS 提供的语言、工具和宿主语言，根据物理设计的结果建立数据库，编制与调试程序，组织数据入库并进行试运行。

6. 数据库运行和维护阶段

数据库应用系统经过试运行后即可投入正式运行。在数据库系统运行过程中必须对它进行不断地评价、调整和修改。数据库的维护工作是由数据库管理员完成的，包括数据库的备份和还原、安全性和完整性控制、性能监视分析和改造，以及数据库的重构。

在实际的开发过程中，数据库开发并不是从第一步到最后一步的，而是在任何阶段都有可能回溯，在测试过程中出现的问题也可能要求修改设计，用户还可能提出新的需求来修改需求说明书等。

子任务 3.2 概念模型设计

【子任务描述】

项目组会议反复论证了"网上商城"的管理流程和功能模块后，项目经理觉得可以让第一项目小组开始进行"网上商城"的概念设计工作。

E-R 图是数据库设计概念模型阶段的产物。在前面需求分析的基础上，项目经理要求第一项目小组在一个月之内绘制出"网上商城"的 E-R 图，然后与客户进行沟通，讨论设计的数据库概念模型是否符合用户的需求。

【子任务实施】

一、知识基础

如果盖房子，如果盖一间普通的平房，则不需要设计图样，但是如果要建造一个高楼大厦就一定要设计施工图样。同样的道理，在实际的项目开发中，如果系统的数据存储量大，涉及的表比较多，表之间的关系又很复杂，就应该按照数据库设计的步骤进行设计。

概念模型设计是将需求分析得到的用户需求抽象成信息，它是整个数据库设计的关键，此阶段的设计不依赖于具体的 DBMS 和计算机系统，产物是 E-R 图。

1. 概念设计的策略和步骤

概念模型设计要遵从一定的策略和步骤，分别介绍如下。

1）策略

（1）自顶向下：先定义全局的概念模型框架，再做局部的细化。

（2）自底向上：先定义局部的概念模型，再按照一定的规则将它们集成，从而得到全局的概念模型。

（3）由里向外：先定义核心结构，再扩展。

（4）混合策略：将自顶向下和自底向上相结合，先用前一种方法确定框架，再用后一种方法设计局部概念，最后进行结合。

2）步骤

（1）进行局部抽象，设计局部的概念模型。

（2）将局部的概念模型进行整合生成全局的概念模型。

（3）进行评审和改造。

2. 采用 E-R 方法的数据库概念模型设计的步骤

采用 E-R 方法的数据库模型设计步骤分为以下 3 步。

（1）设计局部 E-R 模型。在现实世界和需求分析中找到实体、联系和属性，能作为属性对待的就作为属性，但是条件是属性时不能与其他实体具有联系，而且属性不能再有需要描述的性质。

（2）设计全局的 E-R 模型。将局部的 E-R 模型集合成全局的 E-R 模型的方法如下：将具有相同实体的 E-R 模型以公共的实体为基准进行集成，如遇相同实体，则需要再做集成，直到所有的相同实体的局部 E-R 模型全部被集成为止，这样全局的 E-R 模型即制作完成。在集成的过程中要消除属性、结构和命名的冲突，实现合理集成。

（3）全局 E-R 模型的优化。一个好的 E-R 模型除了能反映用户需求的功能以外，还应做到实体个数尽量少、实体类型所含属性尽量少、实体间的联系无冗余，可以采用以下集中方法：合并相关的实体类型，把 1∶1 联系的实体类型合并，合并具有相同键的实体类型。消除冗余属性和联系，消除冗余主要采用分析法，并不是所有的冗余都必须消除，有时为了提高效率可以保留部分冗余。

二、实施过程

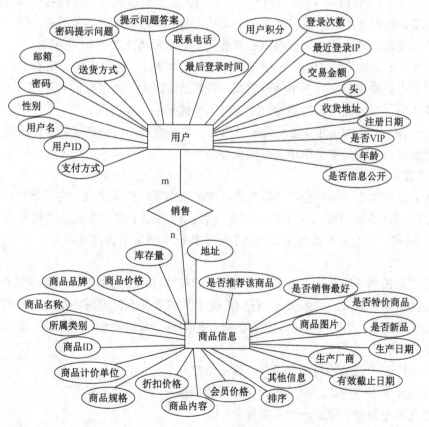

图 3.2　网上商城 E-R 图

子任务 3.3　逻辑结构设计

【子任务描述】

在项目的每周例会上，由第一项目小组绘制的网上商城 E-R 图通过了项目小组的评审，并得到了大家的肯定。项目经理觉得第二项目小组可以进行数据库的逻辑设计，需要提交逻辑设计文档。逻辑设计文档在评审的时候要考虑命名规范、表定义等，其中重要的一项就是范式评审。数据表的设计应符合第三范式的要求，如果数据库内所涉及的关系模式都满足第三范式的要求，则称数据库的设计达到了第三范式。

【子任务实施】

一、知识基础

在数据库设计阶段，很重要的工作是逻辑结构设计，这是独立于任何数据模型的信息结构。逻辑结构设计的目的是将概念模型转换为特定 DBMS 支持的数据库逻辑结构。

1. 逻辑结构设计的步骤

（1）将概念结构向一般的数据模型转换。
（2）将转换来的关系模型向特定的 DBMS 支持的数据模型转换。
（3）对数据模型进行优化。

2. E-R 模型向关系模型转换的原则

（1）一个实体型转换为一个关系模式，实体的属性就是关系的属性，实体的码就是关系的码。
（2）一个 1∶1 的联系可以转换为一个独立的关系模式，也可以和任意一端合并。如果联系的属性很多，则可以考虑单独转换为一个关系模式，联系名称即为关系模式的名称，两边连接的实体的码及本身的属性即为该联系的属性，主键是两边连接的实体的码。
（3）一个 1∶n 的联系可以转换为一个独立的关系模式，也可以和 n 端合并。如果联系的属性很多可以考虑单独转换为一个关系模式，联系名称即为关系模式的名称，两边连接的实体的码及本身的属性即为该联系的属性，主键是两边连接的实体的码。
（4）一个 m∶n 的联系可以转换为一个独立的关系模式，两边连接的实体的码及本身的属性即为该联系的属性，主键是两边连接的实体的码。

3. 范式理论

为了建立冗余度小、结构合理的数据库，构造数据库时必须遵循一定的原则，即范式。满足最低要求的范式是第一范式（1NF），在第一范式的基础上进一步满足更高要求的范式称为第二范式（2NF），其余范式以此类推，一般要求数据库满足第三范式即可。

1）第一范式

第一范式是最基础的范式。如果关系模式中没有可以再分解的属性，都是原子值，那么称关系模式是满足第一范式的关系模式。任何的关系型的数据库管理系统中的关系模式必须至少符合第一范式的要求，否则该系统不能称为关系型数据库管理系统。一般第一范式在判断的时候遵循以下思想。

（1）数据库表中记录的每个字段只包含一个值。
（2）数据库表中每个记录必须包含相同数量的值。
（3）数据表中的每个记录一定不能重复。

例如，学生（学号，姓名，性别，家庭成员），其中"家庭成员"字段是可以拆分的属性，所以家庭成员必须单独做成一个关系模式，拆分后的关系模式如下。

　　　　　　　　学生（学号，姓名，性别）
　　　　　　　　家庭成员（成员姓名，和本人关系，学生学号）

2）第二范式

第二范式必须首先满足第一范式，如果一个关系模式已经满足第一范式的要求，并且每个非码属性完全依赖于码属性，那么该关系模式即满足第二范式。

例如，学生（学号，姓名，性别，课程编码，课程名称，成绩），该关系模式的主键为"学号+课程编号"，其中"姓名，性别"依赖于学号，而"课程名称"依赖于"课程编码"，所以关系模式出现部分依赖，那么该关系模式需要拆分，拆分后的关系模式如下。

　　　　　　　　学生（学号，姓名，性别）
　　　　　　　　课程（课程编码，课程名称）
　　　　　　　　选课（学号，课程编码，成绩）

3）第三范式

如果一个关系模式已经满足第二范式，而且每个非码属性直接依赖于码属性，那么关系模式即满足第三范式。

例如，学生（学号，姓名，性别，系部代码，系部名称，系部地址），该关系模式中"系部代码"依赖于"学号"，而"系部名称，系部地址"依赖于"系部代码"，出现了传递依赖，所以需要拆分，拆分后的关系模式如下。

　　　　　　　　学生（学号，姓名，性别，系部代码）
　　　　　　　　系部（系部代码，系部名称，系部地址）

4）综合实例

现有一个关系模式：工程（工程号，工程名称，职工号，姓名，职务，小时工资率，工时，实发工资），其中，小时工资率是由职务决定的，请将其进行规范化，要求满足第三范式。

【解析】

（1）第一范式：因为"实发工资"属性可以通过"小时工资率"和"工时"计算得到，所以在第一范式规范的过程中将其去掉。

（2）第二范式：工程中的"工程名称"依赖于"工程号"，"姓名，职务，小时工资率"等都依赖于"职工号"，而"工时"依赖于"工程号"和"职工号"，经过判断工程关系模式的主键为"工程号"和"职工号"，所以在此关系模式中出现了部分依赖，不满足第二范式的要求，那么需要处理，解决的办法为拆分，拆分后的结果如下。

　　　　　　　　工程（工程号，工程名称）
　　　　　　　　职工（职工号，姓名，职务，小时工资率）
　　　　　　　　工作（工程号，职工号，工时）

（3）以上3个改造后的关系模式都已经满足第二范式，那么第三范式要求关系模式中不存在传递依赖，进行详细的分析后发现职工关系模式中小时工资率是由职务决定的，而职务是由职工号决定的，所以这里出现的传递依赖需要解决，方法还是拆分，拆分后的关系模式如下。

　　　　　　　　工程（工程号，工程名称）
　　　　　　　　职工（职工号，姓名，职务）
　　　　　　　　工资率（职务，小时工资率）
　　　　　　　　工作（工程号，职工号，工时）

从上面的叙述中可以看出，数据规范化的程度越高，数据冗余越小，造成错误的机会就越少；同时规范化的程度越高，需要关联的表越多，数据库在访问的时候需要访问的过程就越复杂，因此，在数据库设计的规范化中，需要根据数据库的实际需求，选择一个折中的规范化程度。

二、实施过程

【子任务分析】

根据上述子任务的描述，本任务需要完成两个步骤，每个步骤完成一个具体工作，具体如下。
（1）将 E-R 图转换为关系模式。
（2）对关系模式进行优化。

【子任务实施步骤】

1. 将 E-R 图转换为关系模式

（1）商品信息表（商品编码，商品名称，商品分类，品牌，计价单位，市场价格，折扣价格，会员价格，商品积分，规格，图片，内容，排序，其他信息，关键字，是否销售最好，是否新品，是否特价商品，生产厂商，生产地址，库存量，成交产品个数，生产日期，有效截止日期，重量，商品是否上架，链接）。

（2）用户表（用户编码，用户名称，密码，联系方式，性别，年龄，注册时间，登录次数，最后登录时间，头像，提示问题，答案，收货地址，最近登录 IP，是否 VIP，积分，送货方式，支付方式，成为 VIP 的时间，交易金额，是否信息公开）。

（3）销售（商品编码，用户编码，发货单编号，收货地址，销售状态，销售时间）。

2. 对关系模式进行优化

（1）商品信息表（商品编码，商品名称，商品分类编码，品牌编码，计价单位，市场价格，折扣价格，会员价格，商品积分，规格，图片，内容，排序，其他信息，关键字，是否销售最好，是否新品，是否特价商品，生产厂商，生产地址，库存量，成交产品个数，生产日期，有效截止日期，重量，商品是否上架，链接）。

（2）分类表（分类编码，分类名称）。

（3）品牌表（品牌编号，名称，是否推荐，LOGO 照片）。

（4）用户表（用户编码，用户名称，密码，联系方式，性别，年龄，注册时间，登录次数，最后登录时间，头像，提示问题，答案，收货地址编号，最近登录 IP，是否 VIP，积分，送货方式，支付方式，成为 VIP 的时间，交易金额，是否信息公开）。

（5）收货地址（收货编号，收货人姓名，电话，手机，省份编码，城市编码，区域编码，收货地址）。

（6）送货方式（送货方式编码，送货方式名称）。

（7）发货单（用户编码，用户账户，收货人姓名，商品编码，店铺编码，商品送货方式编码，收货省份编码，收货城市编码，收货区域编码，收货人地址，收货编号，商品价格，收件人联系方式）。

（8）订单（编码，买方编号，商品编号，发货单编号，收货省份编码，收货城市编码，收货区域编码，订单状态，下单时间）。

（9）省份（省份编码，省份名称）。

（10）城市（城市编码，城市名称）。

（11）区域（区域编码，区域名称）。

（12）店铺（店铺编码，店铺名称，管理员 ID，店铺网址，店铺主营商品编码）。

子任务 3.4 数据库物理设计

【子任务描述】

数据库物理设计用于为数据选择合适的存储结构和路径。物理设计的目标包括两个方面：一是提高数据库性能，满足用户需求；二是有效利用存储空间。在网上商城的数据日常维护中，为方便管理，需要第三项目小组继续完成物理设计。

【子任务实施】

一、知识基础

在物理设计阶段，设计人员主要考虑如下内容。

1. 存储结构设计

为提高系统的性能，应该将数据的易变部分和稳定部分、热点数据和非热点数据分开。热点数据分开放在不同的磁盘上，充分发挥多个磁盘并行操作的优势，同时保证关键数据的快速访问，缓解系统性能瓶颈。

2. 存取方式设计

存取方式设计的目的是使事务快速存取数据库中的数据，存取最常用的方法是索引，哪些列需要建索引，哪些索引需要建立唯一性约束，哪些索引设计为聚集索引等都是要考虑的问题。

二、实施过程

下面是数据表的简单定义。

（1）商品信息表 shop_infor：用来存储商品信息，其结构如表 3.1 所示。

表 3.1 商品信息表 shop_infor

字 段 名	类 型	允 许 为 空	说 明
shopID	int	0	商品编号
sCode	nvarchar（50）	0	商品编码
sName	nvarchar（50）	0	商品名称
sMClassCode	nvarchar（20）	0	商品分类编号
sBrandID	nvarchar（20）	0	商品品牌编号
sChargeUnit	nvarchar（50）	1	商品计价单位
sMarketPrice	money	1	商品市场价格
sDiscountPrice	money	1	商品折扣价格
sVIPPrice	money	1	商品会员价格
sSore	int	1	商品积分
sSpecification	nchar（10）	1	商品规格
sPic	nvarchar（50）	1	商品图片
sContent	nvarchar（50）	1	商品内容
sSort	nchar（10）	1	商品排序
sOtherInfor	nvarchar（50）	1	商品其他信息
sKeyWords	nvarchar（50）	1	关键字
sIsBest	int	1	是否销量最好的商品（1—销量好，0—销量不好）
sIsNew	int	1	是否新品（1—新品，0—不是新品）
sIsSpecial	int	1	是否特价商品（1—特价品，0—不是特价品）

续表

字段名	类型	允许为空	说明
sProducter	nvarchar（50）	1	生产厂商
sProductAdress	nvarchar（50）	1	生产地址
sStockNum	int	1	库存量
sPayCount	int	1	成交产品个数
sProductDate	datetime	1	生产日期
sExpiryDate	datetime	1	有效截止日期
sWeigth	nvarchar（20）	1	产品重量
sIsShelf	nvarchar（20）	1	商品是否上架
slink	nvarchar（50）	1	商品链接

（2）分类表 shop_Class：用来存储分类信息，其结构如表 3.2 所示。

表 3.2 分类表 shop_Class

字段名	类型	允许为空	说明	备注
sMClassID	int	0	商品主分类编号	主键，自动编号
sMCCode	nvarchar（50）	0	商品主分类编码	
sMCName	nvarchar（50）	1	商品主分类名称	

（3）品牌表 shop_Brand：用来存储品牌信息，其结构如表 3.3 所示。

表 3.3 品牌表 shop_Brand

字段名	类型	允许为空	说明	备注
sBrandID	int	0	品牌编号	主键，自动编号
bName	nvarchar（50）	1	品牌名称	
bCode	nvarchar（50）	1	品牌编码	
bIsRecomm	int	1	是否推荐	
bLogoPic	nvarchar（50）	1	品牌 LOGO 图片	

（4）用户表 shop_user：用来存储用户信息，其结构如表 3.4 所示。

表 3.4 用户表 shop_user

字段名	类型	允许为空	说明
userID	int	0	用户编号
uCode	nvarchar（50）	1	用户编码
uName	nvarchar（50）	1	用户名称
uPassword	nvarchar（50）	1	用户密码
uEmail	nvarchar（50）	1	用户邮箱
uTele	nvarchar（50）	1	联系方式
uSex	int	1	性别（1 代表男，2 代表女）
uAge	int	1	用户年龄
uAddDate	datetime	1	用户注册时间
uLoginNum	int	1	用户登录次数
uLastLoginDate	datetime	1	用户最后登录时间
uPic	nvarchar（50）	1	用户头像

续表

字段名	类型	允许为空	说明
uQuestionID	nvarchar（50）	1	提示问题编号（6表示自己输入问题，1～5表示选择给定的问题）
uAnswerID	nvarchar（50）	1	答案编号（6表示自己输入问题，1～5表示选择给定的问题）
uDeliveryAddrID	nvarchar（50）	1	用户收货地址编码
uLastIP	nvarchar（50）	1	用户最近登录的IP
uIsVIP	int	1	是否为VIP（1表示是，0表示不是）
uCredit	int	1	用户积分
dMethodID	nvarchar（20）	1	送货方式编号
payID	nvarchar（20）	1	支付方式编号
uVIPDate	datetime	1	成为VIP日期
uTradAmount	money	1	交易金额
uIsOpen	int	1	是否信息公开（1表示公开，0表示不公开）

（5）收货地址表 shop_ReciveAdress：用来存储收货地址信息，其结构如表3.5所示。

表3.5 收货地址表 shop_ReciveAdress

字段名	类型	允许为空	说明
reciveID	int	0	收货编号
rCode	nvarchar（20）	1	收货编码
rPName	nvarchar（20）	1	收货人姓名
rFLPhone	nvarchar（20）	1	电话号码
rPhone	nvarchar（20）	1	手机号码
rProvinceID	int	1	收货省份编号
rCityID	int	1	收货城市编号
rRegID	int	1	收货区域编号
rAdress	nvarchar（50）	1	收货地址

（6）送货方式表 shop_DeliveryMethod：用来存储送货方式，其结构如表3.6所示。

表3.6 送货方式表 shop_DeliveryMethod

字段名	类型	允许为空	说明	备注
dMethodID	int	0	送货方式编号	主键，自动编号
dCode	nvarchar（50）	1	送货方式编码	
dName	nvarchar（50）	1	送货方式名称	

（7）发货单表 shop_Invoice：用来存储发货单信息，其结构如表3.7所示。

表3.7 发货单表 shop_Invoice

字段	类型	是否允许为空	说明	备注
deliveryID	int	0	发货单编号	主键，自动编号
dCode	nvarchar（20）	0	发货单编码	
uName	int	0	用户账户	
rPName	nvarchar（20）	0	收货人姓名	
shopID	int	0	商品编号	
sellerID	int	0	店铺编号	

续表

字段	类型	是否允许为空	说明	备注
dMethodID	int	0	商品送货方式编号	
rProvinceID	int	1	收货省份编号	
rCityID	int	1	收货城市编号	
rRegID	int	1	收货区域编号	
dAdr	nvarchar（50）	1	收货人地址	
reciveID	int	0	收货编号	
sPrice	money	1	商品价格	
dPhone	nvarchar（20）	1	收件人联系方式	

（8）订单表 shop_Order：用来存储订单信息，其结构如表3.8 所示。

表 3.8 订单表 shop_Order

字段	类型	是否允许为空	说明	备注
orderID	int	0	订单编号	主键，自动编号
oCode	nvarchar（20）	0	订单编码	
userID	int	0	买方编号	
shopID	int	0	商品编号	
sellerID	int	0	卖方编号	
dCode	varchar（20）	0	发货单编码	
rProvinceID	int	1	收货省份编号	
rCityID	int	1	收货城市编号	
rRegID	int	1	收货区域编号	
oState	int	1	订单状态	
oDate	datetime	1	下单时间	

（9）省份表 shop_Priovince：用来存储省份信息，其结构如表3.9 所示。

表 3.9 省份表 shop_Priovince

字段	类型	是否允许为空	说明	备注
provinceID	int	0	省份编号	主键，自动编号
pCode	nvarchar（20）	1	省份编码	
pName	nvarchar（50）	1	省份名称	

（10）城市表 shop_City：用来存储城市信息，其结构如表3.10 所示。

表 3.10 城市表 shop_City

字段	类型	是否允许为空	说明	备注
cityID	int	0	城市编号	主键，自动编号
cCode	nvarchar（20）	1	城市编码	
cName	nvarchar（50）	1	城市名称	

（11）区域表 shop_Arovince：用来存储区域信息，其结构如表3.11 所示。

表 3.11 区域表 shop_Arovince

字 段	类 型	是否允许为空	说 明	备 注
arovinceID	int	0	区域编号	主键，自动编号
aCode	nvarchar（20）	1	区域编码	
aName	nvarchar（50）	1	区域名称	

（12）店铺表 shop_Seller：用来存储店铺信息，其结构如表 3.12 所示。

表 3.12 店铺表 shop_Seller

字 段	类 型	是否允许为空	说 明	备 注
sellerID	int	0	店铺编号	主键，自增
sellerName	nvarchar（50）	1	店铺名称	
sAdminID	int	0	管理员编号	
sURL	nvarchar（50）	1	店铺网址	
sMainCode	nvarchar（MAX）	0	店铺主营商品编码	

子任务 3.5　数据库的体系结构和访问方式

【子任务描述】

数据库管理系统多种多样，支持不同的数据类型，使用不同的数据库语言，所用计算机的操作系统不同，数据的存储结构也各不相同，但是体系结构都采用三级模式、二级映像的结构。这样的体系结构可以使数据库具有数据独立性，不会因为数据库的逻辑结构和存储结构的改变而影响应用程序，从而给程序员带来负担，增加系统维护的代价，降低系统的可靠性。

【子任务实施】

一、数据库的体系结构

1. 数据库的三级模式结构

（1）内模式。内模式是数据的物理存储方式，是数据在数据库中的内部表示，一个数据库只有一个内模式。

（2）模式。模式是数据库的全局数据的逻辑结构和特征描述，也是所有用户的公共数据集合，一个数据库只有一个模式。

（3）外模式。外模式是局部的逻辑结构，也可以称为子模式或者用户模式，是模式的子集，一个数据库可以有多个外模式，每个外模式都是给特定用户建立的用户视图。外模式是保证数据库安全的主要措施，每个用户只能访问自己的局部数据，数据库的其他数据是不可见的。

2. 数据库的二级存储映像

数据库的三级体系结构是对数据 3 个级别的抽象，把数据的具体组织留给了 DBMS 管理，使用户能抽象地处理数据，而不必关心数据在计算机内的具体表现形式和存储方式。为了使三级体系结构能够联系和转换，数据库管理系统在这之间提供了二层映像。

1）外模式/模式映像

所谓外模式/模式映像是指外模式和模式之间的某种对应关系，这些映像的定义包含在外模式中。当数据库的整体逻辑结构发生变化的时候，通过外模式和模式映像，使得外模式中的局部数据及其结构不变，应用程序不用修改，因为应用程序是在外模式上编写的，从而保证了系统的逻辑独立性。

2）模式/内模式映像

所谓模式/内模式映像是指模式和内模式之间的某种对应关系，即全局数据和物理存储之间的关系。当数据库的内模式发生变化的时候，通过模式和内模式映像，使得数据的逻辑结构保持不变，即模式不用改变，那么应用程序不用修改，从而保证了系统的物理独立性，如图 3.3 所示。

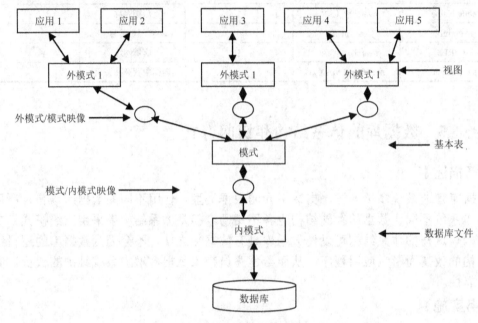

图 3.3　数据库体系结构

二、数据库的访问方式

一次数据库访问大约需要 10 个步骤才能完成，如图 3.4 所示。

（1）用户发出读取数据的请求，读取时告诉 DBMS 要读取记录的关键字和模式。

（2）DBMS 收到请求，分析请求的外模式。

（3）DBMS 调用模式，分析请求，根据外模式、模式映像关系决定读入哪些模式的数据。

（4）DBMS 根据模式/内模式映像关系将逻辑记录转换成物理记录。

（5）DBMS 向操作系统发出读取数据的请求。

（6）操作系统启动文件管理功能，对实际的物理存储设备启动读操作。

（7）操作系统将读取的数据传送到系统缓冲区中，同时通知 DBMS 读取成功。

（8）DBMS 根据模式和外模式的结构对缓冲区中的数据进行格式转换，转换成应用程序需要的模式。

（9）DBMS 将转换后的数据传送到应用程序的对应程序工作区中。

（10）DBMS 向应用程序发出读取成功的消息，应用程序收到消息后便于对收到的消息进行下一步的处理。

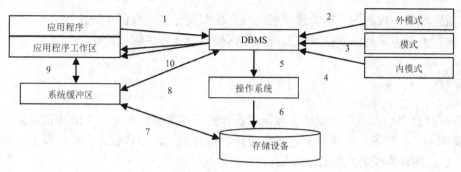

图 3.4　数据库访问方式

课堂练习

一、选择题

1．描述数据库全体数据的全局逻辑结构和特性的是（　　）。
　　A．模式　　　　　　B．内模式　　　　　　C．外模式　　　　　　D．其他
2．要保证数据库的数据独立性，需要修改的是（　　）。
　　A．模式与外模式　　B．模式与内模式　　　C．两级映像　　　　　D．三级模式
3．E-R 图属于数据库设计的（　　）阶段的成果。
　　A．需求分析　　　　B．概念结构设计　　　C．逻辑结构设计　　　D．物理结构设计
4．公司中有多个部门和多名职员，每个职员只能属于一个部门，一个部门有多名职员，从部门到职员的联系类型是（　　）。
　　A．多对多　　　　　B．一对一　　　　　　C．多对一　　　　　　D．一对多
5．下列对数据库主键描述不正确的是（　　）。
　　A．能唯一标识每一个实体，有且只有一个　　B．不允许空值
　　C．只允许以表中第一字段建立　　　　　　　D．不允许重复

二、填空题

1．随着计算机软件和硬件的发展，数据管理经历了＿＿＿＿、＿＿＿＿、＿＿＿＿3 个发展阶段。
2．关系数据库中将数据完整性分为＿＿＿＿、＿＿＿＿、用户自定义完整性。
3．1NF（第一范式）的满足条件是＿＿＿＿。

三、简答题

1．阅读下列说明，画出其 E-R 图。
登记参赛球队的信息。记录球队的编号、名称、代表地区、成立时间等信息。记录球队的每个队员的编号、姓名、年龄、身高、体重等信息。每个球队有多名队员，一个队员只能参加一个球队。
2．简述数据库的体系结构。
3．简述概念模型转换成数据模型的原则。
4．简述数据库设计的步骤。

实践与实训

1．根据学校图书馆的情况，分成 5 个人一组的项目小组，针对具体需求完成图书馆管理系统的概念模型设计。

2. 根据前期完成的图书馆管理系统的概念模型设计完成数据模型设计。
3. 根据前期完成的图书馆管理系统的数据模型设计完成物理设计。

任务总结

本任务结合电子商城项目阐述了数据库设计的基本步骤，与之相关的知识点如下。
数据库的设计阶段：需求分析、概念设计、逻辑设计、物理设计、实施和运行维护。
（1）E-R 图转换成关系模式的方法。
（2）数据库设计的范式理论。
（3）数据库的体系结构和访问方式。

任务 4　创建数据库

任务描述

在网上商城系统中，大量数据需要有效的组织和存储，因此需要为其创建一个数据库，数据库中实际存储数据的是数据表，因此需要为该系统创建多个数据表，根据任务 3 中的物理设计，可创建多个数据表。通过数据表来存储系统中的大量数据，对系统中数据的操作就是对表的操作。

知识重点

（1）熟练掌握数据库的创建方法。
（2）熟练掌握数据表的创建方法。
（3）熟悉数据的组成。

知识难点

（1）数据库的创建方法。
（2）数据表的创建方法。

子任务 4.1　创建数据库

【子任务描述】

在网上商城系统中，大量数据的存储和管理是通过数据库来实现的，因此在这个任务中创建一个数据库，来实现数据的有效存储和管理。

【子任务实施】

一、知识基础

（一）数据库的组成
1）数据库文件
一个数据库至少包含一个数据文件和一个事务日志文件。
数据文件是指数据库中存储数据库数据和数据库对象的文件。一个数据库可以有一个或多个数据文件，但有且只有一个主数据文件。主数据文件用来存储数据库的启动信息和部分或全部数据。主数据文件的扩展名为.mdf，是数据库的起点。

一个数据库可以有多个辅助数据文件。辅助数据文件扩展名为.ndf，包含除主数据文件以外的所有数据文件。一个数据库可以没有或者有多个辅助数据文件。

事务日志文件记录了存储数据库的更新情况等事务日志信息，用户对数据库的插入、删除和更新等操作都记录在事物日志文件中。当数据库发生损坏时，可以根据事务日志文件分析出错原因，或者当数据丢失时，可以使用事务日志文件恢复数据库。每个数据库至少包含一个事务日志文件，也可以包含多个事务日志文件。

在 SQL Server 2012 中，某个数据库中的所有文件的位置都记录在 master 数据库和该数据库的主数据文件中。

2）系统数据库

在 SQL Server 中有几个系统数据库，具体介绍如下。

（1）master 数据库：master 数据库是 SQL Server 数据库中最重要的，是整个数据库的核心。用户不能直接修改该数据库，如果损坏了 master 数据库，则整个 SQL Server 服务器不能工作。该数据库中包含所有用户的登录信息、用户所在组信息、所有系统的配置选项、服务器中本地数据库的名称和信息、SQL Server 的初始化方式等。定期备份 master 数据库是数据库管理员的工作。

（2）model 数据库：model 数据库是 SQL Server 2012 中创建数据库的模板。若用户希望创建的数据库具有某些特定信息，或者数据库有确定的初识值大小等，则可以将这些信息存储在 model 数据库中，并以此为模板创建新的数据库。在修改 model 数据库前要慎重考虑，任何修改都将影响所有使用模板创建的数据库。

（3）tempdb 数据库：tempdb 数据库是临时数据库，主要用来存储用户的一些临时数据信息。当打开 SQL Server 数据库建立连接时，会创建一个新的、空白的 tempdb 数据库；当断开连接时，tempdb 数据库将关闭，且其中的信息会丢失。tempdb 数据库用做系统的临时存储空间，其主要作用是存储用户建立的临时表和临时存储过程。

（4）msdb 数据库：msdb 数据库用于存储 SQL Server Agent（代理计划警报和作业）工作的信息。SQL Server 是一个重要的 Windows 服务。建议不要直接对 msdb 数据库进行修改，SQL Server 中的其他程序会自动使用该数据库。

（二）**数据库元素**

数据库中主要存储了表、视图、索引、存储过程和触发器等数据库元素。这些数据库元素主要存储在系统数据库或用户自定义的数据库中未用于保存 SQL Server 的相关数据信息，以及用户对数据的相关操作。

1）表

表是数据库中最基本的元素，主要用于实际数据的存储。用户对于数据库的大多数操作依赖于表。具体在子任务 4.2 中有详细介绍。

2）视图

视图是依赖于数据库中实际存在的表生成的表，该表只是一个虚表。当实际的表的数据发生变化时，视图的数据也随之变化，详见任务 8。

3）索引

数据库中的索引可以使用户快速找到表或视图中的特定信息。索引是对数据库中一列或多列的值进行排序的一种结构，它提供了快速访问数据的途径。使用索引不仅可以提高数据库中特定数据的查询速度，还能保证索引所指的列中数据不重复，详见任务 9。

4）存储过程

在 SQL Server 2012 中存储过程是一个特殊的元素，其独立于表，用户可以使用存储过程使数据库的操作更加高效的运行，详见任务 11。

5）触发器

触发器是 SQL Server 提供给程序员和数据分析员以保证数据完整性的一种方法，它是与表事件相关的特殊的存储过程，它的执行不是由程序调用的，也不是手工启动的，而是由事件来触发的。当用户要实现复杂的业务规则时，使用触发器更有效，详见任务 12。

在 SQL Server 数据库中还包括其他的数据库元素，如约束、规则、类型和函数等，将在后面的内容中详细介绍。

（三）SQL 概述

SQL 又称结构化查询语言，是一种数据查询和编程语言，也是最重要的关系数据库操作语言，它用于存取数据及查询、更新和管理关系数据库系统，同时是数据库脚本文件的扩展名。

SQL 是 1986 年 10 月由美国国家标准局（ANSI）通过的数据库语言标准，在此之后，国际标准化组织（ISO）颁布了 SQL 正式的国际标准。1989 年 4 月，ISO 提出了具有完整性特征的 SQL-189 标准。1992 年 11 月又公布了 SQL-92 标准，该标准也称为 ANSI SQL。尽管不同的关系数据库使用不同的 SQL 版本，但大多数按照 ANSI SQL 标准执行。Transact-SQL 是 SQL Server 使用 ANSI SQL 的扩展集，简写为 T-SQL，它是对标准 SQL 程序语言的增强，是应用于应用程序和 SQL Server 之间通信的主要语言。

SQL 集数据定义语言（Data Definition Language，DDL）、数据操纵语言（Data Manipulation Language，DML）和数据控制语言（Data Control Language，DCL）于一体，可以完成数据库中的全部工作。

（1）DDL：DDL 用于定义 SQL 模式、基本表、视图和索引的创建和撤销操作。DDL 常用的命令有 CREAT、ALEAT、DROP 等，如 CREAT TABLE，即创建表。

（2）DML：DML，由 DBMS 提供，供用户或程序员使用，实现对数据库中数据的操作。数据操纵分成数据查询和数据更新两类。数据更新又分成插入、删除和修改 3 种操作。

（3）DCL：DCL，用于数据库角色和权限控制，包括对基本表和视图的授权、完整性规则的描述、事务控制等内容。

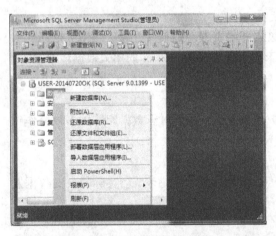

图 4.1 选择【新建数据库】选项

在 SQL Server 2012 中，数据库的创建主要有两种方法，一种是通过图形界面创建，另一种是通过 T-SQL 命令语句创建。

（1）使用图形界面向导创建数据库

① 启动 SQL Server 2012 中的 SQL Server Management Studio 工具，在弹出的"连接到服务器"对话框中，设置 Windows 身份验证或 SQL Server 身份验证登录，建立连接（详见任务 2.2）。

② 在【对象资源管理器】面板中，展开【服务器】，右击【数据库】节点，在弹出的快捷菜单中选择【新建数据库】选项，如图 4.1 所示。

③ 弹出"新建数据库"对话框，如图 4.2 所示。

④ 在"新建数据库"对话框的【常规】选项卡中，输入数据库名称，【所有者】可以采用

默认值,也可以单击【…】按钮选择所有者。

⑤ 在【数据库文件】列表中,显示刚输入的数据库数据文件和事务日志文件,如图 4.3 所示,也可以单击【添加】或【删除】按钮,添加或删除相应的数据文件。

⑥ 选择【选项】选项卡,可以设置所创建数据库的恢复模式、状态、访问控制、游标、自动关闭、自动更新、自动收缩等功能,如图 4.4 所示。

⑦ 选择【文件组】选项卡,在此选项卡中可以设置数据库文件所属的文件组,通过单击【添加】或【删除】按钮可以更改数据库文件所属的文件组,如图 4.5 所示。

图 4.2 "新建数据库"对话框

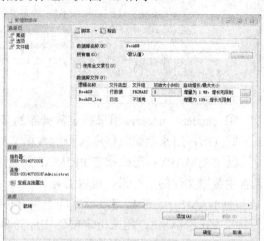

图 4.3 "常规"选项卡

图 4.4 "选项"选项卡

图 4.5 "文件组"选项卡

(2) 使用 T-SQL 命令语句创建数据库

创建数据库使用 CREATE DATABASE 语句,具体语法如下。

```
CREATE DATABASE database_name
[ ON [PRIMARY]
    [( NAME=logical_name,
       FILENAME='filepath'
       [, SIZE=database_size]
       [, MAXSIZE={database_maxsize|UNLIMITED}]
       [, FILEGROWTH=growth_increment]
    )
    [, FILENAMEGROUP filegroup_name
```

```
            [( NAME=datafile_name,
             FILENAME='filepath'
             [, SIZE=datafile_size]
             [, MAXSIZE=datafile_maxsize]
             [, FILEGROWTH=growth_increment]
             )
            ]
        ]
     [ LOG ON
        [( NAME=logfile_name,
         FILENAME='filepath'
         [, SIZE=database_size]
         [, MAXSIZE=database_maxsize]
         [, FILEGROWTH=growth_increment]
         )
        ]
     ]
```

① database_name：用来指定数据库的名称。

② ON：用来存储数据库部分的数据文件。

③ PRIMARY：用来指定 PRIMARY 文件组，这是所有已建文件的默认组，也是唯一能够包含主数据文件的文件组，可以省略。

④ NAME：用来指定数据库的逻辑文件的名称。

⑤ FILENAME：用来指定创建文件的名称和存储的物理路径。

⑥ SIZE：指定创建文件的初始大小，计量单位可以是 KB、MB、GB 和 TB，在不指定计量单位情况下，系统默认是 MB。默认情况下，数据文件的初始大小是 3MB，事务日志文件的大小是 1MB。

⑦ MAXSIZE：指定创建文件的最大容量，计量单位同 SIZE，在没有指定最大容量的情况下，文件的增长是没有限制的。

⑧ UNLIMITED：用来指定文件的大小是没有限制的，可省略。

⑨ FILEGROWTH：指定各文件的增长值，该项值为 0 时，表示文件不能增长。该项的计量单位是 KB、MB、GB、TB 和百分比。

⑩ FILEGROUP：用来创建辅助文件组。

⑪ LOG ON：用来指定事务日志文件的创建位置和大小。如果没有指定 LOG ON，则系统会自动创建一个日志文件，文件大小为数据库中所有文件总大小的 25%。

⑫ growth_increment：用来指定每次增加的文件空间的大小，其值为一个整数，不包含小数位。0 表示不增长，该值的计量单位是 KB、MB、GB、TB 或百分比（%）。若不指定单位，则系统默认为 MB。

【例 4.1】使用 T-SQL 命令创建 BookDB 数据库。

具体语句如下。

```
CREATE DATABASE BookDB
ON
(
    NAME='BookDB_Data',
    FILENAME='D:\Program Files\Microsoft SQL Server\MSSQL11.MSSQL SERVER\MSSQL\DATA\BookDB.mdf',
    SIZE=5MB,
    MAXSIZE=12MB,
    FILEGROWTH=3MB
)
LOG ON
```

```
( NAME=BookDB_log,
    FILENAME='D:\Program Files\Microsoft SQL Server\MSSQL11.MSSQL SERVER\
MSSQL\DATA\BookDB_log.ldf',
    SIZE=1MB,
  MAXSIZE=10MB,
    FILEGROWTH=5%
)
```

上述语句用于建立一个名称为 BookDB 的数据库，NAME 指明了数据库的主文件名称为 BookDB_Data，主数据文件的存储路径为 "D:\Program Files\Microsoft SQL Server\MSSQL11.MSSQLSERVER\MSSQL\DATA\BookDB.mdf"，文件的初始大小为 5MB，最大值为 12MB，每次空间增加 3MB，事务日志文件初始大小为 1MB，事务日志文件最大值为 10MB，每次空间增加时，增长量为文件大小的 10%。

二、实施过程

【子任务分析】

根据上述子任务的描述，这里需要建立一个网上商城系统的数据库。

【子任务实施步骤】

实现网上商城系统数据库的创建方法有两种：一种使用图形界面创建，另一种使用 T-SQL 命令创建。

1. 使用图形界面创建数据库

步骤 1：选择【开始】|【所有程序】|【Microsoft SQL Server 2012】|【SQL Server Management Studio】选项，启动 SQL Server 2012 中的 SQL Server Management Studio 工具。

步骤 2：弹出"连接到服务器"对话框，选择 Windows 身份验证或者 SQL Server 身份验证登录，建立连接（详见任务 2.2）。

步骤 3：在【对象资源管理器】面板中，展开【服务器】节点，右击【数据库】节点，在弹出的快捷菜单中选择【新建数据库】选项。

步骤 4：在"新建数据库"对话框的【常规】选项卡中，输入数据库名称 OnlineShopping，在"数据库文件"列表框中，显示刚输入的数据库数据文件 OnlineShopping 和事务日志文件 OnlineShopping_log，如图 4.6 所示，单击【确定】按钮，数据库创建完成。

2. 使用 T-SQL 命令创建数据库

步骤 1：启动 SQL Server 2012 中的 SQL Server Management Studio 工具。

步骤 2：新建查询分析，在 SSMS 窗口中，单击【新建查询】按钮，打开新的查询编辑窗口，输入如下命令语句。

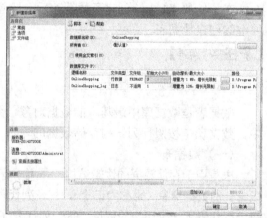

图 4.6 新建数据库 OnlineShopping 界面

```
USE master
GO
CREATE DATABASE OnlineShopping
ON
( NAME='OnlineShopping_Data',     --数据文件的名称
  FILENAME='D:\Program Files\Microsoft SQL Server\MSSQL11.MSSQL SERVER\
  MSSQL\DATA\OnlineShopping.mdf',
  SIZE=5MB,                        --数据文件初始大小为 5MB
```

```
    FILEGROWTH=2MB                    --每次增加的数据文件大小为 2MB
)
LOG ON
(  NAME='OnlineShopping_log',       --事务日志文件的名称
   FILENAME='D:\Program Files\Microsoft SQL Server\MSSQL11.MSSQL SERVER\
   MSSQL\DATA \OnlineShopping_log.ldf',
   SIZE=1MB,                          --事务日志文件初始大小为 1MB
   FILEGROWTH=5%                      --每次增加的事务日志文件大小为原来文件大小的 1%
)
```

执行结果如图 4.7 所示。

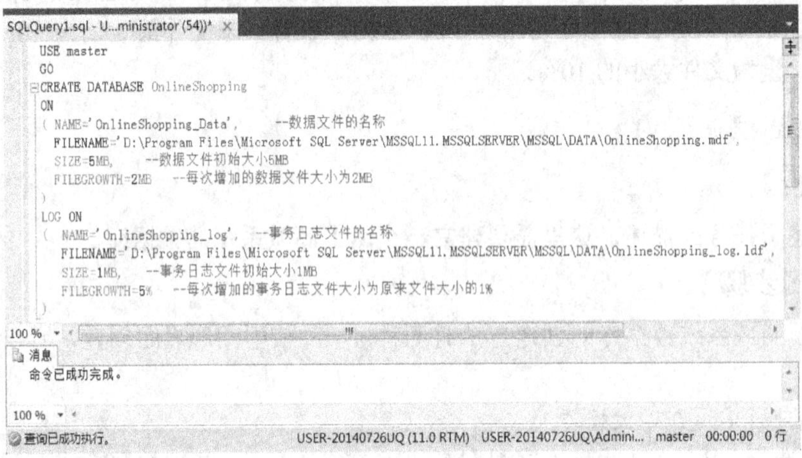

图 4.7 使用 T-SQL 命令创建数据库

子任务 4.2 创建数据表

【子任务描述】

在子任务 4.1 中，创建了数据库后，要想真正实现网上商城系统数据的存储和管理，还需要继续创建数据表。

【子任务实施】

一、知识基础

数据表是数据库中最基本的数据对象，数据库中的所有数据均存储在数据表中。在数据库中，数据表是按照行列结构存储数据的。

（一）数据表

表是用于存储数据的逻辑结构，是用于存储和组织具有行列结构的数据对象。每一行代表一条唯一的数据信息（也称为记录），每一列代表数据的域。例如，一个包含用户信息数据表，表中每一行代表了一个用户的信息，每一列代表了用户具有的属性，如用户编号（userID）、用户名（uName）、用户编码（uCode）、用户密码（uPassword）、用户邮箱（uEmail）等，如图 4.8 所示。

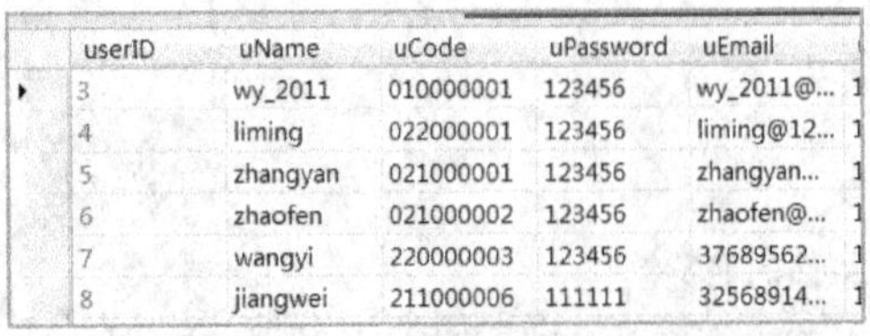

userID	uName	uCode	uPassword	uEmail
3	wy_2011	010000001	123456	wy_2011@...
4	liming	022000001	123456	liming@12...
5	zhangyan	021000001	123456	zhangyan...
6	zhaofen	021000002	123456	zhaofen@...
7	wangyi	220000003	123456	37689562...
8	jiangwei	211000006	111111	32568914...

图 4.8 用户信息表中的部分数据

1．数据表的分类

数据表分为两种：一种是永久表，另一种是临时表。永久表是指在数据中创建的表，只要不删除就永久存在。临时表和永久表相似，但临时

表存储在 tempdb 中，当不再使用时会自动删除。临时表分为本地临时表和全局临时表。本地临时表以半角英文符号"#"开头，仅对当前用户连接是可见的，当用户从 SQL Server 实例断开连接时被删除。全局临时表以半角英文符号"##"开头，创建后对任意用户可见，当所有引用该表的用户从 SQL Server 断开连接时被删除。

2. 数据表的特点

在 SQL Server 数据库中，数据表通常具有如下特点。

（1）数据表通常代表一个实体。在项目系统的设计中，通常一个实体对应数据库中的一张数据表，且该实体具有唯一的名称。

（2）数据表中行值在同一个数据表中具有唯一性。在同一个数据表中不允许出现具有两行或者两行以上的相同值，即不允许在同一个数据表中出现两个及其以上的相同记录。

（3）数据表中列名在一个数据表中具有唯一性。在同一个数据表中不允许出现两个或者两个以上相同的列名，但在不同数据表中可以出现相同的列名。

（4）数据表中行和列是无序的。在同一张数据表中，行的顺序是可以任意排列的，列名也一样。

3. 数据表中列字段

向表中存储数据时，需要先确定列的字段名称，再指定存储的数据类型、长度、是否允许为空值、是否为主键、默认值和规则、是否使用索引等，下面对其一一介绍。

（1）数据类型和长度。SQL Server 2012 系统中提供了 36 种数据类型。

数据类型包括整型数字类型、浮点型数字类型、字符型数据类型、日期和时间型数据类型、货币型数据类型、位数据类型、二进制数据类型、文本和图形数据库类型、其他数据类型。

① 整型数字类型：包括 bigint、int、smallint、tinyint 等。具体信息如表 4.1 所示。

表 4.1 整型数据类型

数据类型	字节数	范围
bigint	8	$-2^{63} \sim 2^{63}-1$
int	4	$-2^{31} \sim 2^{31}-1$
smallint	2	$-2^{15} \sim 2^{15}-1$
tinyint	1	$0 \sim 255$

② 浮点型数字类型：系统对数据类型定义精确到哪一位，这种数据类型称为近似数字类型。SQL Server 2012 中提供了多种浮点型数字类型，如表 4.2 所示。

表 4.2 浮点型数字类型

数据类型	字节数	范围	最大精度	语法格式
float	8	$-1.79E-308 \sim -1.79E+308$	15	float（n）
real	4	$-3.40E-38 \sim 3.40E+38$	7	real（n）
decimal	17	$-10^{38}+1 \sim 10^{38}-1$	38	decimal（p，s）
numeric	17	$-10^{38}+1 \sim 10^{38}-1$	38	numeric（p，s）

a. float（n）中的 n 代表数据类型的精度，n 值为 1～53，默认值为 53。当 1≤n≤24 时，实际上是定义了一个 real 类型的数据。

b. decimal（p，s）：p 代表固定精度，指定了最多可以存储的十进制数字的总位数，p 的最大值为 38；s 代表小数位数，如 decimal（10，3）表示共有 10 位数，小数位有 3 位，整数位有 7 位。当使用最大精度时，numeric 在功能上等价于 decimal。

③ 字符数据类型：在 SQL Server 中，存储了字母、字符或特殊符号，通常采用 4 种数据类型，即 char、nchar、varchar 和 nvcarchar 数据类型，具体如表 4.3 所示。

表 4.3　字符数据类型

数据类型	长度	语法格式
char	1～8000	char（n）
nchar	1～4000	nchar（n）
varchar	0～231-1	varchar[（n|max）]
nvarchar	0～231-1	nvarchar[（n|max）]

a. char（n）：n 代表所有字符所占存储空间的大小，通常一个字符占有一个字节，n 值默认为 1；若数据长度小于 n，则系统自动在其后填充空格补充整个空间，若数据长度大于 n，则会截掉其超出部分。

b. nchar（n）：表示存储固定长度的 n 个 Unicode 字符数据，默认值为 1，每个字符占 2 个字节。

c. varchar[（n|max）]：n 为存储字符的最大长度，值为 1～8000，但可根据实际存储的字符数改变存储空间大小；max 表示最大存储大小为 2^{31}-1。例如，varchar（20）表示对应变量最多能存储 20 个字符，不够 20 个字符时按实际存储。

d. nvarchar[（n|max）]：与 varchar 类似，存储可变长度 Unicode 字符数据，n 为 1～4000，默认值为 1。max 表示最大存储 2^{31}-1 字节。

④ 日期和时间型数据类型：

在 SQL Server 中存储日期和时间类型的数据主要包括 date、time、datetime、datetime2、smalldatetime 和 datetimeoffset，具体如表 4.4 所示。

表 4.4　日期和时间型数据类型

数据类型	字节数	范围		语法格式
date	3	0001-01-01～9999-12-31		date
time	5	00:00:00.0000000～23:59:59.9999999		time
datetime	8	日期	1753-1-1 ～9999-12-31	datetime[fractional seconds]
		时间	00:00:00.0000000～23:59:59.9999999	
datetime2		日期	0001-01-01～9999-12-31	datetime2[fractional seconds]
		时间	00:00:00.0000000～23:59:59.9999999	
smalldatetime	4	日期	1900-1-1～2079-6-6	smalldatetime[fractional seconds]
		时间	00:00:00.0000000～23:59:59.9999999	
datetimeoffset	10	日期	0001-01-01～9999-12-31	datetimeoffset[fractional seconds]
		时间	00:00:00.0000000～23:59:59.9999999	

a. datetime：默认值为 1900-01-01 00:00:00，可以使用"/"、"-"和"."作为分隔符。

b. datetime2：datetime 类型的扩展，其数据范围更大，默认的小数精度更高。

c. samlldatetime：与 datetime 类型相似，当日期时间精度值小时，可以使用 smalldatetime。

d. datetimeoffset：24 小时制与日期相组合，并可识别时区的一日内的时间。

⑤ 货币型数据类型：在 SQL Server 中存储货币类型的数据主要包括 money 和 smallmoney 类型，具体如表 4.5 所示。$-2^{31} \times 10^{-4} \sim 2^{31} \times 10^{-4} - 1 - 2^{31}$

表4.5 货币型数据类型

数 据 类 型	字 节	范 围	语 法 格 式
money	8	$-2^{63} \times 10^{-4} \sim 2^{63} \times 10^{-4} - 1$	money
smallmoney	4	$-2^{31} \times 10^{-4} \sim 2^{31} \times 10^{-4} - 1 - 2^{31}$	smallmoney

⑥ 位数据类型：在 SQL Server 中存储数据也可采用位存储数据，其值为 0 或 1，长度为 1 个字节。位值也经常当做逻辑值使用，用于判断 TRUE（1）或 FALSE（0），当输入的值为非零值时，系统自动转换为 1。

⑦ 二进制数据类型：二进制数据类型主要存储二进制数据，包括 binary、varbinary 两种，具体如表 4.6 所示。

表4.6 二进制数据类型

数 据 类 型	长 度	语 法 格 式
binary	0～8000	binary[（n）]
varbinary	$0 \sim 2^{31} - 1$	varbinary[（n|max）]

a．binary[(n)]：n 是固定长度的二进制数据。当输入 binray 值时，必须在前面带 0X，即以十六进制形式输入，输入的字符是 0～9 和 A～F（代表 10～15）。如果输入的数据长度大于 n，则超出的部分会被截断。

b．可变长度二进制数据。n 的值是 1～8000，max 指示最大存储大小为 $2^{31} - 1$。binary 类型使用的是定义空间，而 varbinary 类型的数据在存储时根据实际值的长度使用存储空间。

⑧ 文本和图形数据类型：在 SQL Server 中能够存储文本数据和图形数据，具体如表 4.7 所示。

表4.7 文本和图形数据类型

数 据 类 型	长 度	语 法 格 式
text	$0 \sim 2^{31} - 1$	text
ntext	$0 \sim 2^{30} - 1$	ntext[（n|max）]
image	$0 \sim 2^{31} - 1$	image

a．text：用于存储文本数据，服务器代码页中长度可变的非 Unicode 数据。

b．ntext：与 text 相同，存储大小是所输入字符个数的两倍。

c．image：长度可变的二进制数据，用于存储图像，由系统根据数据的长度自动分配空间，存储该字段一般不能使用 INSRET 语句直接输入。

⑨ 其他数据类型。

a．timestamp：时间戳数据类型，用于表示 SQL Server 活动的先后顺序。存储唯一的数字，每当创建或修改某行时，该数字会更新。timestamp 基于内部时钟，不对应真实时间。每个表只能有一个 timestamp 变量。

b．uniqueidentifier：数据类型存储 16 字节的二进制数，表示一个全局唯一的标识。它的作用与 GUID 一样，GUID 是唯一二进制数，世界上任何两台计算机都不会生成重复的 GUID 值。当表的记录行要求唯一时，GUID 是非常有用的。例如，在客户标识号列使用这种数据类型可以区别不同的客户。

c．xml：存储 XML 数据的数据类型。可在列中或者 XML 类型的变量中存储 XML 实例。其最大值为 2GB。

d．cursor：游标数据类型，该类型类似数据表，保存的数据中包含行和列值，但没有索引,游标用来建立一个数据的数据集,每次处理一行数据。

e. sql_variant:用于存储对表或视图处理后的结果集。这种新的数据类型是变量,可以存储一个表,从而使函数或过程返回查询结果更加方便。

提示:

(1)在 SQL Server 2005 以上的版本中引入大值数据,如 varchar、nvarchar、varbinary。

(2)text 不支持"like"子句(详见任务7)。

(3)image 不支持 Insert-into 子句(详见任务7)。

(4)在未来的 SQL Server 版本中,将用 varchar 类型代替 text 类型,nvarchar 类型代替 ntext 类型,varbinary 类型代替 image 类型。

(5)在 SQL Server 以后的版本中 timestap 类型将被删除,在新的开发工作中应尽量避免使用该功能。

(2)自定义数据类型。SQL Server 允许用户自定义数据类型。用户自定义数据类型是建立在 SQL Server 系统数据类型基础上的,自定义的数据类型使得数据库开发人员能够根据需要定义符合自己开发需要的数据类型。自定义数据类型使用比较方便,但是需要大量的开销,所以使用时要谨慎。

创建用户自定义类型的数据类型时有两种方法实现,一种是使用图形界面创建,另一种是使用命令创建,本任务只介绍使用图形界面创建用户自定义数据类型的方法。

自定义数据类型基于 Microsoft SQL Server 中提供的数据类型。当几个表中必须存储同一种数据类型,并且为保证这些列有相同的数据类型、长度和可空值时,可以使用用户定义的数据类型。例如,定义一种数据类型 u_datatype,它基于 char 数据类型。当创建用户定义的数据类型时,必须提供3个量:数据类型的名称、所基于的系统数据类型和数据类型的可空值。具体方法如下。

① 启动 SQL Server 2012 中的 SQL Server Management Studio 工具,以 Windows 身份验证或 SQL Server 身份验证登录。

② 在【对象资源管理器】面板中,展开【数据库】|【OnlineShopping】|【可编程性】|【类型】节点,右击【用户定义数据类型】节点,在弹出的快捷菜单中选择【新建用户定义数据类型】选项,如图 4.9 所示。

③ 在弹出的"新建用户定义数据类型"对话框中,在【名称】文本框中输入名称"u_datatype",数据类型为"char",长度为 8000,若想设置字段值为空,则选中【允许 NULL 值】的复选框,如图 4.10 所示。

④ 单击【确定】按钮,完成了用户自定义类型的创建。在【用户定义数据类型】节点下即可看到刚创建的用户数据类型。

(3)空值。在 SQL Server 中,NULL 值的含义与 0 或者与字符列中的 NULL(ASCII 字符)不相同。NULL 指的是未定义或不可用。当数据表中某一个字段的值为 NULL 时,其可能有 3 种原因:值不存在;值未知;不可用。所以应将 NULL 值当做一个标识符,而不是一个值。NULL 无法与 0 进行比较,也无法使用比较运算符来测试 NULL 值。当想查找 NULL 值时可以使用 IS NULL 和 IS NOT NULL 操作符(详见任务7)。

(4)主键和外键。

① 主键。关系型数据库中的一条记录中有若干个属性,若其中某一个属性组(注意是组)能唯一标识一条记录,则该属性组就可以称为主键。例如,在订单表中,订单编号是订单表中的主键,它能唯一标识一条订单记录。在数据表中不能存在主键相同的两条记录,

同时主键的值不允许为空值（NULL）。在创建表时，每个数据表都拥有自己的唯一主键，主键可以是一个，也可以由多个列组合而成。主键是用来保证数据的完整性的，在一个数据表中只能有一个主键。

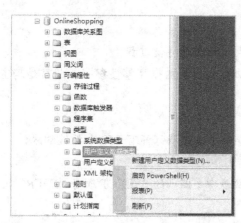

图 4.9　选择【新建用户定义数据类型】选项

图 4.10　"新建用户定义数据类型"对话框

② 外键。当一个数据表中的属性作为另一个表的主键时，该属性就称为外键。外键建立了表与表之间的关联。例如订单表中有 shopID 字段，该字段就可以称为外键。在一个数据表中外键可以有多个，外键保持了数据的一致性。

（5）约束。约束是用来保证数据库完整性的一种方法。所谓数据完整性，就是指存储在数据库中数据的一致性和正确性。约束定义关于列中允许值的规则，是强制完整性的标准机制。约束是独立于表结构的。使用约束优先于使用触发器（详见任务 12）、规则和默认值。

SQL Server 2012 中有 5 种约束，包括主键约束、唯一性约束、检查约束、默认约束和外键约束。

① 主键约束：每一个表中只有一个主键约束，它可以唯一确定一个表中每一条记录，也是最重要的一种约束。在使用主键约束时，该列的空值属性必须定义为 NOT NULL，即拥有主键的那一列不能为空。

② 唯一性约束：唯一性约束应用于表中的非主键列，唯一性约束保证一列或者多列的完整性，确保这些列不会输入重复的值。它与主键约束的不同之处在于，唯一性约束可以建立在多个列之上，而主键约束在一个表中只能有一个。对于一列的唯一性约束，称之为列级唯一性约束，对于多列的唯一性约束，称之为表级唯一性约束。使用唯一性约束的过程中，还需要注意，如果要对允许空值的列强制唯一性，则可以允许空值的列附加唯一性约束，而只能将主键的约束附加到不允许空值的列。但唯一性约束不允许表中受约束列有一行以上的值同时为空。

③ 检查约束：检查约束的主要作用是限制输入到一列或多列中的可能值，从而保证 SQL Server 数据库中数据的域完整性。可以为表中的每个列建立约束，每个列可以拥有多个检查约束，但是如果使用 CREATE TABLE 语句，则只能为每个列建立一个检查约束。如果检查约束被应用于多列，则必须被定义为表级检查约束。在表达式中，可以输入搜索条件，条件中可以包括 AND 或者 OR 一类的连接词。列级检查约束只能参照被约束列，而表级检查约束则只能参照表中列，而不能参照其他表中的列。

④ 默认约束：

使用默认约束，如果用户在插入新行时没有提供输入值，则系统自动指定插入值。当必须将表中加载一行数据但不知道某一列的值，或该值尚不存在时，可以使用默认约束。默认值约束所提供的默认值可以为常量、函数、空值等。

注意：

a. 每列只能有一个默认约束。

b. 约束表达式不能参照表中的其他列和其他表、视图或存储过程。

⑤ 外键约束：外键约束为表中的一列或者多列数据提供数据完整性参照。通常是与主键约束或者唯一性约束同时使用的。

注意：

a. 一个表最多只能参照253个不同的数据表，每个表最多只能有253个外键约束；

b. 外键约束不能应用于临时表。

c. 在实施外键约束时，用户必须至少拥有被参照表中参照列的 SELECT 或者 REFERENCES 权限。

d. 外键约束同时也可以参照自身表中的其他列。

e. 外键约束只能参照本身数据库中的某个表，而不能参照其他数据库中的表。跨数据库的参照只能通过触发器来实现。

(二) 数据表的创建

创建数据表的方法主要有两种，一种是使用图形界面向导创建，另一种是使用 T-SQL 命令创建。

1) 使用图形向导界面创建表

（1）启动 SQL Server 2012 中的 SQL Server Management Studio 工具，以 Windows 身份验证或 SQL Server 身份验证登录。

（2）在【对象资源管理器】面板中，展开【数据库】节点，展开需要创建新表的数据库，右击【表】节点，在弹出的快捷菜单中选择【新建表】选项，如图 4.11 所示。

（3）打开"表设计器"窗口，在列名中填写字段名称，数据类型和允许 NULL 值项，在"列属性"列表框中显示该字段的相关属性，如图 4.12 所示。

（4）按照前面的步骤添加各字段和属性后，需要保存创建的表，单击【保存】按钮，弹出"选择名称"对话框，如图 4.13 所示。

（5）在"选择名称"对话框的"输入表名称"本文框中输入新建的表名称，即可完成数据表的创建。

2) 使用 T-SQL 命令创建

使用 CREATE TABLE 命令可以创建表，具体语法如下。

```
CREATE TABLE table_name
(
column_name column_properties[, …]
)
```

（1）table_name：用来指定表的名称。

（2）column_name：用来指定表中的字段。

（3）column_properties：用来指定表中的字段属性。

模块一 数据库创建 / 65

图 4.11 选择【新建表】选项

图 4.12 表设计器

图 4.13 输入数据表名称

【例 4.2】使用 T-SQL 命令创建数据表订单信息表 shop_Order,该表包含的字段、类型和属性详见任务 3 中数据库物理设计部分。

在查询窗口中输入如下命令。

```
CREATE TABLE shop_Order
(
  orderID int IDENTITY(1, 1) NOT NULL
  oCode nvarchar(20) NOT NULL,
  userID int NOT NULL,
  shopID int NOT NULL,
  sellerID int NOT NULL,
  dMethodID int NOT NULL,
  dCode nvarchar(20) NOT NULL,
  oDate datetime NULL,
  oState int NOT NULL
)
```

二、实施过程

【子任务分析】

根据上述子任务的描述,这里需要为网上商城系统的数据库创建各个数据表。

【子任务实施步骤】

在网上商城系统数据库中创建表有两种方法:一种是使用图形界面向导创建数据库,另一种是使用 T-SQL 命令创建表,具体方法如下。

1. 使用图形界面向导创建表

使用图形界面向导创建数据表,以订单信息表 shop_Order 为例。

步骤 1:启动 SQL Server 2012 中的 SQL Server Management Studio 工具。

步骤 2:在对象资源管理器中展开【数据库】|【OnlineShopping】节点,右击【表】节点,在弹出的快捷菜单中选择【新建表】选项,如图 4.9 所示。

步骤 3：打开"表设计器"窗口，在列名中填写字段名称，数据类型和允许 NULL 值项，在"列属性"列表框中显示该字段的相关属性，将 orderID 字段的属性，"标识规范"设置为"是"，如图 4.14 所示。

步骤 4：按照前面的步骤添加各字段和属性后，保存创建的表，输入表的名称。

2．使用 T-SQL 命令创建表

步骤 1：启动 SQL Server 2012 中的 SQL Server Management Studio 工具。

步骤 2：新建查询分析，在 SSMS 窗口中单击【新建查询】按钮，打开新的查询窗口，根据任务 3 中物理数据库的设计，创建表"shop_order"，输入如下语句。

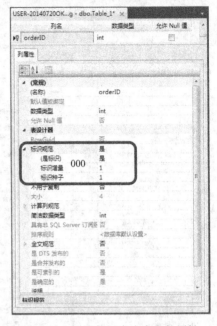

```
USE OnlineShopping
GO
CREATE TABLE shop_Order
(
  orderID int IDENTITY(1, 1) NOT NULL,
  oCode nvarchar(20) NOT NULL,
  userID int NOT NULL,
  shopID int NOT NULL,
  sellerID int NOT NULL,
  dMethodID int NOT NULL,
  dCode nvarchar(20) NOT NULL,
  oDate datetime is NULL,
  oState int NOT NULL
)
```

图 4.14　设置数据表中字段的属性

执行结果如图 4.15 所示。

步骤 3：在"对象资源管理器"面板中，并未看到新创建的表"shop_order"，右击 OnlineShopping 数据库列表下的【表】节点，在弹出的快捷菜单中选择【刷新】选项，即可看到新创建的表"shop_order"。

按照上面介绍的创建数据库的方法，根据任务 3 中的数据库物理设计内容，依次创建各个数据表。

图 4.15　使用 T-SQL 语句创建数据表

课堂练习

一、选择题

1. SQL Server 安装程序创建了 4 个系统数据库，不属于系统数据库的是（　　）。
   A. master　　　　　B. model　　　　　C. pub　　　　　D. msdb
2. SQL Server 中的所有服务器级系统信息存储于数据库（　　）中。
   A. master　　　　　B. model　　　　　C. tempdb　　　　D. msdb
3. 以下关于主键的描述正确的是（　　）。
   A. 标识表中唯一的实体　　　　　　　B. 创建唯一的索引，允许空值
   C. 只允许以表中第一字段建立的　　　D. 表中允许有多个主键
4. 以下关于外键和相应主键之间的关系说法中正确的是（　　）。
   A. 外键并不一定要与相应的主键同名
   B. 外键一定要与相应的主键同名
   C. 外键一定要与相应的主键同名而且唯一
   D. 外键一定要与相应的主键同名，但并不一定唯一
5. 在 SQL Server 中，model 是（　　）
   A. 数据库系统表　　B. 数据库模板　　C. 临时数据库　　D. 示例数据库
6. 下列不是 SQL Server 数据库文件的扩展名的是（　　）。
   A. .mdf　　　　　　B. .ldf　　　　　　C. .dbf　　　　　D. .ndf
7. SQL Server 中，关于数据库的说法正确的是（　　）。
   A. 一个数据库可以不包含事务日志文件
   B. 一个数据库可以只包含一个事务日志文件和一个数据库文件
   C. 一个数据库可以包含多个数据库文件，但只能包含一个事务日志文件
   D. 一个数据库可以包含多个事务日志文件，但只能包含一个数据库文件
8. 创建表时使用的命令是（　　）。
   A. CREATE SCHEMA　　　　　　　B. CREATE TABLE
   C. CREATE VIEW　　　　　　　　D. CREATE INDEX

二、填空题

1. 数据库的数据文件默认的扩展名为_____，事务日志文件默认的扩展名为_____。
2. 简单的创建数据库 mail 的命令为_____。

三、简答题

1. 简述系统数据库及其作用。
2. 简述 SQL Server 数据字段的类型。
3. 简述主键与外键的区别。
4. 简述约束的种类。

实践与实训

1. 创建一个名称为 Student 的数据库，且为该数据库创建 3 个数据表：学生信息表 "stu_infor"，课程表 stu_course 和成绩表 stu_score。各个表所包含的字段分别如下：stu_infor（stuID，stuName，Age，Phone，address，department），stu_course（cID，cName，cClass），stu_score（ID，stuID，cID，score）。各个表字段的类型及详细信息如表 4.8～表 4.10 所示。使用两种方法实现该操作。

表 4.8 学生信息表 stu_infor

字 段	类 型	允 许 为 空	说 明
stuID	varchar（20）	不	学号，主键
stuName	varchar（50）	不	学生姓名
age	int	是	学生年龄
phone	varchar（20）	是	联系电话
address	nvarchar（50）	是	住址
department	nvarchar（50）	是	所属系别

表 4.9 课程表 stu_course

字 段	类 型	允 许 为 空	说 明
cID	varchar（20）	不	课程号，主键
cName	varchar（50）	不	课程名称
cClass	varchar（20）	是	课程类别（选修、必修）

表 4.10 课程表 stu_score

字 段	类 型	允 许 为 空	说 明
ID	int	不	自动编号，主键
stuID	varchar（20）	不	学号
cID	varchar（20）	不	课程号
score	float	是	成绩

2．创建一个名称为 Express 的数据库，该数据库包含两个数据表：区域信息表 rang_infor 和价格信息表 price_infor。这两个数据表包含的字段如下：rang_infor（rID, rName）和 price_infor（ID，rID，mID，price）。各个表中字段的类型及详细信息如表 4.11 和表 4.12 所示。使用两种方法实现该操作。

表 4.11 区域信息表 rang_infor

字 段	类 型	允 许 为 空	说 明
rID	int	不	自动编号
rName	varchar（50）	不	区域名称

表 4.11 价格信息表 price_infor

字 段	类 型	允 许 为 空	说 明
ID	int	不	自动编号
rID	int	不	出发地编号
mID	int	不	目的地编号
price	money	是	价格

任务总结

本任务介绍了数据库和数据表的相关知识，包括数据库的组成、数据库对象、数据表中字段的类型、主键和外键、约束等，以实现网上商城系统创建数据库和数据表的创建为主要任务，从而实现了网上商城系统数据的有效存储和管理，本任务主要介绍了采用图形向导界面和 T-SQL 命令两种方式创建网上商城系统数据库和数据表。

模块二 数据库基础管理和维护

任务 5　数据库管理和维护

任务描述

在任务 4 中，已经建立了网上商城系统的数据库及其中的数据表。在数据库的使用过程中，用户需要对数据库进行一系列的管理和维护，如重命名数据库、扩充或收缩数据库容量、删除数据库等。以网上商城系统为例，随着商品数量及购买记录的增加，数据库可能需要扩容以满足需求。本任务的目标是使用 SSMS 工具及编写 T-SQL 语句两种方法完成对数据库的管理操作，包括重命名数据库、修改数据库和删除数据库。

知识重点

（1）熟练掌握利用 SSMS 工具重命名、修改和删除数据库文件的方法。
（2）熟练掌握利用 T-SQL 语句完成以上管理操作的方法。

知识难点

利用 T-SQL 语句（ALTER DATABASE）完成对数据库的修改。

子任务 5.1　重命名数据库

【子任务描述】

在网上商城系统中，如果对创建的数据库的名称不满意，则可以进行更改，如将网上商城系统数据库重命名为 OnlineMall。

【子任务实施】

一、知识基础

T-SQL 即 Transaction-SQL，是 Microsoft 公司在 SQL Server 数据库管理系统上实现的一种增强版 SQL。它既可以实现标准 SQL 的所有功能，又具有很多基于 SQL Server 设计的特有功能，从而使其具有更强的数据管理能力。

重命名数据库的 T-SQL 语句如下。

```
EXEC 或 EXECUTE  sp_renamedb  database_name,  database_newname
```

（1）**EXEC 或 EXECUTE**：T-SQL 中用来执行存储过程的关键字，关于存储过程详见任务 11。
（2）**sp_renamedb**：存储过程的名称，该存储过程的作用是实现数据库的重命名。
（3）如无特殊说明，在输入 T-SQL 语句时，每个单词之间至少要用一个空格隔开。如用"□"表示一个空格，则上述语句可表示为

```
EXEC 或 EXECUTE□sp_renamedb□数据库原名称,数据库新名称
```
(4) **database_name**:原数据库名称。
(5) **database_newname**:数据库新名称。

【例 5.1】将数据库 OnlineShopping 重命名为 OnlineMall。实现功能的语句如下。
```
USE OnlineShopping
EXEC sp_renamedb 'OnlineShopping','OnlineMall'
```
执行结果如图 5.1 所示。

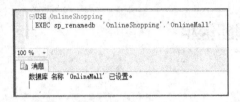

图 5.1　使用 T-SQL 重命名数据库

注意:

(1)数据库名称由于是字符串类型的数据,所以在 T-SQL 语句的前后必须加引号,而且一定是英文半角字符,否则会出错。

(2)重命名后,在【对象资源管理】面板中右击该数据库,在弹出的快捷菜单中选择【属性】选项,在弹出的属性对话框中选择【文件】选项卡,会发现尽管数据库被重命名了,但是数据库文件的逻辑名称并未改变,如图 5.2 所示,我们将在子任务 5.2 中探讨这一问题。

(3)一般在实际软件开发过程中,数据库的名称一经确定基本上不会更改,所以要慎重考虑数据库的命名。

图 5.2　数据库文件的逻辑名称未改变

二、实施过程

【子任务分析】

根据上述子任务的描述,这里需要完成数据库的重命名操作。在实际中建议不要轻易修改数据库的名称。

【子任务实施步骤】

实现数据库的重命名操作可以有两种方法:一种是使用图形界面,另一种是使用 T-SQL 语句。

1. 使用图形界面对数据库进行重命名

步骤 1:启动 SQL Server 2012 的 SQL Server Management Studio 工具。

步骤 2:在对象资源管理器中,附加数据库 OnlineShopping(具体操作步骤参见任务 16)。

步骤 3:右击数据库 OnlineShopping,在弹出的快捷菜单中选择【重命名】选项,输入数

据库新名称即可完成操作，如图 5.3 所示。

2. 编写 T-SQL 语句对数据库进行重命名

步骤 1：启动 SQL Server 2012 中的 SQL Server Management Studio（SSMS）工具。

步骤 2：新建查询分析，在 SQL Server 2012 窗口中单击【新建查询】按钮，打开新的查询编辑窗口，如图 5.4 所示。

图 5.3 使用 SSMS 重命名数据库

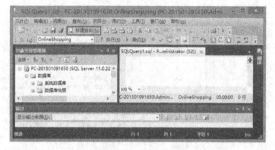

图 5.4 新建查询

步骤 3：在查询编辑窗口中输入如下命令。

```
USE OnlineShopping
EXEC sp_renamedb 'OnlineShopping','OnlineMall'
```

执行结果如图 5.5 所示。

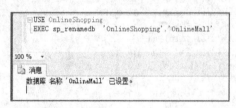

图 5.5 将 OnlineShopping 数据库重命名为 OnlineMall

子任务 5.2 修改数据库

【子任务描述】

在数据库的使用过程中，可以对数据库的一些设置进行修改，如修改数据文件和日志文件的容量、添加或删除数据及日志文件、修改数据库的一些配置属性等。使用 SSMS 或者编写 T-SQL 语句都可以实现这些操作。

【子任务实施】

一、知识基础

1. 查看数据库信息

在 SQL Server 中查看数据库信息有以下两种方法。

1）使用 SQL Server Management Studio 工具查看

在对象资源管理器中右击要查看的数据库名称，在弹出的快捷菜单中选择【属性】选项，在弹出的对话框中显示所选数据库的相关信息，如图 5.2 所示。

2）使用 T-SQL 语句查看

执行系统存储过程 sp_helpdb 可以查看数据库的相关信息，语法格式如下。

```
EXEC 或 EXECUTE sp_helpdb [database_name]
```

database_name：数据库名称，该项可选，如果省略数据库名称，则显示 SQL Server 中已附加的所有数据库的信息。

【例 5.2】查看数据库 OnlineShopping 的相关信息，语句如下。

```
USE OnlineShopping
EXEC sp_helpdb 'OnlineShopping'
```

执行结果如图 5.6 所示。

图 5.6　使用 T-SQL 查看数据库信息

2. 利用 T-SQL 修改数据库修改数据库的语句如下。

```
ALTER DATABASE database_name
    ADD FILE <filespec> [ , ...n ]
      [ TO FILEGROUP { filegroup_name | DEFAULT } ]
    | ADD LOG FILE <filespec> [ , ...n ]
    | REMOVE FILE logical_file_name
    | ADD FILEGROUP filegroup_name
    | REMOVE FILEGROUP filegroup_name
    | MODIFY FILE <filespec>
    | MODIFY NAME = new_dbname
    | MODIFY FILEGROUP filegroup_name
      { <filegroup_updatability_option>
      | DEFAULT
      | NAME = new_filegroup_name
      }
```

（1）database_name：要修改的数据库名称。

（2）**ADD FILE**：将文件添加到数据库中。

（3）< filespec >：控制文件属性。

（4）**TO FILEGROUP { filegroup_name | DEFAULT }**：将文件添加到文件组中，filegroup_name 为文件组名，如果指定了 DEFAULT，则将文件添加到当前的默认文件组中，该子句为可选项，如不需要则该功能可以省略。

（5）**ADD LOG FILE**：将日志文件添加到指定的数据库中。

（6）**REMOVE FILE logical_file_name**：从 SQL Server 的系统表中删除逻辑文件说明并删除物理文件，只有当该文件为空时才可以删除，logical_file_name 为要删除的文件名。

（7）**ADD FILEGROUP filegroup_name**：将文件组添加到数据库中。

（8）**REMOVE FILEGROUP filegroup_name**：从数据库中删除文件组并删除该文件组中的所有文件，只有当该文件组为空时才能删除。

（9）**MODIFY FILE**：指定应修改的文件，一次只能更改一个 <filespec> 属性，包括 FILENAME（文件名）、SIZE（文件大小）、FILEGROWTH（文件的自动增长方式）、MAXSIZE（最大容量），必须在 <filespec> 中指定 NAME，以标识要修改的文件。如果指定要修改 SIZE

属性,那么新大小必须比文件当前大小要大。

(10) **MODIFY NAME**:修改数据库的名称。

(11) **MODIFY FILEGROUP**:修改文件组,<filegroup_updatability_option>表示对文件组设置只读或读/写属性(READ_ONLY 为只读、READ_WRITE 为读/写),DEFAULT 表示将该文件组设置为数据库的默认文件组(注意,数据库中只能有一个文件组作为默认文件组),NAME = new_filegroup_name 表示将文件组更名为 new_filegroup_name。

【例 5.3】向数据库 OnlineShopping 中添加一个数据文件和一个日志文件,语句如下。

```
ALTER DATABASE OnlineShopping
    ADD FILE
    (
    NAME=OnlineShopping_3,                    --NAME 为要添加的数据文件的逻辑名称
    FILENAME='F:\OnlineShopping_3.ndf',       --FILENAME 为对应的物理文件名称
    SIZE=50MB,                                 --文件大小
    MAXSIZE=150MB,                             --文件大小的最大值
    FILEGROWTH=20MB                            --文件的自动增长值
    )
ALTER DATABASE OnlineShopping
    ADD LOG FILE
    (
    NAME=OnlineShopping_log3,                 --NAME 为要添加的日志文件的逻辑名称
    FILENAME='F:\OnlineShopping_log3.ldf',    --FILENAME 为对应的物理文件的名称
    SIZE=150MB,                                --文件大小
    MAXSIZE=200MB,                             --文件的最大值
    FILEGROWTH=10MB                            --文件的自动增长值
    )
```

执行结果如图 5.7 所示。

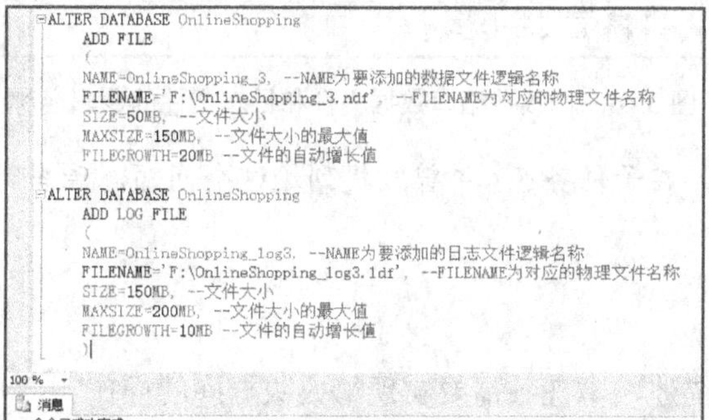

图 5.7 向数据库中添加数据文件和日志文件

【例 5.4】将【例 5.3】中添加的数据文件"OnlineShopping_3"从数据库 OnlineShopping 中删除,语句如下。

```
ALTER DATABASE OnlineShopping
REMOVE FILE OnlineShopping_3
```

执行结果如图 5.8 所示。

图 5.8 从数据库中删除数据文件

【例5.5】将数据库 OnlineShopping 重命名为 OnlineMall，语句如下。
```
ALTER DATABASE OnlineShopping
MODIFY NAME=OnlineMall
```
执行结果如图5.9所示。

图5.9　重命名数据库

提示：OnlineMall 的两侧不要加单引号，否则会引发错误。

请回忆一下，在子任务5.1中是如何重命名数据库的？

【例5.6】在【例5.5】的基础上，进一步将数据库 OnlineMall 的数据文件和日志文件的逻辑名称分别更改为 OnlineMall 和 OnlineMall_log，语句如下。
```
ALTER DATABASE OnlineMall
MODIFY FILE(NAME='OnlineShopping',NEWNAME='OnlineMall')
ALTER DATABASE OnlineMall
MODIFY FILE(NAME='OnlineShopping_log',NEWNAME='OnlineMall_log')
```
执行结果如图5.10所示。

图5.10　修改数据库数据文件和日志文件的逻辑名称

提示：请回忆一下，在子任务5.1中曾经提到过这个问题，但当时并未给出解决方案。

二、实施过程

【子任务分析】

根据上述子任务的描述，本任务需要实现修改数据库的操作。

【子任务实施步骤】

修改数据库的方法有两种：一种是使用图形界面对数据库中的数据文件和日志文件的相关属性进行修改；另一种是使用 T-SQL 语句对数据库中的数据文件和日志文件的相关属性进行修改。由于对数据文件和日志文件的修改方法类似，下面的实施步骤只给出了对数据文件修改的步骤。

1. 使用图形界面修改数据库属性

步骤1：启动 SQL Server 2012 的 SQL Server Management Studio 工具。

步骤2：在对象资源管理器中附加数据库 OnlineShopping。

步骤3：右击数据库 OnlineShopping，在弹出的快捷菜单中选择【属性】选项，在弹出的属性对话框左侧选择【文件】选项卡，即可看到数据文件和日志文件的相关属性，如逻辑名称、初始大小、自动增长/最大大小、路径等。直接在列表中即可修改这些属性，保存所做的修改。此外，单击窗口下方的【添加】或【删除】按钮可以向数据库中添加文件或者从中删除文件，如图 5.11 所示。

2. 编写 T-SQL 语句修改数据库属性

步骤 1：启动 SQL Server 2012 中的 SQL Server Management Studio 工具。

步骤 2：新建查询分析，在 SQL Server 2012 窗口中单击【新建查询】按钮，打开新的查询编辑窗口，如图 5.4 所示。

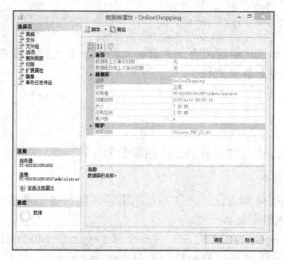

图 5.11 使用 SSMS 修改数据库的相关属性

步骤 3：在查询编辑窗口中输入如下命令。

```
ALTER DATABASE OnlineShopping
MODIFY FILE
(
NAME=OnlineShopping,           --要修改的数据文件名
SIZE=50MB,                     --文件大小
MAXSIZE=150MB,                 --文件大小的最大值
FILEGROWTH=20MB                --文件的自动增长值
)
```

执行结果如图 5.12 所示。

图 5.12 使用 T-SQL 语句修改数据库的相关属性

想一想：在完成上面的操作后，如果继续执行 T-SQL 语句修改数据文件 OnlineShopping，将其大小设置为 20MB，结果会怎样，为什么？

子任务 5.3　删除数据库

【子任务描述】

如果数据库今后不再使用了，则可以将其删除。

【子任务实施】

一、知识基础

删除数据库的 T-SQL 语句:删除数据库有两种方式,一种是使用 DROP DATABASE 命令,另一种是使用系统存储过程 sp_dbremove 命令。

DROP DATABASE 命令格式如下。

```
DROP DATABASE database_name
EXEC 或 EXECUTE sp_dbremove database_name
```

提示:删除数据库后,服务器硬盘上存储的数据库物理文件会被删除,因此执行该操作时一定要慎重,并且最好留有备份文件。

二、实施过程

【子任务分析】

根据上述子任务的描述,这里需要完成删除数据库的操作。

【子任务实施步骤】

实现数据库的删除有两种方法:一种是使用图形界面,另一种是使用 T-SQL 命令。

1. 使用图形界面删除数据库

步骤 1:启动 SQL Server 2012 的 SQL Server Management Studio 工具。

步骤 2:在对象资源管理器中附加数据库 OnlineShopping。

步骤 3:右击数据库 OnlineShopping,在弹出的快捷菜单中选择【删除】选项,在弹出的对话框下方可以设置是否删除数据库备份和还原记录,以及是否关闭现有连接,设置好后单击【确定】按钮即可删除数据库,如图 5.13 所示。

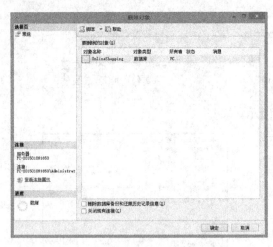

图 5.13 使用图形界面删除数据库

注意:删除数据库时,如果数据库正处于使用状态,则无法完成删除操作,必须先关闭现有连接才可以完成删除操作。

2. 编写 T-SQL 语句删除数据库

步骤 1:启动 SQL Server 2012 中的 SQL Server Management Studio 工具。

步骤 2:新建查询分析,在 SQL Server 2012 窗口中单击【新建查询】按钮,打开新的查询编辑窗口,如图 5.4 所示。

步骤 3:在查询编辑窗口中输入如下命令。

```
USE master
DROP DATABASE OnlineShopping
```

或者
```
USE master
EXEC sp_dbremove OnlineShopping
```
执行结果如图 5.14 所示。

图 5.14　使用 T-SQL 语句删除数据库

课堂练习

一、选择题

1. 重命名数据库除了可以使用 SQL Server Management Studio 工具之外，还可以使用的存储过程是（　　）。
   A．sp_renamedb　　　B．xp_renamedb　　　C．sp_helptext　　　D．xp_helptext
2. 修改数据库应使用的 SQL 语句是（　　）。
   A．CREATE DATABASE　　　　　　B．DROP DATABASE
   C．ALTER DATABASE　　　　　　　D．UPDATE DATABASE
3. 删除数据库应使用的 SQL 语句是（　　）。
   A．CREATE DATABASE　　　　　　B．DROP DATABASE
   C．ALTER DATABASE　　　　　　　D．UPDATE DATABASE
4. 修改数据库时，应使用（　　）SQL 语句向数据库中添加数据文件。
   A．ADD LOG FILE　　B．ADD FILE　　C．REMOVE FILE　　D．MODIFY FILE
5. 修改数据库大小时，以下选项正确的是（　　）。
   A．新修改的大小不得小于原大小
   B．新修改的大小不得大于原大小
   C．新修改的大小与原大小无关
   D．应使用 MODIFY FILE 语句设置其中的 FILEGROWTH 属性的值为新的大小

二、填空题

1. 修改数据库时，应使用_____语句向数据库中添加日志文件。
2. 修改数据库时，将文件组添加到数据库中应使用的 SQL 语句是_____。
3. 修改数据库时，要修改数据库的大小应使用的 SQL 语句是_____。
4. 要修改数据库名称，可以使用的 SQL 语句是_____。
5. 删除数据库可以使用的存储过程为_____。

三、简答题

1. 创建和管理数据库有哪几种方法？
2. 利用 SQL 语句可以对数据库的哪些属性进行修改？
3. 删除数据库有哪几种方法？
4. 重命名数据库有哪几种方法？
5. 重命名数据库后，数据库文件的逻辑名是否随之更改？如何更改数据库文件的逻辑名？

实践与实训

1. 向数据库 OnlineShopping 中添加一个新的数据文件，文件名为 OnlineShopping2_

data.ndf,初始大小为20MB,不限制文件增长,每次文件自动增长的增量为10%。

2. 向数据库 OnlineShopping 中添加一个新的日志文件,文件名为 OnlineShopping2_log.ldf,初始大小为30MB,文件最大为150MB,每次文件自动增长的增量为5MB。

3. 修改数据库 OnlineShopping 的数据文件 OnlineShopping2_data.ndf,将文件每次自动增加的量改为10MB。

任务总结

在数据库的使用过程中,用户经常需要对数据库进行一系列的管理和维护,如重命名数据库、扩充或收缩数据库容量、删除数据库等。本任务以网上商城数据库 OnlineShopping 为例,讲解了如何使用 SSMS 工具及编写 T-SQL 语句两种方法完成对数据库的管理操作。

任务6 数据表管理和维护

 任务描述

在任务 5 中,已经学习了利用 SQL Server Management Studio 及编写 T-SQL 语句的方法管理数据库,包括重命名数据库、修改数据库和删除数据库。本任务的目标是学习使用 SQL Server Management Studio 工具及编写 T-SQL 语句的方法对数据库中的数据表进行管理。

数据表的管理主要涉及以下两个方面。

(1)对数据表的设计结构进行修改。对于数据库中已经建立的数据表,有时由于在设计时存在错误,或由于系统需求的调整,需要对数据表进行修改,如在数据表中添加一个字段、删除一个字段、修改主键和外键或者修改某个字段的数据类型等。

(2)对数据表中的数据进行管理。例如,有新的用户在网上商城系统中注册,就需要将这些用户的信息插入到用户表中;某些商品已经不再销售了,可以将这些商品的信息从商品表中删除;商品的市场价格会经常发生变化,这就需要对相关商品记录进行更新。

 知识重点

(1)熟练掌握利用 SQL Server Management Studio 工具重命名、修改和删除数据表的方法。
(2)熟练掌握编写 T-SQL 语句完成以上操作的方法。
(3)熟练掌握编写 T-SQL 语句添加、修改、删除数据表中数据的方法。

 知识难点

利用 T-SQL 语句(INSERT、UPDATE)实现添加和修改数据表中的数据。

子任务 6.1 修改数据表

【子任务描述】

在网上商城系统数据库中添加一个商品类别表,并在商品信息表中添加一个类别编号字段,并设置该字段为外键,从而使商品信息表和商品类别表建立起关联。

【子任务实施】

一、知识基础

1. 修改数据表的 T-SQL 语句

```
ALTER TABLE [database_name.schema_name.]table_name
{
   ALTER COLUMN column_name
   {
   newdatatype[({precision [, decimal]})]
     [NULL|NOT NULL]
   }
    |ADD {<column definition>|<computed column>|<table constraint>}[, ...n]
   |DROP COLUMN {column_name}[, ...n]
   |DROP CONSTRAINT { constraint_name }[, ...n]
}
```

从语法格式上看，上面的 T-SQL 语句与 CREATE TABLE 语句很类似。

（1）database_name：数据库名称。
（2）schema_name：架构名称。
（3）table_name：表名称。
（4）ALTER COLUMN：修改表中某些列的属性。
（5）column_name：列名，即字段名称。
（6）newdatatype：新数据类型。
（7）precision：数据类型的精度。
（8）ADD：添加列或者添加表约束。
（9）DROP COLUMN：删除表中的某些列。
（10）DROP CONSTRAINT：删除表的某些约束。
（11）constraint_name：约束名称。

【例6.1】 修改商品表 shop_infor 的商品规格 sSpecification 字段，将其数据类型改为 nvarchar(50)，并且不允许为空，语句如下。

```
USE OnlineShopping
ALTER TABLE shop_infor
ALTER COLUMN sSpecification nvarchar(50) NOT NULL
```

执行结果如图 6.1 所示。 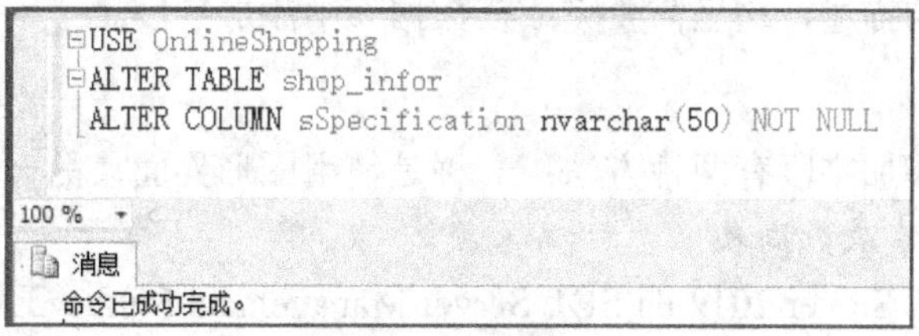

图 6.1 修改列的数据类型和约束

注意：当数据表中存在数据记录时，修改列的数据类型和约束应注意以下几点。

（1）字段修改后的数据类型必须和表中该字段已有数据相兼容，否则修改操作会失败，例如，如果将商品规格字段改为整型，则表中已有数据因无法转换成整数而造成修改操作失败。

（2）字段修改后的约束条件必须和表中该字段已有数据相一致，否则修改操作也会失败，例如，修改商品规格字段为非空，但是如果表中某些记录的商品规格字段值为 NULL，则会造成修改操作失败。

【例 6.2】删除用户表 shop_user 的电子邮箱 uEmail 字段，语句如下。
```
USE OnlineShopping
ALTER TABLE shop_user
DROP COLUMN uEmail
```
执行结果如图 6.2 所示。

注意：如果删除的字段是表的主键，而同时又有其他表的外键与该字段关联，那么一旦删除该字段，则主键表与其他外键表之间的关联也会一起删除。

图 6.2　删除数据表字段

2. 重命名数据表或字段的 T-SQL 语句
```
EXEC sp_rename {table_name|column_name},{newtable_name| newcolumn_name}
```
sp_rename：存储过程的名称，该存储过程的作用是实现数据表的重命名。

【例 6.3】重命名商品信息表为 shop_info，语句如下。
```
USE OnlineShopping
EXEC sp_rename 'shop_infor','shop_info'
```
执行结果如图 6.3 所示。

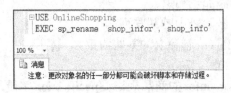

图 6.3　重命名数据表

二、实施过程

【子任务分析】

根据上述子任务的描述，这里需要完成在数据表中添加字段。

【子任务实施步骤】

实现在数据表中添加字段有两种方法：一种是使用图形界面，另一种是使用 T-SQL 命令。

1. 使用图形界面修改数据表

步骤 1：启动 SQL Server 2012 的 SQL Server Management Studio 工具。

步骤 2：在对象资源管理器中附加数据库 OnlineShopping。

步骤 3：在 OnlineShopping 数据库中新建一个商品类别表 shop_class，表结构如表 6.1 所示。

表 6.1　商品类别表 shop_class

字段名	数据类型	是否允许为空	说明	备注
ClassID	int	否	商品主分类编号	主键，自动编号
ClassCode	nvarchar（50）	否	商品主分类编码	
ClassName	nvarchar（50）	否	商品主分类名称	

步骤 4：在对象资源管理器中右击商品信息表 shop_infor，在弹出的快捷菜单中选择【设计】选项，在设计窗口中列出了表中的所有字段，在列表的最后添加一个 ClassID 字段，数据类型为 int，允许为空，如图 6.4 所示。

注意：添加字段时如果数据表已经存在记录，那么新添加的字段初始定义时必须是允许为空的，否则会导致添加字段失败。

步骤 5：设置 ClassID 为外键，使其与商品类别表 shop_class 的 ClassID 相关联，具体操作步骤参见子任务 4.2。

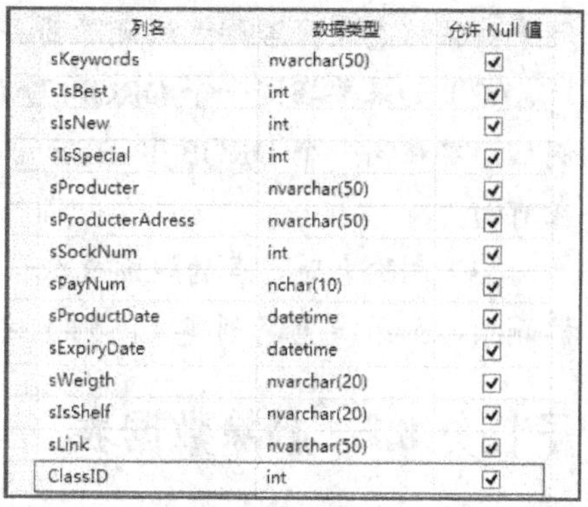

列名	数据类型	允许 Null 值
sKeywords	nvarchar(50)	☑
sIsBest	int	☑
sIsNew	int	☑
sIsSpecial	int	☑
sProducter	nvarchar(50)	☑
sProducterAdress	nvarchar(50)	☑
sSockNum	int	☑
sPayNum	nchar(10)	☑
sProductDate	datetime	☑
sExpiryDate	datetime	☑
sWeigth	nvarchar(20)	☑
sIsShelf	nvarchar(20)	☑
sLink	nvarchar(50)	☑
ClassID	int	☑

图 6.4　在表中添加字段

2. 编写 T-SQL 语句修改数据库属性

步骤 1：启动 SQL Server 2012 中的 SQL Server Management Studio 工具。

步骤 2：新建查询分析，在 SQL Server 2012 窗口中单击【新建查询】按钮，新的查询编辑窗口，如图 5.4 所示。

步骤 3：在查询编辑窗口中输入如下命令，创建商品类别表 shop_class，表结构如图 6.4 所示。

```
USE OnlineShopping
CREATE TABLE dbo.shop_class
(
   ClassID int NOT NULL IDENTITY(1, 1) CONSTRAINT pk_shopclass PRIMARY KEY,
   ClassCode nvarchar(50) NOT NULL,
   ClassName nvarchar(50) NOT NULL
)
```

执行结果如图 6.5 所示。

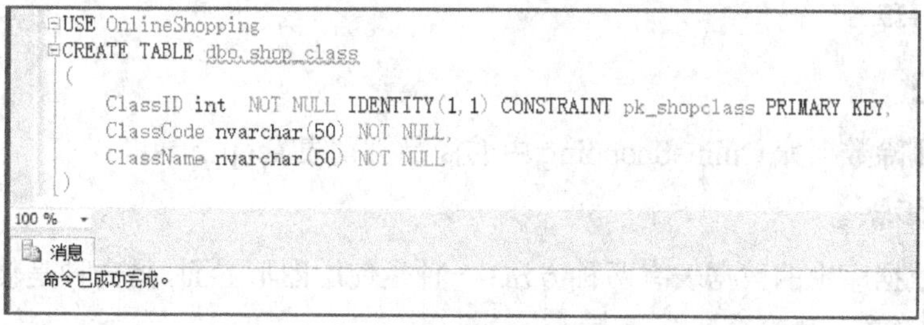

图 6.5　使用 T-SQL 语句创建商品类别表 shop_class

步骤 4：在查询编辑窗口中删除步骤 3 输入的 T-SQL 语句，输入如下命令。在商品信息表 shop_infor 中添加一个 ClassID 字段，并设置该字段为外键，与 shop_class 表中的 ClassID 字段相关联。

```
USE OnlineShopping
ALTER TABLE shop_infor
ADD ClassID int NULL FOREIGN KEY REFERENCES shop_class(ClassID)
```

执行结果如图 6.6 所示。

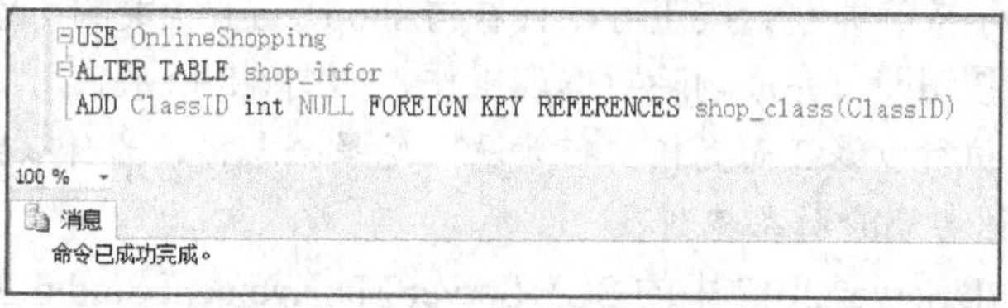

图 6.6　使用 T-SQL 语句在 shop_infor 表中添加 ClassID 字段并设置为外键

注意：

（1）如果要删除的表作为主键表被其他表引用，那么必须先删除这些外键约束或者先删除那些引用表，然后才能删除该表。例如，商品信息表 shop_infor 中的外键 ClassID 引用商品类别表 shop_class 中的主键 ClassID，如果要删除商品类别表则必须先删除这种引用关系或者先删除商品信息表，否则无法删除商品类别表。

（2）如果要在同一个 DROP TABLE 语句中删除引用表和主键表，则必须先列出引用表。例如，要在同一个 DROP TABLE 语句中删除商品信息表和商品类别表，则应把商品信息表放在前面。

（3）删除表时，表的规则或默认值将被解除绑定，与该表关联的所有约束或触发器将自动被删除，如果要重新创建表，则上述对象均需重新创建。

子任务 6.2　删除数据表

【子任务描述】

当某些数据表不再使用时，可以将其删除，以释放其占用的磁盘空间。

【子任务实施】

一、知识基础

删除数据表的 T-SQL 语句

```
DROP TABLE [database_name.schema_name.]table_name[,...n]
```

二、实施过程

【子任务分析】

本任务要删除数据库 OnlineShopping 中的商品类别表 shop_class。

【子任务实施步骤】

实现删除数据库中的数据表有两种方法：一种是使用图形界面，另一种是使用 T-SQL 命令。

1. 使用图形界面删除商品类别表

步骤 1：启动 SQL Server 2012 的 SQL Server Management Studio 工具。

步骤 2：在对象资源管理器中附加数据库 OnlineShopping。

步骤 3：在对象资源管理器中右击商品信息表 shop_infor，在弹出的快捷菜单中选择【设计】选项，在设计窗口中列出了表中的所有字段，右击列表中的 ClassID 字段，在弹出的快捷菜单中选择【删除列】选项，这时系统会提示一同删除与 shop_class 表的关系，单击【是】按钮，如图 6.7 所示。

步骤 4：在对象资源管理器中右击商品类别表 shop_class，在弹出的快捷菜单中选择【删除】选项，单击【显示依赖关系】按钮可以查看与 shop_class 相关的引用关系，单击删除对象窗口下方的【确定】按钮即可完成删除数据表操作，如图 6.8 所示。

想一想：如果不执行步骤 3 而直接执行步骤 4 结果会怎样，为什么？

2. 编写 T-SQL 语句删除商品类别表

步骤 1：启动 SQL Server 2012 中的 SQL Server Management Studio 工具。

步骤 2：新建查询分析，在 SQL Server 2012 窗口中，单击【新建查询】按钮，打开新的查询编辑窗口。

图 6.7 删除 shop_infor 数据表中的外键 ClassID　　图 6.8 使用 SSMS 删除商品类别表 shop_class

步骤 3：在查询编辑窗口中输入如下命令，创建商品类别表 shop_class。

```
USE OnlineShopping
ALTER TABLE shop_infor
DROP CONSTRAINT FK_shop_infor_shop_class

ALTER TABLE shop_infor
DROP COLUMN ClassID

DROP TABLE shop_class
```

执行结果如图 6.9 所示。

图 6.9 使用 T-SQL 语句删除商品类别表 shop_class

注意：必须先删除 shop_infor 表中的外键约束才能删除 ClassID 字段。

子任务 6.3　数据表数据的添加

【子任务描述】

数据库在使用过程中，数据表中的数据经常会发生变化，例如，用户在线购买商品时，会生成相应的订单信息，需要将其写入订单信息表中，这就用到了数据的添加操作。本任务的目标是学习使用 T-SQL 语句实现数据表数据的添加操作。

【子任务实施】

一、知识基础

1. INSERT 语句的基本语法结构

```
INSERT INTO table_name(column1, column2,…) VALUES(value1, value2,…)
```

（1）table_name：表名称。

（2）column1，column2…：需要插入数据的列，如果表中的每个字段都需要插入数据，则字段列表可以省略。

（3）value1，value2，…：值列表与前面的字段列表一一对应，如果省略字段列表，则意味着表中的每个列都需要数据，VALUES 后面的值列表次序与表中的字段序列一一对应。

（4）插入数据时，值的数据类型必须与所对应列的数据类型相匹配，否则会导致插入数据失败。

【例6.4】向商品品牌表 shop_brand 中插入一条记录，品牌名称为 SONY，品牌代码为 10585，是否推荐为 1，语句如下。

```
USE OnlineShopping
INSERT INTO shop_brand(bName, bCode, bIsRecomm)
VALUES('SONY', '10585', 1)
```

执行结果如图 6.10 所示。

图 6.10　使用 INSERT 语句向商品品牌表中插入一条记录

注意：

（1）由于 shop_brand 表的主键是自动编号的，因此插入记录时无需为该字段赋值。

（2）品牌名称和品牌代码两个字段都是 nvarchar 类型的字符串，因此值的两侧必须加单引号，这一点必须注意。

（3）由于没有为 sBrandID 和 bLogoPic 这两个字段赋值，因此表名后面必须指定字段列表。

（4）执行结果为 1 行受影响，说明成功添加了一条记录。

2. 使用 INSERT INTO...SELECT 语句插入数据

```
INSERT INTO table_name (column1,column2,...)
SELECT 子句
```

（1）该语句的作用是将 SELECT 语句查询的记录一次性插入到表中，它可以实现记录的批量插入。

（2）使用时要注意 SELECT 语句查询的字段数量必须与表名称后面的列数一致，并且字段的数据类型也必须相匹配。

二、实施过程

【子任务分析】

本任务要先新建一个数据表 shop_usersales，用来存放每个用户的交易总额，然后使用 INSERT 语句将所有用户的交易额批量插入到该表中。

【子任务实施步骤】

步骤 1：启动 SQL Server 2012 中的 SQL Server Management Studio 工具。

步骤 2：新建查询分析，在 SQL Server 2012 窗口中单击【新建查询】按钮，打开新的查询编辑窗口，如图 5.4 所示。

步骤 3：在查询编辑窗口中输入如下命令，创建 shop_usersales 表。

```
USE OnlineShopping
CREATE TABLE shop_usersales
(
    RecordID int NOT NULL IDENTITY(1, 1) CONSTRAINT pk_shopusersales PRIMARY KEY,
    userID int NOT NULL FOREIGN KEY REFERENCES shop_user(userID),
    totalammount money NOT NULL
)
```

执行结果如图 6.11 所示。

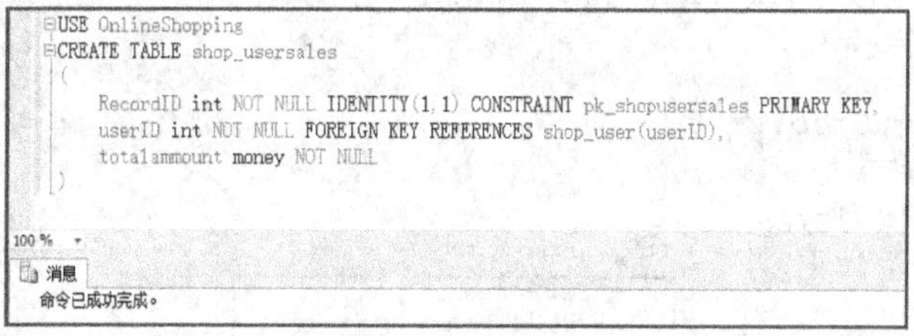

图 6.11　新建表 shop_usersales

步骤 4：在查询编辑窗口中输入如下命令，插入所有用户的交易总额记录。

```
USE OnlineShopping
INSERT INTO shop_usersales(userID, totalammount)
SELECT shop_user.userID, shop_user.uTradAmount
FROM shop_user
```

执行结果如图 6.12 所示。

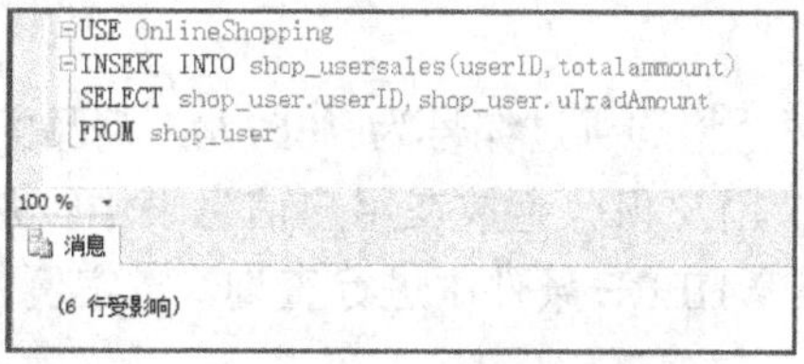

图 6.12　向 shop_usersales 表中插入记录

子任务 6.4　数据表数据的修改

【子任务描述】

数据库在使用过程中，数据表中的数据经常会发生变化，例如，商品的价格发生改变，这就用到了数据的更新操作。本任务的目标是学习使用 T-SQL 语句实现数据表数据的更新操作。

【子任务实施】

一、知识基础

UPDATE 语句的语法结构

```
UPDATE table_name SET column_name = value[, ...n]    [WHERE search_conditions]
```

（1）该语句的功能是对满足条件的记录进行更新，其中 WHERE 子句是可选的，其语法格式参见 SELECT 语句中的 WHERE 子句，如果不加条件，则对所有记录进行更新。

（2）一条 UPDATE 语句可以同时对多个列进行更新，中间用逗号分开。

【例 6.5】将所有用户的积分增加 50，语句如下。

```
USE OnlineShopping
UPDATE shop_user
SET uCredit=uCredit+50
```

执行结果如图 6.13 所示。

图 6.13　使用 UPDATE 语句更新所有记录

【例 6.6】将 VIP 用户的积分增加 50，语句如下。
```
USE OnlineShopping
UPDATE shop_user
SET uCredit=uCredit+50
WHERE uIsVIP=1
```
执行结果如图 6.14 所示。

图 6.14　使用 UPDATE 语句更新 VIP 用户的积分

二、实施过程

【子任务分析】

本任务要完成下面的案例：将购买过编号为 1057747 商品的用户的积分增加 50。完成这个更新操作的主要思路如下：用户积分存放在用户信息表中，那么如何知道哪些用户购买过 1057747 号商品呢？这需要在 WHERE 条件中进行查询。本案例的 WHERE 子句涉及前面学过的嵌套查询和连接查询。

【子任务实施步骤】

步骤 1：启动 SQL Server 2012 中的 SQL Server Management Studio 工具。

步骤 2：新建查询分析，在 SQL Server 2012 窗口中单击【新建查询】按钮，打开新的查询编辑窗口，如图 5.4 所示。

步骤 3：在查询编辑窗口中输入如下命令。
```
USE OnlineShopping
UPDATE shop_user
SET uCredit=uCredit+50
WHERE userID IN(SELECT userID FROM shop_Order INNER JOIN shop_infor
ON shop_Order.shopID=shop_infor.shopID where
shop_infor.sCode='1057747')
```
执行结果如图 6.15 所示。

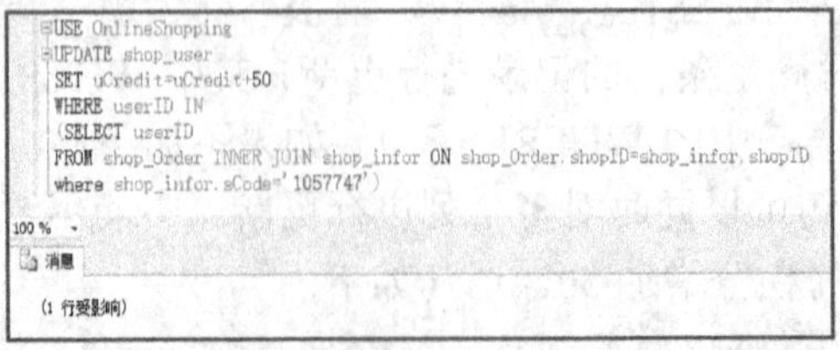

图 6.15　使用 UPDATE 语句更新符合条件的用户积分

子任务 6.5　数据表数据的删除

【子任务描述】

数据库在使用过程中，数据表中一些不再使用的数据需要删除，以尽量减少占用磁盘空间。本任务的目标是学习使用 T-SQL 语句实现数据表数据的删除操作。

【子任务实施】

一、知识基础

1. DELETE 语句的语法结构

```
DELETE FROM table_name [WHERE search_conditions]
```

（1）该语句的功能是删除满足条件的记录，其中 WHERE 子句是可选的，其语法格式参见 SELECT 语句中的 WHERE 子句，如果不加条件，则删除表中的所有记录。

（2）**search_conditions**：查询条件。

【例 6.7】使用 delete 语句删除发货单数据表 shop_invoice 中收货人为"王一"的所有记录，语句如下。

```
USE OnlineShopping
DELETE FROM shop_Invoice
WHERE rPName='王一'
```

执行结果如图 6.16 所示。

图 6.16　使用 DELETE 语句删除数据表中符合条件的记录

2. TRUNCATE 语句的语法结构

```
TRUNCATE TABLE table_name
```

该语句的功能相当于不带 WHERE 子句的 DELETE 语句，即删除表中的所有记录，但是该语句的执行效率更高，而且占用系统资源和系统日志资源更少。

【例 6.8】使用 TRUNCATE 语句删除发货单数据表 shop_invoice 中的所有记录，语句如下。

```
USE OnlineShopping
TRUNCATE TABLE shop_invoice
```

执行结果如图 6.17 所示。

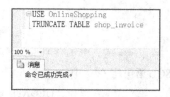

图 6.17　使用 TRUNCATE 语句删除数据表中所有记录

3. 数据完整性问题

如果一个表 A 的主键是表 B 的外键，那么修改表 A 的主键或者删除表 A 中的某些记录都会导致表 B 中一些记录的外键找不到表 A 中与之对应的主键，从而引发数据的参照完整性出现问题。解决这一问题可以采用级联删除和级联更新方法。

所谓级联删除，就是指如果删除主键表中的某些记录，那么外键表中引用主键表中被删除的主键的记录也会一同被删除。例如，如果在商品信息表 shop_infor 中删除了某些商品的信息，那么订单表 shop_order 中与被删除商品有关的记录也会随之删除。这一办法虽然可以保证数据的参照完整性不被破坏，但是在实际系统开发中也存在弊端，因为很多有用的数据会被一同删除。因此，在很多时候，如果删除某一个表的记录会导致数据不一致的问题，则系统会自动提示并阻止删除操作。究竟采用何种方法处理，完全取决于系统的业务需要。

级联更新类似于级联删除，就是如果修改主键表中某些记录的主键值，那么外键表中引用主键表中被修改的主键的记录也会一同被更新。因此，在选择一个表的主键时，尽量选择那些不具有任何具体业务意义的仅起到标识记录作用的字段。例如，在商品信息表 shop_infor 中，选择自动编号字段作为主键，而不选择具有业务含义的商品编码做作为主键。

二、实施过程

【子任务分析】

本任务要完成下面的案例：从商品品牌表 shop_brand 中，删除从未被用户订购过的品牌记录。要完成这个删除操作的主要思路如下：在 WHERE 子句中查询出未被订购过的品牌 ID，本案例的 WHERE 子句涉及前面学过的嵌套查询和连接查询，详见任务 7。

【子任务实施步骤】

步骤 1：启动 SQL Server 2012 中的 SQL Server Management Studio 工具。

步骤 2：新建查询分析，在 SQL Server 2012 窗口中单击【新建查询】按钮，打开新的查询编辑窗口，如图 5.4 所示。

步骤 3：在查询编辑窗口中输入如下命令。

```
USE OnlineShopping
DELETE FROM shop_Brand
WHERE sbrandID NOT IN(SELECT sbrandID FROM shop_infor INNER JOIN
shop_Order ON shop_infor.shopID=shop_Order.shopID)
```

执行结果如图 6.18 所示。

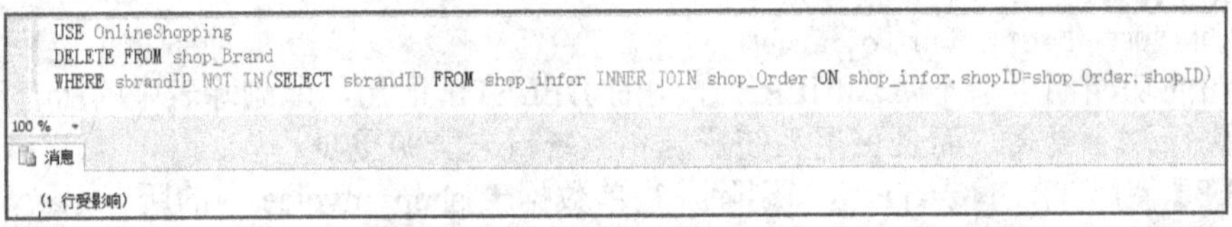

图 6.18 使用 DELETE 语句删除符合条件的记录

课堂练习

一、选择题

1. 修改数据表的结构应使用的 SQL 语句是（   ）。
   A. ALTER TABLE　　　　　　　　B. UPDATE TABLE
   C. DROP TABLE　　　　　　　　 D. MODIFY TABLE
2. 重命名数据表或字段名可以使用的存储过程是（   ）。
   A. sp_renamedb　　B. xp_renamedb　　C. sp_rename　　D. xp_rename
3. 删除数据表应使用的 SQL 语句是（   ）。
   A. ALTER TABLE　　　　　　　　B. DELETE TABLE
   C. DROP TABLE　　　　　　　　D. MODIFY TABLE
4. 向数据表中插入数据应使用的 SQL 语句是（   ）。

A. ADD　　　　B. INSERT　　　　C. DELETE　　　　D. UPDATE
5. 修改数据表中的数据应使用的 SQL 语句是（　　）。
　　A. ADD　　　　B. INSERT　　　　C. DELETE　　　　D. UPDATE
6. 删除数据表中的数据应使用的 SQL 语句是（　　）。
　　A. ADD　　　　B. INSERT　　　　C. DELETE　　　　D. UPDATE

二、填空题

1. 使用 SQL 语句修改数据表时，修改某个列的类型应该使用的命令为＿＿＿＿。
2. 使用 SQL 语句修改数据表时，删除某个列应该使用的命令为＿＿＿＿。
3. 使用 SQL 语句修改数据表时，添加某个列应该使用的命令为＿＿＿＿。
4. 使用 SQL 语句修改数据表时，删除某个列的一个约束条件应该使用的命令为＿＿＿＿。
5. 如果在使用 INSERT 命令时一次性插入多条记录，则应在 INSERT 命令后编写＿＿＿＿命令。

三、简单题

1. 数据表中的数据在进行更新和删除操作时应该注意什么问题？什么是级联更新和级联删除？
2. TRUNCATE 语句的作用是什么？它与 DELETE 语句有什么区别？
3. 如何判断 INSERT 命令和 DELETE 命令是否执行成功？
4. 什么是数据参照完整性？如何实现数据的参照完整性？
5. 向数据表中添加数据时应注意哪些问题？

实践与实训

1. 向数据库 OnlineShopping 的订单表 shop_Order 中添加一个名为 unitprice 的列，其类型为 money；添加成功后，再删除该列。
2. 向数据库 OnlineShopping 的订单表 shop_Order 中添加一个外键约束，使该表中的 userid 字段参考用户表 shop_user 中的主键 userid。
3. 向数据库 OnlineShopping 的省份表 shop_Province 中添加一条记录：省份代码为 10000021；省份名称为云南省。
4. 修改数据库 OnlineShopping 的用户表 shop_user，将消费总金额最高的用户的积分加 100。
5. 删除数据库 OnlineShopping 商品信息表 shop_infor 中从未被订购过的商品信息。

任务总结

　　本任务以网上商城数据库 OnlineShopping 为例，讲解了如何使用 SSMS 工具及编写 T-SQL 语句两种方法完成对数据表的管理，主要包括以下两个方面的操作：第一，重命名数据表、修改数据表的设计结构和删除数据表；第二，添加、修改和删除数据表中的数据。

模块三 数据库应用

任务 7 表数据查询

任务描述

本任务在实际项目应用中非常广泛。在大部分项目中,无一例外地需要用到查询功能。在网上商城系统中表的查询语句可以说无处不在。

在网上商城中,所有用户主要角色可以分为卖家、买家和管理员。有的用户通常会根据需要输入商品关键字查找商品信息,有的用户需要查看个人信息,有的用户需要查询订单状态,有的用户(如卖家)想查询购买其商品的用户信息或者查询其商品在某个省份的销售情况。在网上商城中,有些用户(如卖家)在节日里通常会搞一些营销活动,卖家往往希望能够根据需要统一调整商品的价格。在网上商城系统中,避免不了发生退货的情况,此时需要取消生成的订单。这些功能均需要借助表数据的查询操作来实现。

知识重点

(1)熟练掌握单表数据查询的用法。
(2)熟练掌握连接查询和嵌套查询的用法。
(3)熟练掌握连接查询与嵌套查询的混合用法。

知识难点

(1)外连接的用法。
(2)IN 子句和 EXIST 子句的使用。

子任务 7.1 单表查询

【子任务描述】

在网上商城中面对大量商品,用户可以根据需要输入商品关键字查找商品信息。如果用户需要查看用户的注册信息,则可以输入用户账户和密码来查看个人信息。

【子任务实施】

一、知识基础

数据查询是数据库的主要应用之一。数据查询是指在大量数据中查找到符合给定条件的数据。数据库中表数据的查询通常通过 SQL 语言来实现。

1. SELECT 语句

查询操作是数据库中的一个频繁操作,也是一个重要操作,SQL 中提供了 SELECT 语句实现对数据的查询。例如：
```
SELECT * FROM shop_infor
```
其含义是查询 shop_infor 表中所有的数据，*代表所有数据。

SELECT 语句的简单查询的语法格式如下。
```
SELECT [ALL|DISTINCT] select_list
FROM table_source
[WHERE search_conditions]
[GROUP BY group_expression]
[HAVING search_conditions]
[ORDER BY order_expression [ASC|DESC]]
```

其语法格式中用"[]"括起来的部分表示可选，即在语句中根据实际需要选择使用，其中的参数简要介绍如下。

（1）SELECT 子句：用来指定由查询返回的列。

（2）ALL|DISTINCT：用来表示查询结果中是否显示相同记录。

（3）select_list：用来在结果中显示的列，多个列间用逗号（英文半角字符）隔开。

（4）FROM table_source：用来指定数据表。

（5）WHERE search_conditions：用来指定搜索到的数据符合的条件。

（6）GROUP BY group_expression：用来指定查询结果的分组条件。

（7）HAVING search_conditions：用来指定统计组的搜索条件。

（8）ORDER BY order_expression [ASC|DESC]：用来指定查询结果的排序方式。

在输入 SELECT 语句时，每个单词使用空格隔开，如用"□"表示空格，则查询语句 SELECT * FROM shop_infor 可以表示为"SELECT□*□FROM□shop_infor"。

2. 使用 DISTINCT 消除重复值

在 SELECT 之后使用 DISTINCT，会将搜索到的数据中列值相同的行清除。

【例 7.1】在商品表 shop_infor 中搜索商品的厂家信息，语句如下：
```
USE OnlineShopping
SELECT sProducter
FROM shop_infor
```
执行结果如图 7.1 所示，从图中可以看到相同的记录出现了多次，使用 DISTINCT 可以清除结果集中的重复值，语句如下。

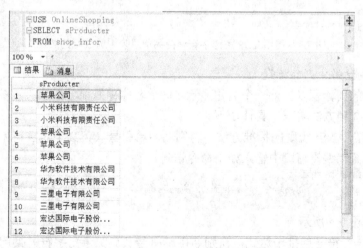

图 7.1　使用查询语句查询商品厂商信息

```
USE OnlineShopping
SELECT DISTINCT sProducter
FROM shop_infor
```

执行结果如图 7.2 所示。

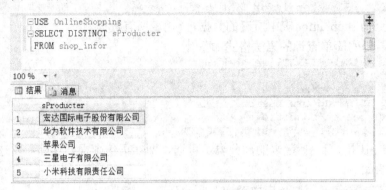

图 7.2　使用 DISTINCT 关键字消除列值相同的行

3. TOP 返回指定行数

TOP 关键字用来只显示查询结果指定的行数的数据，语法格式如下。

```
SELECT TOP n [ *|column] FROM table
```

其含义为查询 table 表中的前 n 行数据，其中，*代表所有列值，column 代表指定列值。

【例如 7.2】查询商品信息表 shop_infor 中的前 5 行数据，语句如下。

```
USE OnlineShopping
SELECT TOP 5*
FROM shop_infor
```

执行结果如图 7.3 所示。

图 7.3　使用 TOP 关键字查询商品信息表中前 5 行的数据

4. 修改查询结果中列的标题

将查询结果的列标题以另外一个名称显示，这个名称称为别名。以别名修改查询结果中列的标题可以采用 3 种方法实现，具体如下。

（1）采用符合 ANSI 规则的标准方法，将别名用单引号（英文半角字符）括起来，写在列名的后面。如在查询编辑窗口中输入如下命令语句。

```
USE OnlineShopping
SELECT shopID '商品编号', sName '商品名称', sMarketPrice '商品市场价格'
FROM shop_infor
```

执行结果如图 7.4 所示。

（2）使用"="符号连接表达式，将别名用单引号（英文半角字符）括起来，写在等号的前面，再将查询的列名写在等号的后面。如在查询编辑窗口中输入如下命令语句。

```
USE OnlineShopping
SELECT '商品编号'=shopID, '商品名称'=sName,'商品市场价格'=sMarketPrice
FROM shop_infor
```

执行结果如图 7.4 所示。

（3）使用 AS 连接表达式和别名。如在查询编辑窗口中输入如下命令语句。

```
USE OnlineShopping
SELECT shopID AS '商品编号', sName AS'商品名称', sMarketPrice AS'商品市场价格'
FROM shop_infor
```

执行结果如图 7.4 所示。

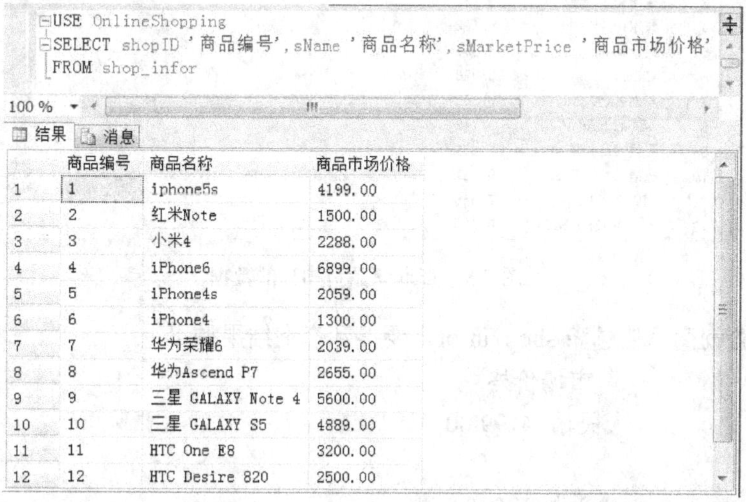
USE OnlineShopping
SELECT shopID '商品编号',sName '商品名称',sMarketPrice '商品市场价格'
FROM shop_infor
100 %
结果
消息
商品编号 商品名称 商品市场价格
1 1 iphone5s 4199.00
2 2 红米Note 1500.00
3 3 小米4 2288.00
4 4 iPhone6 6899.00
5 5 iPhone4s 2059.00
6 6 iPhone4 1300.00
7 7 华为荣耀6 2039.00
8 8 华为Ascend P7 2655.00
9 9 三星 GALAXY Note 4 5600.00
10 10 三星 GALAXY S5 4889.00
11 11 HTC One E8 3200.00
12 12 HTC Desire 820 2500.00

图 7.4 修改查询结果中列的标题

注意：（1）SQL Server 2008 以前版本需要在列名和别名间加空格，且中文别名加英文半角字符的单引号。

（2）在 SQL Server 2012（确切是 2008 及其以后版本）中，当引用中文别名时，可以使用空格隔开而不加引号，但是当加引号时，一定要使用英文半角字符，否则会出错。

（3）这三种方法可以在一条命令中同时使用，得到的结果相同。

5. 查询计算列

通过 SELECT 语句可以实现某些列的计算而得到结果数据。

【例 7.3】查询 OnlineShopping 数据库中商品信息表 shop_infor 中的“商品名称”及“商品折扣”。

在日常生活中，商品折扣的计算方法如下：商品折扣=商品折后价格/商品的市场价格*10，在数据库 shop_infor 中，sDiscountPrice 字段表示商品的折后价格，sMarketPrice 字段表示商品的市场价格，因此可以在查询编辑窗口中输入如下命令语句。

```
USE OnlineShopping
SELECT sName '商品名称', sDiscountPrice/sMarketPrice*10 AS '商品折扣'
FROM shop_infor
```

执行结果如图 7.5 所示。

在 SELECT 语法格式中 select_list 可以是一个表达式，通过表达式的结果显示列值，如上面提到的表达式 sDiscountPrice/sMarketPrice*10。在表达式中可以使用“+”、“ - ”、“*”、“/”等基本运算符，也可以使用按照位进行计算的逻辑运算符。

想一想：在用户表中，根据用户的年龄，如何获得用户出生的年份？

6. 在查询结果中显示字符串

在一些查询结果中，如果需要增加一些字符串，则可以将要添加的字符串用单引号括起来，和列名放在一起，用空格隔开。

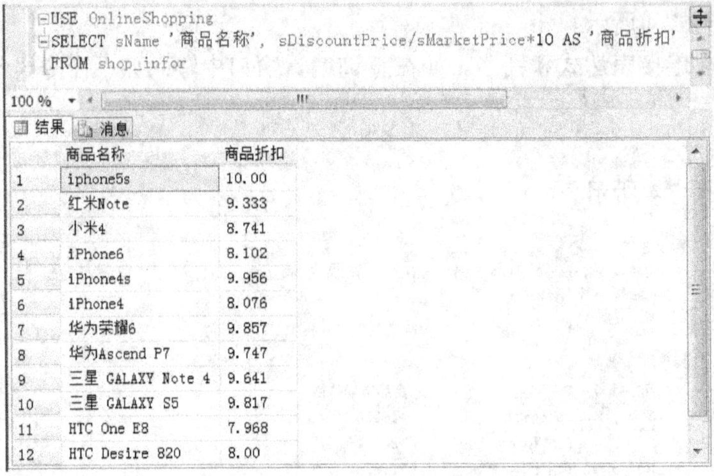

图 7.5　查询商品折扣列的数据

【例 7.4】查询商品信息表 shop_infor，要得到查询结果如下。

商品名称　　　　　市场价格
Iphone5s　　　　　人民币　4199.00
……

则可以在查询编辑窗口中输入如下命令。
```
USE OnlineShopping
SELECT sName AS'商品名称'，'人民币'，sMarketPrice AS '商品市场价格'
FROM shop_infor
```
执行结果如图 7.6 所示。

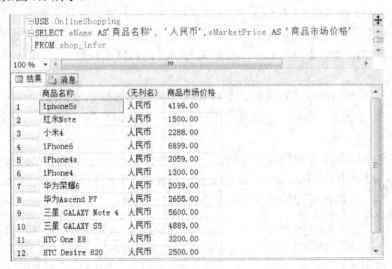

图 7.6　查询结果中显示字符串"人民币"的数据

7. 使用 WHERE 子句限制查询条件

在对数据库进行查询时，用户只需要显示满足某些条件关系的数据，此时可以使用 WHERE 子句指定条件关系。WHERE 子句的条件关系有以下几种。

1）比较关系

运用比较运算符可以实现对条件关系的限定。常用的比较关系运算符有：=（等于）、>（大于）、>=（大于等于）、<（小于）、<=（小于等于）、<>（不等于）和！=（不等于）。

【例 7.5】查询数据库 OnlineShopping 的用户表 shop_user 中登录次数超过 10 次的用户。
在查询编辑窗口中输入如下命令。
```
SELECT uName '用户账户'，uLoginNum '登录次数'
FROM shop_user
WHERE uLoginNum>10
```
执行结果如图 7.7 所示。

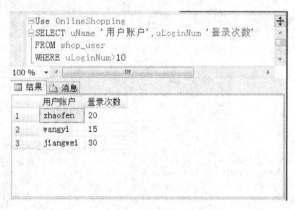

图 7.7　查询登录次数超过 10 次的用户数据

【例 7.6】查询数据库 OnlineShopping 的用户表 shop_user 中用户账号为 "jiangwei" 的用户信息。

在查询编辑窗口中输入如下命令。
```
SELECT *
FROM shop_user
WHERE uName='jiangwei'
```
执行结果如图 7.8 所示。

图 7.8　查询指定用户账户的用户信息

提示：在 SQL Server 2012 中，比较运算符可以连接几乎所有的数据类型，但要求运算符两侧的数据类型必须一致。当数据类型不作为数字类型处理时，一定要将运算符后面的文字用单引号括起来。例如，例 7.6 中的用户账户是 nvarchar 类型，所以在等号后输入 'jiangwei'。

2）逻辑关系

逻辑运算符一般用于连接多个查询条件。常用的逻辑运算符有 AND（与）、OR（或）和 NOT（非）。具体含义如下。

（1）AND：连接的所有条件均成立时，返回结果集；
（2）OR：连接的条件中任意一个成立时，返回结果集；

(3) NOT：条件不成立时，返回结果集。

【例 7.7】查询数据库 OnlineShopping 的用户表 shop_user 中性别为"男"且年龄超过 20 岁的用户信息。

在用户表 shop_user 中，uSex 字段为整型，1 代表男，2 代表女，因此可以在查询编辑窗口中输入如下命令。

```
SELECT *
FROM shop_user
WHERE uSex=1 AND uAge>20
```

执行结果如图 7.9 所示。

图 7.9　使用 AND 运算符查询用户信息

【例 7.8】查询数据库 OnlineShopping 的用户表 shop_user 中用户为 VIP 会员或者登录次数超过 10 次的用户账户、是否为 VIP、用户登录次数和用户邮箱等信息。

在用户表 shop_user 中，uIsVIP 字段为整型，1 代表是会员，0 代表不是会员，因此可以在查询编辑窗口中输入如下命令。

```
SELECT uName AS '用户账户',uIsVIP AS '是否为VIP会员',uLoginNum AS '登录次数',
uEmail AS '用户邮箱'
FROM shop_user
WHERE uIsVIP=1 OR uLoginNum>10
```

执行结果如图 7.10 所示。

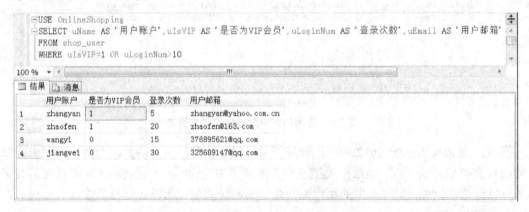

图 7.10　使用 OR 运算符查询用户信息

【例 7.9】查询数据库 OnlineShopping 的用户表 shop_user 中用户不是 VIP 会员的用户账户、是否为 VIP、用户登录次数和用户邮箱等信息。

在查询编辑窗口中输入如下命令。

```
SELECT uName AS '用户账户', uIsVIP AS '是否为VIP会员', uLoginNum AS '登录次数',
       uEmail AS '用户邮箱'
FROM shop_user
WHERE NOT uIsVIP=1
```

执行结果如图 7.11 所示。

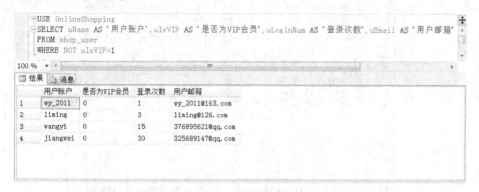

图 7.11 使用 NOT 运算符查询用户信息

3）区域范围

区域范围运算符主要用于获得指定范围内的数据信息，主要的区域运算符包括 BETWEEN…AND 和 NOT BETWEEN…AND。

（1）BETWEEN…AND：在指定范围内时，返回结果集。

（2）NOT BETWEEN…AND：不在指定范围内时，返回结果集。

【例 7.10】查询数据库 OnlineShopping 的用户表 shop_user 中用户注册时间 uAddDate 在 2014-1-1 和 2015-1-1 之间的用户账户和用户注册时间等信息。

在查询编辑窗口中输入如下命令。

```
USE OnlineShopping
SELECT uName '用户账户', uAddDate '用户注册时间'
FROM shop_user
WHERE uAddDate BETWEEN '2014-01-01' AND '2015-01-01'
```

执行结果如图 7.12 所示。

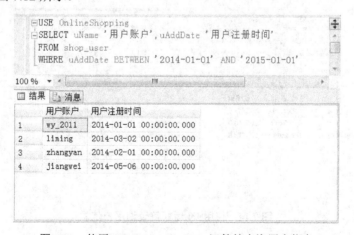

图 7.12 使用 BETWEEN…AND 运算符查询用户信息

【例 7.11】查询数据库 OnlineShopping 的用户表 shop_user 中用户注册时间 uAddDate 不在 2014-1-1 和 2015-1-1 之间的用户账户和用户注册时间等信息。

在查询编辑窗口中输入如下命令。

```
USE OnlineShopping
```

```
SELECT uName '用户账户',uAddDate '用户注册时间'
FROM shop_user
WHERE uAddDate NOT BETWEEN '2014-01-01' AND '2015-01-01'
```
执行结果如图 7.13 所示。

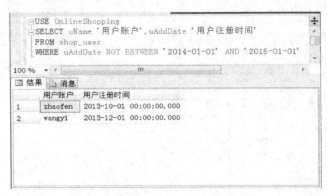

图 7.13 使用 NOT BETWEEN…AND 运算符查询用户信息

4）列表

列表运算符主要用于获得在指定集合的列表值范围内的数据信息，主要运算符包括 IN 和 NOT IN。

（1）IN：在指定集合的列表值范围内时，返回结果集。

（2）NOT IN：不在指定集合的列表值范围内时，返回结果集。

其中，在列表值的集合中，多个列表值之间使用逗号（英文半角字符）隔开。

【例 7.12】查询数据库 OnlineShopping 的商品信息表 shop_infor 中商品编码 sCode 是 1057746、1057810、1057748 的商品名称和商品编码等信息。

在查询编辑窗口中输入如下命令：

```
USE OnlineShopping
SELECT sName '商品名称',sCode '商品编码'
FROM shop_infor
WHERE sCode IN( '1057746', '1057810','1057748')
```
执行结果如图 7.14 所示。

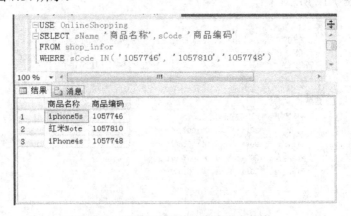

图 7.14 使用 IN 运算符查询用户信息

【例 7.13】查询数据库 OnlineShopping 的商品信息表 shop_infor 中商品编码 sCode 不是 1057746、1057810、1057748 的商品名称和商品编码等信息。

在查询编辑窗口中输入如下命令：

```
USE OnlineShopping
SELECT sName '商品名称',sCode '商品编码'
FROM shop_infor
```

```
WHERE sCode NOT IN( '1057746', '1057810','1057748')
```
执行结果如图 7.15 所示。

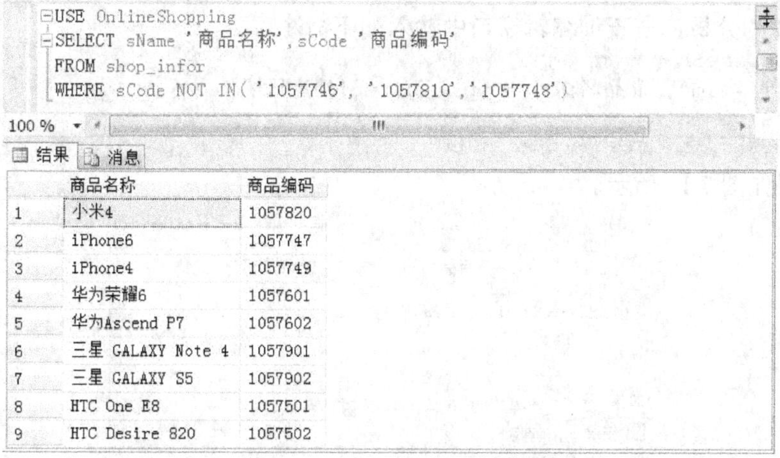

图 7.15 使用 NOT IN 运算符查询用户信息

提示：在 SQL Server 2012 中，在 WHERE 子句中使用列表运算符时，当列表值为 NULL 时，无法得到正确结果。要获得值为 NULL 的项要使用 IS NULL，IS NULL 的使用方法在后面会详细讲解。

8. 获得值为 NULL 或者值不为 NULL 的项

当用户需要查找值为 NULL 的项时，可以在 WHERE 子句中使用 IS NULL 夹获得数据库中值为 NULL 的项，反之，使用 IS NOT NULL 可以获得值不为 NULL 的项。

【例 7.14】查询数据库 OnlineShopping 的商品信息表 shop_infor 中商品停产日期为空的商品名称和商品停产日期等信息。

在数据库 OnlineShopping 的商品信息表 shop_infor 中属性 sExpriyDate 是有效截止期，对于药品来说可以是药品的有效期，对于电子产品或书籍来说可以是产品的停产日期或停止印刷日期。

在查询编辑窗口中输入如下命令。
```
USE OnlineShopping
SELECT sName '商品名称', sExpiryDate '停产日期'
FROM shop_infor
WHERE sExpiryDate IS NULL
```
执行结果如图 7.16 所示。

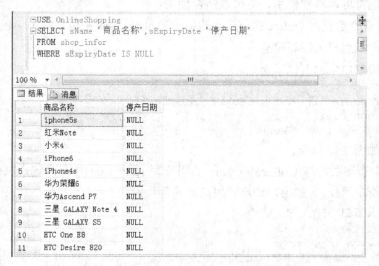

图 7.16 使用 IS NULL 查询商品信息值为 NULL 的项

【例7.15】查询数据库OnlineShopping的商品信息表shop_infor中商品停产日期不为空的商品名称和商品停产日期等信息。

同例7.14的分析,在查询编辑窗口中输入如下命令。

```
USE OnlineShopping
SELECT sName '商品名称',sExpiryDate '停产日期'
FROM shop_infor
WHERE sExpiryDate IS NOT NULL
```

执行结果如图7.17所示。

图7.17 使用IS NOT NULL查询商品信息值为NULL的项

9. 使用LIKE查询与给定某些字符串匹配的数据

在获得数据信息时,有时不是确定的值,而是某类模糊的值,如查询用户账户信息中包括部分字符串为"ang"的信息,用上面介绍的方法不能解决这样的问题,这里采用LINK实现该查询。

在WHERE子句中使用LIKE对数据库中的数据进行模糊查询。在SQL Server 2012中通常采用通配符连同字符或字符串一起用单引号(英文半角字符)括起来使用,常用的通配符包括如下两种

(1)%:表示任意长度的字符串。

(2)_:表示任意单个字符,该符号为英文半角字符的下画线。

这两种通配符可以单独使用,也可以结合使用。

【例7.16】查询数据库OnlineShopping的用户表shop_user中用户账户中包括字符串"ang"在内的用户账户和用户邮箱等信息。

在查询编辑窗口中输入如下命令。

```
USE OnlineShopping
SELECT uName '用户账户', uEmail '用户邮箱'
FROM shop_user
WHERE uName LIKE '%ang%'
```

执行结果如图7.18所示。

【例7.17】查询数据库OnlineShopping的用户表shop_user中用户账户以任意一个字符开头,且包括字符串"ang"的用户账户和用户邮箱等信息。

在查询编辑窗口中输入如下命令。

```
USE OnlineShopping
USE OnlineShopping
SELECT uName '用户账户', uEmail '用户邮箱'
FROM shop_user
```

```
WHERE uName LIKE '_ang%'
```
执行结果如图 7.19 所示。

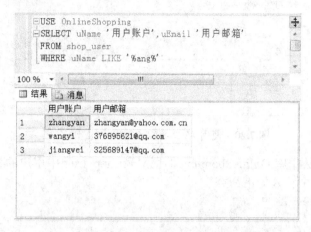

图 7.18　使用通配符%模糊查询用户账户信息

图 7.19　使用通配符_和%模糊查询用户账户信息

10. 使用常用的聚合函数

聚合函数对一组值计算后返回单个值。聚合函数均为确定性函数，在任何时候使用一组相同的输入值调用聚合函数执行后的返回值都是相同的，即无二义性。常用的聚合函数如下。

1) 平均值函数 AVG()

该函数用于计算精确型或近似型数据类型的平均值。除 bit 类型外，忽略 NULL 值。其语法格式如下。

```
AVG([ALL|DISTINCT] expression)
```

其中，ALL 和 DISTINCT 同 SELECT 查询语句中的含义；表达式 expression 的内部不允许使用子查询和其他聚合函数。

【例 7.18】查询数据库 OnlineShopping 的用户表 shop_user 中用户的平均年龄。

在查询编辑窗口中输入如下命令。

```
USE OnlineShopping
SELECT AVG(uAge) AS '平均年龄'
FROM shop_user
```

执行结果如图 7.20 所示。

2) 最大值函数 MAX()

MAX 函数用于计算最大值，忽略 NULL 值。MAX 函数可以使用于 numeric、char、varchar、money、smallmoney 或 datetime 列，但不能用于 bit 列。其语法格式如下。

```
MAX([ALL|DISTINCT] expression)
```

其中的参数要求同 AVG 函数。

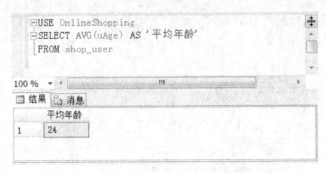

图 7.20 使用 AVG 函数计算用户的平均年龄

【例 7.19】查询数据库 OnlineShopping 的用户表 shop_user 中用户的最高年龄。
在查询编辑窗口中输入如下命令。
```
USE OnlineShopping
SELECT MAX(uAge) AS '最高年龄'
FROM shop_user
```
执行结果如图 7.21 所示。

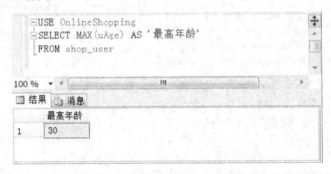

图 7.21 使用 MAX 函数计算用户的最高年龄

3）最小值函数 MIN()

MIN 函数用于计算最小值，忽略 NULL 值。MIN 函数可以使用于 numeric、char、varchar、money、smallmoney 或 datetime 列，但不能用于 bit 列。其语法格式如下。
```
MIN([ALL|DISTINCT] expression)
```
其中的参数要求同 AVG 函数。

【例 7.20】查询数据库 OnlineShopping 的用户表 shop_user 中用户的最小年龄。
在查询编辑窗口中输入如下命令。
```
USE OnlineShopping
SELECT MAX(uAge) AS '最低年龄'
FROM shop_user
```
执行结果如图 7.22 所示。

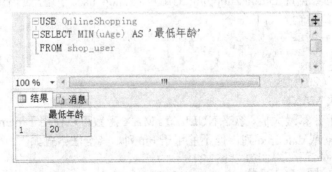

图 7.22 使用 MIN 函数计算用户的最低年龄

4）和值函数 SUM()

该函数用于计算精确型或近似型数据类型的和值，忽略 NULL 值，但不能用于 bit 列。其语法格式如下：

```
SUM([ALL|DISTINCT] expression)
```

其中的参数要求同 AVG 函数。

【例 7.21】查询数据库 OnlineShopping 的用户表 shop_user 中用户的年龄总和。

在查询编辑窗口中输入如下命令。

```
USE OnlineShopping
SELECT SUM(uAge) AS '年龄总和'
FROM shop_user
```

执行结果如图 7.23 所示。

图 7.23　使用 SUM 函数计算用户的年龄总和

5）统计项数值 COUNT()

该函数用于计算满足条件的数据项数，返回 int 数据类型的值。其语法格式如下：

```
COUNT([[ALL|DISTINCT] expression]|*)
```

常见方法说明如下。

（1）COUNT（*）：表示返回所有的项数，包括 NULL 值和重复项。

（2）COUNT（ALL expression）：表示返回非空的项数，包括重复项。

（3）COUNT（DISTINCT expression）：表示返回唯一非空的项数，即不包括重复项。

注意：

（1）除了 COUNT（*）函数外，其他任何聚合函数都会忽略 NULL 值，也就是说，AVG() 参数中的值如果为 NULL，则这一行会被忽略，如计算平均值；

（2）COUNT（字段名），如果字段名为 NULL，则 COUNT 函数不会统计。例如，若 COUNT（uname）中的 uname 为空，则不会统计到结果中。

【例 7.22】查询数据库 OnlineShopping 的用户表 shop_user 中用户的总项数。

在查询编辑窗口中输入如下命令。

```
USE OnlineShopping
SELECT COUNT(*) AS '总项数'
FROM shop_user
```

执行结果如图 7.24 所示。

【例 7.23】查询数据库 OnlineShopping 的用户表 shop_user 中注册用户采用的不同支付方式的个数。

在查询窗口中输入如下命令。

```
USE OnlineShopping
SELECT COUNT(DISTINCT uPayID) AS '不同支付方式个数'
FROM shop_user
```

执行结果如图 7.25 所示。

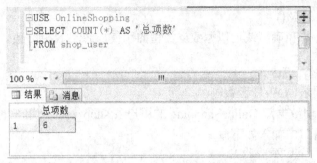

图 7.24 使用 COUNT（*）方法计算用户的总项数

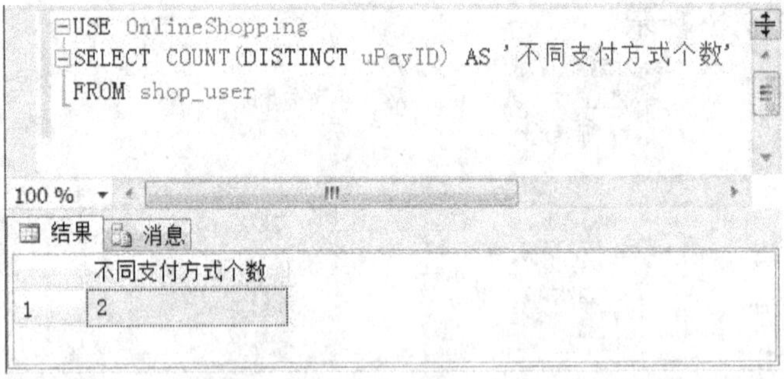

```
USE OnlineShopping
SELECT COUNT(DISTINCT uPayID) AS '不同支付方式个数'
FROM shop_user
```

图 7.25 使用 COUNT（DISTINCT expression）方法计算用户不同支付方式的个数

在 SQL Server 中，除了聚合函数外，还有很多可以使用的函数，包括字符串函数、数学函数、日期时间函数、类型转换函数、排名函数、系统函数和其他函数，具体详见"附录 B SQL Server 常用函数"。

11. ORDER BY 对查询结果排序

用户在使用数据库对数据查询时，数据呈现的结果顺序往往不能完全满足用户的需求。SQL Server 数据库的 SELECT 语句为用户提供了 ORDER BY 子句，用户可以根据需要对查询的结果进行某种排序。

ORDER BY 子句可以实现对数据的排序，通常在使用时与 ASC 和 DESC 一起使用。

（1）ASC：表示升序。

（2）DESC：表示降序。

【例 7.24】查询数据库 OnlineShopping 的用户表 shop_user 中用户的登录次数，并按照用户的登录次数从高到低显示。

在查询编辑窗口中输入如下命令。

```
USE OnlineShopping
SELECT uName AS '用户名',uLoginNum AS '登录次数'
FROM shop_user
ORDER BY DESC
```

执行结果如图 7.26 所示。

运用 ORDER BY 可以同时对多个属性列进行排序。

【例 7.25】查询数据库 OnlineShopping 的用户表 shop_user 中用户的登录次数，并按照用户的登录次数从高到低显示。

在查询编辑窗口中输入如下命令。

```
USE OnlineShopping
SELECT uName AS '用户名',uLoginNum AS '登录次数',uAddDate AS '注册时间'
FROM shop_user
```

执行结果如图 7.27 所示。

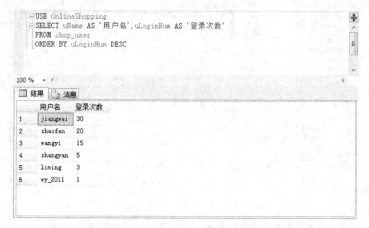

图 7.26 使用 ORDER BY 子句查询用户登录次数

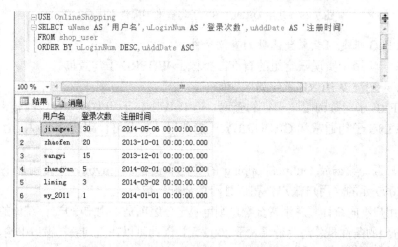

图 7.27 使用 ORDER BY 子句查询多列用户信息

12. GROUP BY 按指定的列进行分组

在 SELECT 语句查询中,对结果集进行分类汇总可以使用 GROUP BY 子句。通常 GROUP BY 子句与聚合函数一起使用。

【例 7.26】查询数据库 OnlineShopping 的用户表 shop_user 中按性别统计用户的数量。

分析:按性别统计用户的数量即统计男性和女性用户的各自数量。通常 GROUP BY 子句与聚合函数一起使用。首先需要确定使用的聚合函数,统计数量可以使用上面提到的 count 函数,除此以外,还有两个问题需要确定,一个是分组的项,另一个是统计的项。按照性别不同进行统计,因此用户表 shop_user 中的性别 uSex 字段可以作为分组的项;统计用户的数量可以将用户编号作为统计的项。因此可以在查询编辑窗口中输入如下命令。

```
USE OnlineShopping
SELECT uSex'用户性别', count(userID) AS '用户个数'
FROM shop_user
GROUP BY uSex
```

执行结果如图 7.28 所示。

在用户表 shop_user 中,用户性别值为 1 代表男,用户性别值为 2 代表女。

注意:使用 GROUP BY 子句查询时,必须保证 SELECT 语句后出现的所有列值可计算或者在 GROUP BY 列表中。

图 7.28 使用 DROUP BY 子句查询不同性别用户数量

13. HAVING 限定组或聚合函数的查询条件

HAVING 子句用于实现限定组的查询，类似于 WHERE 子句查询。

HAVING 子句与 WHERE 子句的区别如下。

（1）WHERE 子句查询限定于行的查询，而 HAVING 子句实现统计组的查询。

（2）HAVING 子句通常和 GROUP BY 一起使用，后面可以跟统计函数，而 WHERE 子句不可以。

【例 7.27】查询数据库 OnlineShopping 的发货单表 shop_Invoice 中按用户不同统计其总消费金额大于 2000 元的"用户账户"和"总消费金额"信息。

分析：按用户不同统计其总消费金额，则可确定分组项是"用户账户"，统计的项是"消费金额 sPrice"。分组的条件是总消费金额大于 2000 元，因此可以在查询编辑窗口中输入如下命令。

```
USE OnlineShopping
SELECT uName '用户账户',sum(sPrice) AS '总消费金额'
FROM shop_Invoice
GROUP BY uName
HAVING sum(sPrice)>2000
```

执行结果如图 7.29 所示。

图 7.29 使用 HAVING 子句查询总消费金额大于 2000 元的用户信息

二、实施过程

【子任务分析】

根据上述子任务的描述，本任务需要完成以下两个查询。

(1) 根据用户输入的商品信息的关键字查找相应的商品信息。
(2) 根据用户输入的账户和密码，查看用户个人信息。

【子任务实施步骤】

(1) 根据用户输入的商品信息的关键字查找相应的商品信息，具体步骤如下。

步骤 1：启动 SQL Server 2012 中的 SQL Server Management Studio 工具。

步骤 2：新建查询分析，在 SSMS 窗口中单击【新建查询】按钮，打开新的查询编辑窗口，如图 7.30 所示。

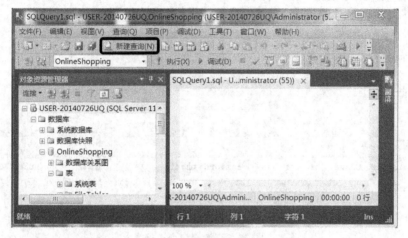

图 7.30　新建查询

步骤 3：如用户查询的商品是商品关键字中有"核"的商品名称信息，则可以在查询编辑窗口中输入如下命令。

```
USE OnlineShopping
SELECT sName '商品名称', sKeywords '商品关键字'
FROM shop_infor
WHERE sKeywords Like '%核%'
```

单击"执行"按钮，或者按 F5 键，执行结果如图 7.31 所示。

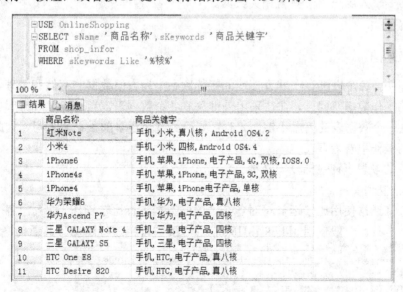

图 7.31　查询商品关键字中含"核"的商品名称

(2) 根据用户输入的账户和密码，查看用户个人信息，具体步骤如下。

步骤 1：启动 SQL Server 2012 中的 SQL Server Management Studio 工具。

步骤 2：新建查询分析，在 SQL Server 2012 窗口中单击【新建查询】按钮，打开新的查询编辑窗口，如图 7.30 所示。

步骤 3：如用户输入的账户和密码分别为"wy_2011"和"123456"，则可以在查询编辑窗口中输入如下命令。

```
USE OnlineShopping
SELECT *
FROM shop_user
WHERE uName='wy_2011' AND uPassword='123456'
```

单击"执行"按钮，或者按 F5 键，执行结果如图 7.32 所示。

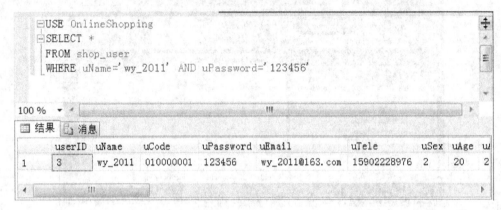

图 7.32　查询用户个人信息

子任务 7.2　多表查询

【子任务描述】

在网上商城系统中，主要角色可以分为卖家、买家和管理员。如果卖家想查询购买其商品的用户信息，或者卖家想查询其商品在某个省份的销售情况，或者买家想查询其订单状态，用户可以根据需要输入用户信息获得相关数据。

【子任务实施】

一、知识基础

在数据库中，各个表都存在着直接或间接的联系，为方便数据的存储和管理，同时考虑到数据库中表的操作效率等问题，往往采用外键关联各个数据表，当用户对数据库中的数据进行查询时，往往一个数据表的信息不够，此时需要两个甚至更多的数据表信息，因此多表查询在数据库的查询操作中普遍存在。

数据库中的多表查询包括以下几种。

1. 内连接查询

内连接查询通常使用比较运算符对各个表中的数据进行比较操作，并列出各个表中与条件匹配的所有数据行。一般使用 INNER JOIN 或者 JOIN 关键字进行连接。其语句格式如下。

```
SELECT select_list
FROM table1 [INNER] JOIN table2 [ON join_conditions]
[WHERE search_conditions]
[ORDER BY order_expression [ASC|DESC]]
```

内连接通常分为等值连接、非等值连接和自然连接。

（1）等值连接：使用比较运算符"="连接比较的列，将列值相等的所有数据显示出来，包括重复列，如例 7.27。

（2）非等值连接：使用除等号之外的比较运算符，如">"、">="、"<"、"<="和"<>"，或者使用 BETWEEN 连接列值，如例 7.28。

（3）自然连接：消除等值连接中的重复列，如例 7.29。

【例 7.28】查询数据库 OnlineShopping 的用户表 shop_user 和订单表 shop_Order 中的所有数据信息。

采用等值连接的方法，在查询编辑窗口中输入如下命令。

```
USE OnlineShopping
SELECT *
FROM shop_user U INNER JOIN shop_Order D
ON U.userID=D.userID
```

执行结果如图 7.33 所示。

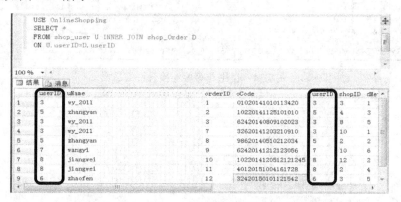

图 7.33　使用等值连接查询信息

注意：在多个表中使用同名字段，必须指明这个同名字段属于哪个表，如 U.userID 代表 userID 字段属于 shop_user 表。

上述命令中"U"为用户表 shop_user 的别名，这样便于后面指明字段 userID 属于哪个表。

【例 7.29】查询数据库 OnlineShopping 的用户表 shop_user 和订单表 shop_Order 中的"用户编号"不相同的数据信息。

采用不等值的连接方法，在查询编辑窗口中输入如下命令。

```
USE OnlineShopping
SELECT *
FROM shop_user U INNER JOIN shop_Order D
ON U.userID<>D.userID
```

执行结果如图 7.34 所示。

【例 7.30】查询数据库 OnlineShopping 的用户表 shop_user 和订单表 shop_Order 中的"用户编号"、"用户账户"和"商品编号"等数据信息。

采用自然连接的方法，在查询编辑窗口中输入如下命令。

```
USE OnlineShopping
SELECT U.userID '用户编号', U.uName '用户账户', D.shopID '商品编号'
FROM shop_user U INNER JOIN shop_Order D
ON  U.userID=D.userID
```

执行结果如图 7.35 所示。

提示：当在数据表中使用内连接查询时，通常自然连接应用最广泛。

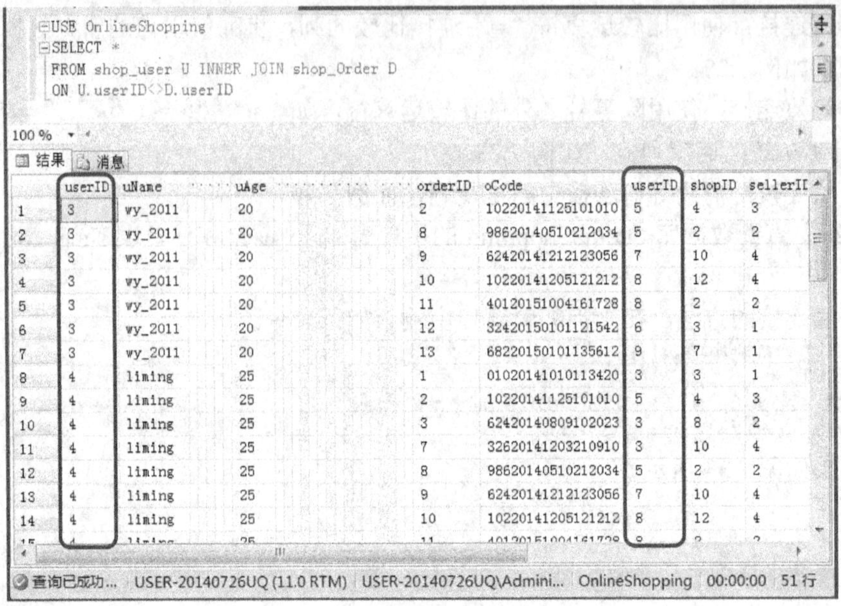

```
USE OnlineShopping
SELECT *
FROM shop_user U INNER JOIN shop_Order D
ON U.userID<>D.userID
```

图 7.34　使用非等值连接查询信息

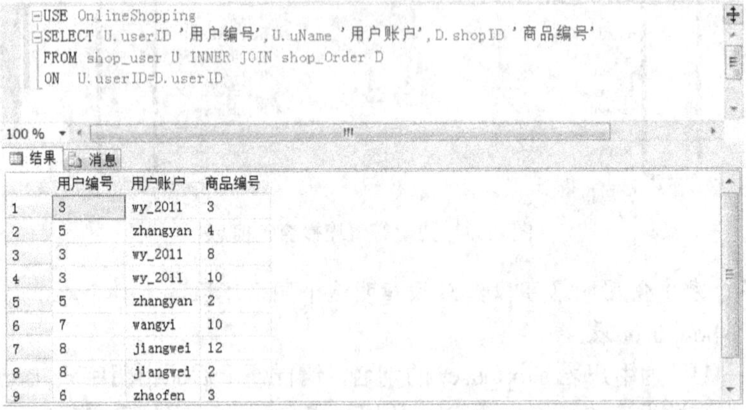

```
USE OnlineShopping
SELECT U.userID '用户编号',U.uName '用户账户',D.shopID '商品编号'
FROM shop_user U INNER JOIN shop_Order D
ON U.userID=D.userID
```

图 7.35　使用自然连接查询信息

2. 外连接查询

内连接用于查询满足给定条件的记录，而在有些情况下需要返回那些不满足连接条件的记录，这时需要使用外连接。根据查询语句中的关键字及表的位置关系，可以将外连接分为左外连接、右外连接和完全外连接 3 种。

（1）左外连接（LEFT OUTER JOIN）：返回两个表中所有匹配的行，以及关键字 LEFT OUTER JOIN 左侧表中不匹配的行，不匹配的行用 NULL 填充，如例 7.30。

（2）右外连接（RIGHT OUTER JOIN）：返回两个表中所有匹配的行，以及关键字 RIGHT OUTER JOIN 右侧表中不匹配的行，不匹配的行用 NULL 填充，如例 7.31。

（3）完全外连接（FULL OUTER JOIN）：返回两个表中所有匹配的行和不匹配的行，不匹配的行用 NULL 填充，如例 7.32。

【例 7.31】查询数据库 OnlineShopping 的用户表 shop_user 和订单表 shop_Order 中的"用户编号"、"用户账户"和"商品编号"等数据信息。

采用左外连接的方法，在查询编辑窗口中输入如下命令。

```
USE OnlineShopping
SELECT U.userID '用户编号',U.uName '用户账户', D.shopID'商品编号'
```

```
FROM shop_user U LEFT OUTER JOIN shop_Order D
ON U.userID=D.userID
```

执行结果如图 7.36 所示。

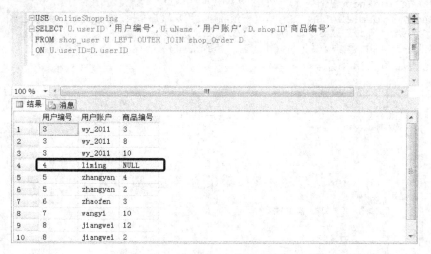

图 7.36　使用左外连接查询信息

在左外连接查询时,左侧用户表 shop_user 存在用户编号为 "4",用户账户为 "liming" 的行数据,但在订单表 shop_Order 中没有匹配的行数据,因此该行数据填充为 "NULL"。

【例 7.32】查询数据库 OnlineShopping 的用户表 shop_user 和订单表 shop_Order 中的 "用户编号"、"用户账户" 和 "商品编号" 等数据信息。

采用右外连接的方法,在查询编辑窗口中输入如下命令。

```
USE OnlineShopping
SELECT U.userID '用户编号', U.uName '用户账户', D.shopID '商品编号'
FROM shop_user U RIGHT OUTER JOIN shop_Order D
ON U.userID=D.userID
```

执行结果如图 7.37 所示。

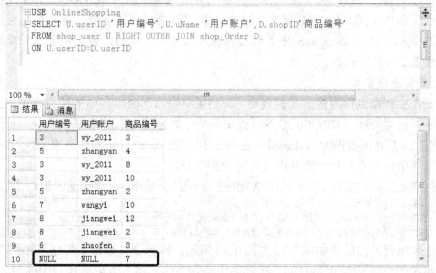

图 7.37　使用右外连接查询信息

在右外连接查询中,右侧订单表 shop_Order 中存在商品编号为 "7" 的行数据,而在用户表 shop_user 中没有匹配的行数据,因此该行使用 NULL 填充。

【例 7.33】查询数据库 OnlineShopping 的用户表 shop_user 和订单表 shop_Order 中的 "用

户编号"、"用户账户"和"商品编号"等数据信息。

采用完全外连接的方法,在查询编辑窗口中输入如下命令。

```
USE OnlineShopping
SELECT U.userID '用户编号', U.uName '用户账户', D.shopID '商品编号'
FROM shop_user U FULL OUTER JOIN shop_Order D
ON U.userID=D.userID
```

执行结果如图7.38所示。

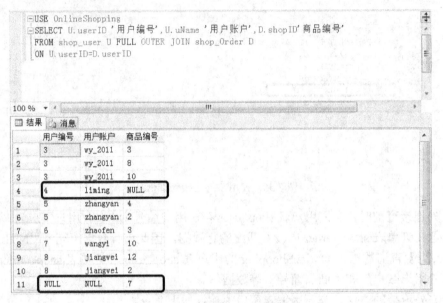

图 7.38 使用完全外连接查询信息

在完全外连接查询中,在用户表 shop_user 中用户编号为"4"的行数据,在订单表 shop_Order 中没有匹配的项;而在订单表 shop_Order 中商品编号为"7"的行数据,在用户表 shop_user 中也没有匹配的行数据,因此这两行没有匹配的数据均使用 NULL 填充。

提示:在例7.30、例7.31和例7.32中,在实际应用中这些情况是不会发生的。发货表中的 userID 是从用户表 shop_user 中查询后再存入到发货表中的。为了便于大家理解外连接,作者故意设置了"脏"数据。

3. 交叉连接查询

交叉连接查询也称为笛卡儿积查询,在结果集中返回两个表中的所有行的可能组合。在交叉查询中,使用关键字 CROSS JOIN,查询条件一般使用 WHERE 子句。

【例7.34】查询数据库 OnlineShopping 的用户表 shop_user 和订单表 shop_Order 中的"用户编号"、"用户账户"和"商品编号"等数据信息。

采用交叉连接的方法,在不使用 WHERE 子句的情况下,在查询编辑窗口中输入如下命令。

```
USE OnlineShopping
SELECT U.userID '用户编号', U.uName '用户账户', D.shopID '商品编号'
FROM shop_user U CROSS JOIN shop_Order D
```

两个表执行前的结果如图7.39和图7.40所示,执行交叉查询后的结果如图7.41所示。

如果在例7.34中使用 WHERE 子句限定查询条件,将查询编辑窗口中的输入命令修改为

```
USE OnlineShopping
SELECT U.userID '用户编号', U.uName '用户账户', D.shopID '商品编号'
FROM shop_user U CROSS JOIN shop_Order D
WHERE U.userID=D.userID
```

则执行结果如图7.42所示。

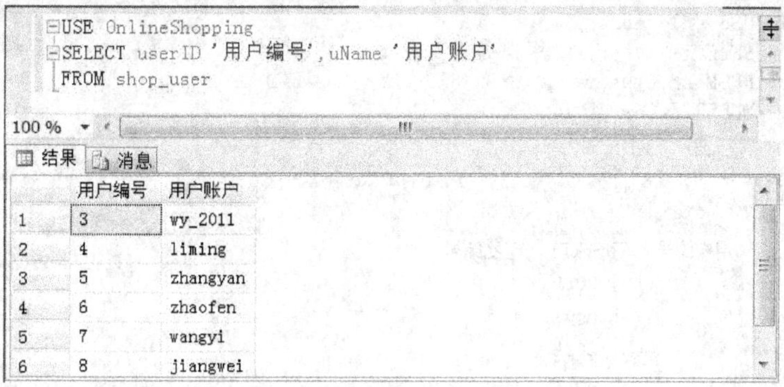

模块三 数据库应用 / 113

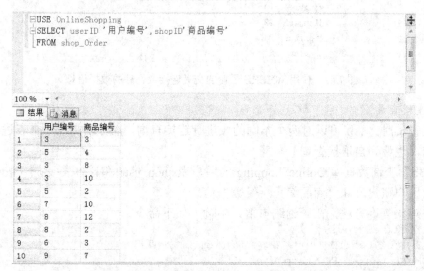

图 7.39 使用交叉连接查询前的用户信息（一）

图 7.40 使用交叉连接查询前的用户信息（二）

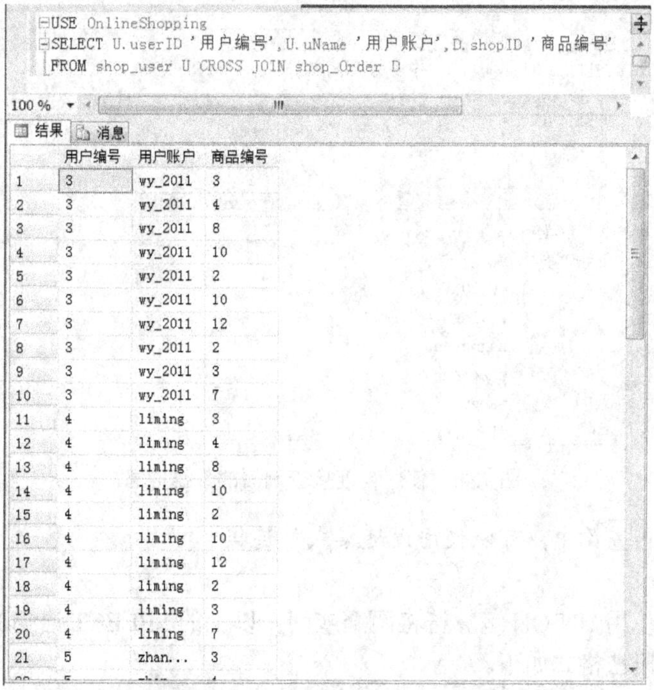

图 7.41 使用交叉连接查询后的数据信息

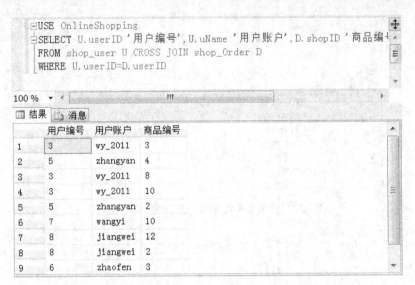

图 7.42 使用 WHERE 子句的交叉连接查询后的数据信息

4. 自连接查询

在多表查询时，不仅可以对两个不同的表进行连接查询，也可以实现一个表进行连接自己本身的查询，也称为自连接查询。

【例 7.35】查询数据库 OnlineShopping 的用户表 shop_user 和订单表 shop_Order 中的"用户编号"、"用户账户"和"商品编号"等数据信息。

采用自连接查询方法，在查询编辑窗口中输入如下命令。

```
USE OnlineShopping
SELECT U1.userID '用户编号', U2.uName '用户账户'
FROM shop_user U1, shop_user U2
WHERE U1.userID=U2.userID
```

执行结果如图 7.43 所示。

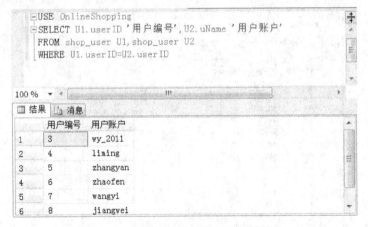

图 7.43 使用自连接查询后的数据信息

提示：在自连接查询中，可以使用内连接或外连接。

5. 联合查询

联合查询是指使用 UNION 运算符将两个或两个以上的 SELECT 语句的查询结果合并为一个结果集显示。其语法格式如下。

```
SELECT select_list
FROM table_source
```

```
[WHERE search_conditions]
{ UNION [ALL]
SELECT select_list
FROM table_source
[WHERE search_conditions] }
[ORDER BY order_expression [ASC|DESC]]
```

其中，ALL 为可选项，在查询中若使用该关键字，则返回所有满足匹配的数据行，包括重复行。

提示：

（1）在 SQL Server 2012 中使用联合查询时，第一个查询语句中的列标题必须与第二个联合查询语句中的列标题完全相同，即个数一致、名称相同。

（2）若要使用别名，则需要在第一个查询语句中定义。

（3）对查询的结果进行排序时，只能对第一个查询语句中出现的列名应用排序。

【例 7.36】查询数据库 OnlineShopping 的商品信息表 shop_infor 中的"商品名称"、"商品关键字"和"市场价格"，且商品关键字为"手机"和"市场价格"高于 1000 元的数据信息。

采用联合查询运算符 UNION，在查询编辑窗口中输入如下命令。

```
SELECT sName '商品名称', sKeywords '商品关键字', sMarketPrice '市场价格'
FROM shop_infor
WHERE sKeywords LIKE '%手机%'
UNION
SELECT sName '商品名称', sKeywords '商品关键字', sMarketPrice '市场价格'
FROM shop_infor
WHERE sMarketPrice>1000
ORDER BY  sMarketPrice ASC
```

执行结果如图 7.44 所示。

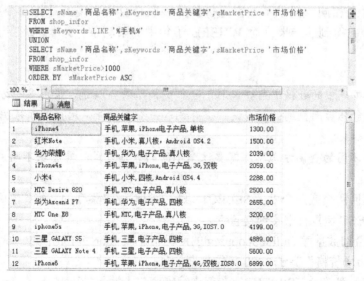

图 7.44 使用联合查询后的数据信息

从以上的查询结果中可以发现，如果采用 WHERE 子句使用 AND 查询连接查询的条件，则可以在查询编辑窗口中输入如下命令。

```
SELECT sName '商品名称', sKeywords '商品关键字', sMarketPrice '市场价格'
FROM shop_infor
WHERE sKeywords LIKE '%手机%' AND sMarketPrice>1000
ORDER BY  sMarketPrice ASC
```

执行结果如图 7.45 所示。

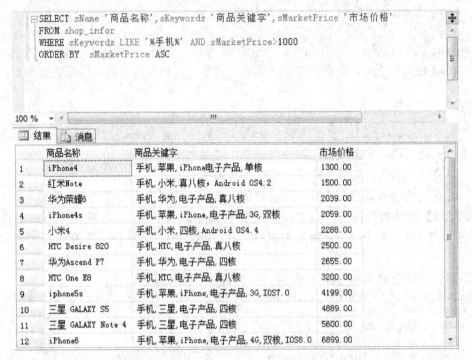

图 7.45　使用 WHERE 子句中 AND 查询后的数据信息

图 7.44 和图 7.45 的结果相同，因此对于数据库中数据的查询有很多种方式，采用适合的方式以得到结果。是不是联合查询与使用 WHERE 子句中的条件限制一样呢？严格来说，得到的结果有时会相同，但是不是完全等价的。联合查询实现的是将两个或两个以上查询的结果集进行合并得到的结果。而 WHERE 子句中的限制条件，是满足给定条件的一个查询结果集。

注意：

（1）在对数据库中的数据进行查询时，一种查询结果可以通过采用多种方式来实现，不仅仅是联合查询，包括后面提到的差查询、交查询和嵌套查询等，用户可以根据需要选择合适的方式。

（2）在使用不同的查询方式时，需要注意不同的查询方式，其原理不同。

6．交查询

交查询是返回两个或两个以上 SELECT 语句的查询结果集合的交集，也称为交集查询。通常使用 INTERSECT 运算符来实现交查询。

【例 7.37】查询数据库 OnlineShopping 的商品信息表 shop_infor 中的"商品名称"和"市场价格"，且"市场价格"高于 1000 元的数据信息。

采用交查询运算符 INTERSECT，在查询编辑窗口中输入如下命令。

```
SELECT sName '商品名称', sMarketPrice '市场价格'
FROM shop_infor
INTERSECT
SELECT sName '商品名称', sMarketPrice '市场价格'
FROM shop_infor
WHERE sMarketPrice>1000
ORDER BY  sMarketPrice DESC
```

执行结果如图 7.46 所示。

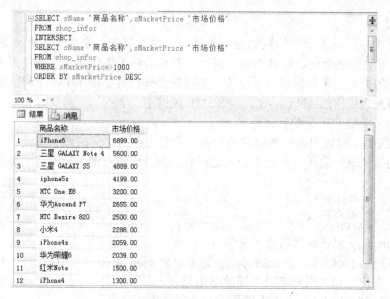

图 7.46 使用交查询后的数据信息

7. 差查询

差查询是返回两个或两个以上 SELECT 语句的查询结果集合的差集,也称为差值查询。通常使用运算符 EXCEPT 实现差查询。

【例 7.38】查询数据库 OnlineShopping 的商品信息表 shop_infor 中的"商品名称"和"市场价格",且"市场价格"高于 4000 元的数据信息。

采用交查询运算符 INTERSECT,在查询编辑窗口中输入如下命令。

```
SELECT sName '商品名称', sMarketPrice '市场价格'
FROM shop_infor
INTERSECT
SELECT sName '商品名称', sMarketPrice '市场价格'
FROM shop_infor
WHERE sMarketPrice>4000
ORDER BY  sMarketPrice ASC
```

执行结果如图 7.47 所示。

图 7.47 使用差查询后的数据信息

8. 嵌套查询

在对数据库中涉及多个表的数据进行查询时，也可以在一个查询中嵌入另一个或多个查询，这种查询称为嵌套查询。嵌套查询是将一个查询的结果集作为查询条件再进行查询。这个作为查询条件的查询结果集也称为子查询。实现嵌套查询可以使用 IN、EXISTS 关键字，以及与比较运算符配合使用的 ANY、ALL 和 SOME 关键字。

1）使用 IN 关键字实现嵌套查询

使用 IN 关键字可以用来判断指定的列值是否包含在已定义的表中或者另外一个表中。若列值与子查询结果集一致或存在相匹配的数据行，则最终的查询结果中包含该数据行。其语法格式如下。

```
SELECT select_list
FROM table_source
WHERE expression IN|NOT IN(subquery)
```

其中，subquery 代表嵌套的查询语句。

【例 7.39】查询数据库 OnlineShopping 的用户表 shop_user 中与用户账户为"zhangyan"同年龄的"用户账户"和"用户年龄"等数据信息。

采用 IN 关键字的方法，在查询编辑窗口中输入如下命令。

```
USE OnlineShopping
SELECT uName '用户账户', uAge '用户年龄'
FROM shop_user
WHERE uAge IN(SELECT uAge FROM shop_user WHERE uName='zhangyan')
```

执行结果如图 7.48 所示。

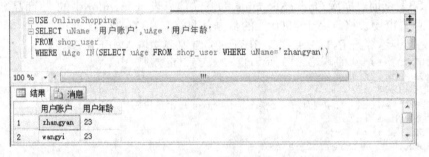

图 7.48　使用 IN 关键字实现嵌套查询后的数据信息

IN 关键字用于查询列值与子查询结果集一致或存在相匹配的数据行，而 NOT IN 返回的是列值与查询结果集不匹配的数据行。

2）使用 EXISTS 关键字实现嵌套查询

在使用 EXISTE 关键字时，要判断其嵌套查询返回的结果集中数据行是否存在，如果存在返回"true"，不存在返回"false"，不返回任何数据行。其语法格式如下。

```
SELECT select_list
FROM table_source
WHERE EXISTS|NOT EXISTS (subquery)
```

【例 7.40】查询数据库 OnlineShopping 的订单表 shop_Order 中与送达省份为"北京市"相同的"收货编码"、"收货人姓名"和"送达省份"等数据信息。

在数据库 OnlineShopping 的订单表 shop_Order 中送达省份值为"1"时，代表"北京市"。

采用 EXISTS 关键字的方法，在查询编辑窗口中输入如下命令。

```
USE OnlineShopping
SELECT rCode'收货编码', rPName '收货人姓名', rProviceID '收货省份编码'
FROM shop_ReciveAdress R
WHERE EXISTS
(SELECT * FROM shop_province P WHERE R.rProviceID=P.provinceID AND pName='北京')
```

执行结果如图 7.49 所示。

```
USE OnlineShopping
SELECT rCode'收货编码',rPName '收货人姓名',rProviceID '收货省份编码'
FROM shop_ReciveAdress R
WHERE EXISTS
(SELECT * FROM shop_province P WHERE R.rProviceID=P.provinceID AND pName='北京')
```

收货编码	收货人姓名	收货省份编码
100001	王一	1
100008	吴刚	1

图 7.49　使用 EXISTS 关键字实现嵌套查询后的数据信息

3）使用 ANY、ALL 和 SOME 关键字实现嵌套查询

ANY、ALL 和 SOME 关键字是 SQL 支持的在子查询中使用的关键字，这些关键字通常和比较运算符配合使用。其语法格式如下。

```
SELECT select_list
FROM table_source
WHERE expression operator [ANY|ALL|SOME] (subquery)
```

其中，operator 表示比较运算符；ANY 和 SOME 表示满足某一个条件，ALL 表示满足所有条件。

【例 7.41】查询数据库 OnlineShopping 的订单表 shop_Order 中订单日晚于用户编号为"8"的某一个订单的"订单编码"、"用户编码"和"下订单日"等数据信息。

采用 ANY 关键字的方法，在查询编辑窗口中输入如下命令。

```
USE OnlineShopping
SELECT oCode'订单编码', userID '用户编号', oDate '下订单日'
FROM shop_Order
WHERE oDate>ANY
(SELECT oDate FROM shop_Order WHERE userID=8)
```

该语句在执行时，首先在子查询中查找订单表 shop_Order 中用户编号为"8"的"下订单日"信息，如图 7.50 所示，再将该查询的结果集中满足下订单日大于某一个查询记录的结果作为查询订单编码、用户编号和下订单日的条件。例如，用户编号为"8"的查询结果中有两条记录，若选择其中一条记录下订单日（oDate）为 2014-11-10，则以此为条件，在订单表 shop_Order 中找到下订单日期大于 2014-11-10 的订单编码、用户编号和首重价格的数据信息，其执行结果如图 7.51 所示。

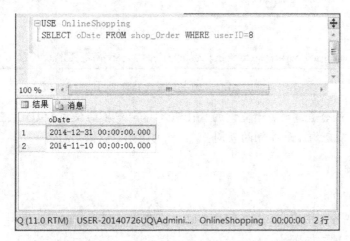

图 7.50　查询用户编号为"8"的"下订单日"的数据信息

图 7.51　使用 ANY 关键字实现嵌套查询后的数据信息

在以上的查询中,将 ANY 换成 SOME,其结果是相同的。与该查询的结果集相同的结果也可以使用如下命令。

```
USE OnlineShopping
SELECT oCode'订单编码', userID '用户编号', oDate '下订单日'
FROM shop_Order
WHERE oDate>2014-11-10 OR oDate>2014-12-31
```

如果将以上查询中的 ANY 换成 ALL 关键字,则执行结果如图 7.52 所示,即查询满足所有给定的条件结果集,与该查询结果集相同的结果等同于如下命令。

```
USE OnlineShopping
SELECT oCode'订单编码', userID '用户编号', oDate '下订单日'
FROM shop_Order
WHERE oDate>2014-11-10 AND oDate>2014-12-31
```

图 7.52　使用 ALL 关键字实现嵌套查询后的数据信息

注意:在使用嵌套查询时,子查询的 SELECT 语句中不能使用 ORDER BY 子句,ORDER BY 子句只能用于父查询(最外侧的查询)。

二、实施过程

【子任务分析】

根据上述子任务的描述,本任务需要完成 3 个查询,每个查询均假设用户已经输入正确的用户账户和密码,具体如下。

(1)卖家查询购买其商品的用户信息。
(2)卖家查询其商品在某个省份的销售情况。
(3)买家查询其订单状态。

提示：在实际的项目系统设计部分，出于系统安全性的考虑，用户首先必须输入正确的用户账户和密码，才用权限对系统部分功能进行使用，用户输入用户账户和密码的验证通常使用程序代码实现控制。在数据库部分不做详细说明。

(1)卖家查询购买其商品的用户信息，具体分析如下：

卖家输入正确的用户名和密码后，即登录成功后，有权限查看自己卖出商品的发货单。卖家查询自己卖出商品而不是其他卖家的商品的权限，即通过卖家输入的"商铺名称"，从商铺表 shop_Seller 中，根据"商铺名称"字段可以获得"卖家编号"信息，再根据"卖家编号"字段信息在发货单表 shop_Invoice 中查询到相应的用户信息。多表间的查询分析过程如图 7.53 所示。

图 7.53　卖家查询购买商品的用户信息的分析过程

(2)卖家查询其商品在某个省份的销售情况，具体分析如下。

卖家登录成功后，有权限查看自己卖出商品的发货单。同卖家查询购买其商品的用户信息一样，首先卖家需要具有查询自己卖出商品的权限。在卖家有查询自己卖出商品权限后，通过发货单表 shop_Invoice 中的"收货编号"（receiveID）字段，可以查询在收货地址表 shop_ReciveAdress 中与"收货编号"相同的收货省份信息。当卖家输入要查找的"收货省份编码"（rProvince）时，可以在收货地址表 shop_ReciveAdress 中查询"收货编号"，根据"收货编号"可以查询发货单表中的商品的"成交价格"（sPrice）。多表间的查询分析过程如图 7.54 所示。

图 7.54　卖家查询其商品在某个省份的销售情况分析过程

(3)买家查询其订单状态，具体分析如下。

买家输入正确的用户账户和密码后，可以查看自己购买的商品的订单状态。通过买家输入的"用户账户"，在用户表中可以查询到"用户编号"，再在订单表 shop_Order 中根据"用户编号"查询"订单状态"信息。多表间的查询分析过程如图 7.55 所示。

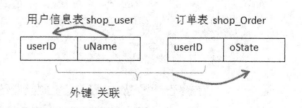

图 7.55　买家查询其订单状态的分析过程

【子任务实施步骤】

（1）卖家在输入正确的账户和密码后，查询购买其商品的用户信息，具体操作步骤如下。

步骤1：启动 SQL Server 2012 中的 SQL Server Management Studio 工具。

步骤2：新建查询分析，在 SSMS 窗口中单击【新建查询】按钮，打开新的查询编辑窗口，如图 7.30 所示。

步骤3：根据上面的任务分析，可以在查询编辑窗口中输入如下命令。

```
USE OnlineShopping
SELECT uName '用户账户', rPName '真实姓名'
FROM shop_Invoice
WHERE WHERE sellerID IN(SELECT sellerID FROM shop_Seller WHERE sellerName='卓越数码')
```

单击"执行"按钮，或者按 F5 键，执行结果如图 7.56 所示。

（2）卖家查询其商品在某个省份的销售情况，具体操作步骤如下。

步骤1：启动 SQL Server 2012 中的 SQL Server Management Studio 工具。

步骤2：新建查询分析，在 SSMS 窗口中单击【新建查询】按钮，打开新的查询编辑窗口，如图 7.30 所示。

步骤3：卖家查询其商品在某个省份的销售情况。根据上面的任务分析，可以在查询编辑窗口中输入如下命令。

图 7.56　卖家查询购买其商品的用户信息

```
USE OnlineShopping
SELECT R.rProviceID '收货省份', I.sPrice '成交价格'
FROM shop_Invoice I, shop_ReciveAdress R
WHERE I.reciveID=R.reciveID AND R.rProviceID=2
AND sellerID IN(SELECT sellerID FROM shop_Seller WHERE sellerName='卓越数码')
```

单击"执行"按钮，或者按 F5 键，执行结果如图 7.57 所示。

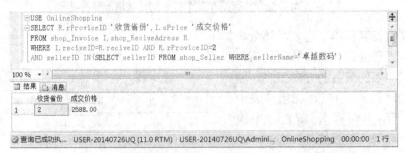

图 7.57　卖家查询其商品在某个省份的销售情况

（3）买家查询其订单状态，具体操作步骤如下。

步骤 1：启动 SQL Server 2012 中的 SQL Server Management Studio 工具。

步骤 2：新建查询分析，在 SSMS 窗口中单击【新建查询】按钮，打开新的查询编辑窗口，如图 7.30 所示。

步骤 3：买家查询其订单状态。根据上面的任务分析，可以在查询编辑窗口中输入如下命令。

```
USE OnlineShopping
SELECT userID '用户编号', OState '订单状态'
FROM shop_Order
WHERE userID IN (SELECT userID FROM shop_user WHERE uName='zhangyan')
```

单击"执行"按钮，或者按 F5 键，执行结果如图 7.58 所示。

图 7.58　买家查询其订单状态

子任务 7.3　使用查询结果向表中插入数据

【子任务描述】

在网上商城的数据日常维护中，为方便数据的查询，可以将查询的结果作为一个新的数据插入到数据表中，如统计每个用户目前拥有订单的数量。

【子任务实施】

一、知识基础

在数据库日常维护工作中，可能经常需要把某个查询结果插入到现有的表中。如需要把两个表进行合并，或者需要把另外一个表中符合条件的记录插入到现有的表中，或者需要把另外一个表中的某些字段重新整理后插入到现有的表中等。在数据库中对此进行操作，不像 Excel 表格那么方便，通过选择、复制、粘贴即可完成工作表之间的合并。在数据库中，不能够对列直接进行复制与粘贴操作。那么在数据库中是否有简单而有效的解决措施呢？其实在 SQL Server 数据库中，灵活使用 INSERT INTO SELECT（插入结果查询）语句即可实现这个需求。

在对数据库中的数据进行操作时，有时需要将一个表或者多个表中的若干字段数据生成一个新的表，或者将一个表或多个表中的若干字段数据插入到现有表中。

1. 将一个表或者多个表中的若干字段数据生成一个新的表

当将一个表或者多个表的若干字段生成一个新的表时，通常使用 SELECT...INTO 语句来实现，语法格式如下。

```
SELECT select_list
INTO table_new
FROM table_source
[WHERE search_conditions]
[GROUP BY group_expression]
[HAVING search_conditions]
[ORDER BY order_expression [ASC|DESC]]
```

其中，table_new 是生成的新表的名称。

【例 7.42】查询数据库 OnlineShopping 的订单表 shop_Order 中同一个用户的"订单编码"、"用户编码"和"商品编码"等数据信息，并将其存入一个新的数据表 oneUserOrder。

采用 SELECT…INTO 语句，在查询编辑窗口中输入如下命令。

```
USE OnlineShopping
SELECT oCode '订单编码', userID '用户编码', shopID '商品编码'
INTO OneUserOrder
FROM shop_Order
WHERE userID=3
```

执行结果如图 7.59 所示。生成的新表信息如图 7.60 所示。

图 7.59　使用 SELECT…INTO 语句将查询的数据插入新表

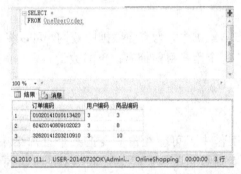

图 7.60　使用 SELECT…INTO 语句插入新表后新表中的数据信息

2. 将一个表或多个表中的若干字段数据插入到现有表中

通常将一个表或多个表中的若干字段数据插入到现有表中的操作，就是将一个表中的部分数据复制到另一个表中。例如，在生活中，有一个企业的人事部门发生了合并，需要将数据库中表 A 的数据复制到表 B 中，可以通过如下语句实现。

```
INSERT INTO B(userID, uName, magagerID)
SELECT userID, uName, managerID FROM A WHERE managerID=1001
```

二、实施过程

【子任务分析】

根据上述子任务的描述，本任务需要完成一个查询：统计每个用户目前拥有订单的数量并插入到一个数据表中。

分析：统计每个用户的订单数量，首先需要确定使用的聚合函数 count，再统计每个用户的订单数量，需要使用分组查询来实现，分组项为用户，订单数量为统计项。在数据库中利用订单表 shop_Order 和用户表 shop_user 间的关联，查询用户账户和订单数量信息，最后使用

INSERT INTO SELECT 将其插入到一个新表中。

【子任务实施步骤】

将用户的用户账户和订单数量生成一个数据表，具体操作步骤如下。

步骤 1：启动 SQL Server 2012 中的 SQL Server Management Studio 工具。

步骤 2：新建查询分析，在 SSMS 窗口中单击【新建查询】按钮，打开新的查询编辑窗口，如图 7.30 所示。

步骤 3：统计每个用户的订单数量，使用订单表 shop_Order 中的"用户编号"（userID）、"用户账户"（uName）和"订单号"（orderID）与用户表 shop_user 中的"用户编号"（userID）建立关联，使用聚合函数 count 统计订单数量，用户作为分组项，因此可以在查询编辑窗口中输入如下命令。

```
USE OnlineShopping
SELECT U.uName '用户账户', count(orderID) as '订单数量'
INTO userOrderNum
FROM shop_Order D , shop_user U
WHERE D.userID=U.userID
GROUP BY U.uName
```

单击"执行"按钮，或者按 F5 键，执行结果如图 7.61 所示。执行后查询 userOrderNum 表中的数据结果，如图 7.62 所示。

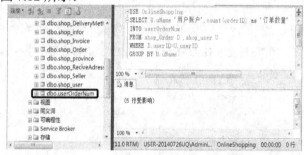

图 7.61　将用户的用户账户和订单数量生成一个数据表

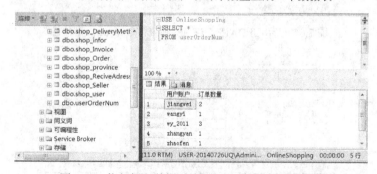

图 7.62　执行插入数据后 userOrderNum 表中的数据

子任务 7.4　使用查询结果修改指定表数据

【子任务描述】

在网上商城中，卖家在节日里通常会搞一些营销活动，以促使打开市场，增加商品的销量，获得更多的利润。例如，卖家往往会对商品进行打折促销，减少单个商品的利润，但是增加了商品的销量，最终还是提高了商品的总利润。此时怎样能让卖家根据需要统一调整商品的价格呢？

【子任务实施】

一、知识基础

在数据库的日常维护中,有时需要使用查询结果修改指定表的数据,这时可以使用 UPDATE SET SELECT(更新结果查询)语句实现这个需求。

【例 7.43】 查询数据库 OnlineShopping 的发货单表 shop_Invoice 中店铺名称为"3",商品名称为"iphone6"的商品价格,并将商品价格在原来价格的基础上上涨 10 元。

采用 UPDATE SET 语句,在查询编辑窗口中输入如下命令。

```
USE OnlineShopping
UPDATE shop_Invoice SET sPrice=sPrice+10
 WHERE sellerID=3 AND shopID IN(SELECT shopID FROM shop_infor WHERE sName='iphone6')
```

执行结果如图 7.63 所示。执行前查询商品编号和商品价格的结果,如图 7.64 所示,执行后查询商品编号和商品价格的结果,如图 7.65 所示。

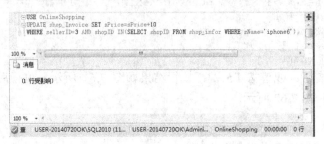

图 7.63 使用 UPDATE SET SELECT 更新查询结果

图 7.64 使用 UPDATE SET SELECT 前的商品价格信息

图 7.65 使用 UPDATE SET SELECT 更新查询后的数据信息

二、实施过程

【子任务分析】

根据上述子任务的描述,本任务需要完成一个查询:卖家可以根据需要统一调整商品的成交价格。

【子任务实施步骤】

卖家可以根据需要统一调整商品的价格,具体操作步骤如下。

步骤 1：启动 SQL Server 2012 中的 SQL Server Management Studio 工具。

步骤 2：新建查询分析，在 SSMS 窗口中单击【新建查询】按钮，打开新的查询编辑窗口，如图 7.30 所示。

步骤 3：假设卖家的编号为"4"，要修改的商品为"三星 GALAXY S5"，在发货单表中修改商品成交价格为原价格的 7 折，可以在查询编辑窗口中输入如下命令。

```
USE OnlineShopping
UPDATE shop_Invoice SET sPrice=sPrice*0.7
WHERE sellerID=4 AND shopID IN(SELECT shopID FROM shop_infor WHERE sName='三星 GALAXY S5')
```

单击"执行"按钮，或者按 F5 键，执行结果如图 7.66 所示。执行前查询商品编号和商品价格的结果，如图 7.67 所示，执行后查询商品编号和商品价格的结果，如图 7.68 所示。

图 7.66 使用 UPDATE SET SELECT 前的数据

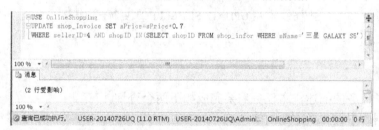

图 7.67 使用 UPDATE SET SELECT 更新商品成交价格的数据

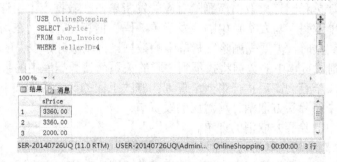

图 7.68 使用 UPDATE SET SELECT 更新商品成交价格后查询的数据

子任务 7.5 使用查询结果删除指定表数据

【子任务描述】

在网上商城系统中，用户买卖商品时，避免不了发生退货的情况，此时需要将生成的订单取消，还要将发货单的数据同时从数据库中删除。

【子任务实施】

一、知识基础

在数据库的日常维护中,有时需要使用查询结果删除指定表中的数据,这时可以使用 DELETE FROM SELECT(删除结果查询)语句实现这个需求。

【例 7.44】 查询数据库 OnlineShopping 的发货单表 shop_Invoice 中店铺名称为"3",商品名称为"iphone6"的数据,并将执行的结果在发货单表中删除。

采用 UPDATE SET 语句,在查询编辑窗口中输入如下命令:

```
USE OnlineShopping
UPDATE shop_Invoice SET sPrice=sPrice+10
WHERE sellerID=3 AND shopID IN(SELECT shopID FROM shop_infor WHERE sName='iphone6')
```

执行结果如图 7.69 所示。

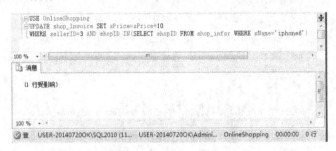

图 7.69 使用 UPDATE SET SELECT 更新查询结果

二、实施过程

【子任务分析】

根据上述子任务的描述,本任务需要完成如下两个查询。
(1)在数据库中删除买方取消的订单。
(2)在数据库中删除买方取消订单对应的发货单。

在数据中删除订单和因订单取消而删除对应的发货单,在数据库中由订单再生成发货单,在订单表中"发货单编码"与发货单中的"发货单编码"值相同,从而在两个表间建立联系,在删除订单表中的数据时,需要先删除发货单中的数据,再删除订单表中的数据。如果先删除订单表中的数据,则发货单中的数据将找不到关联的关系而使数据库中的数据出现不一致。因此应操作上面的第二个查询,后执行第一个查询。修改上面的两个查询如下。
(1)在数据库中删除买方取消订单对应的发货单。
(2)在数据库中删除买方取消的订单。

1. 在数据库中删除买方取消的订单对应的发货单

在网上商城中,退货通常是买家申请,并将货品退回给卖家,卖家同意后,达成一致后再实现。这里省略了以上的复杂程序,直接由买家操作。买家申请取消订单,需要获得买家的用户账户,根据用户账户查询"用户编号"(userID),再在订单表中查找与用户编号相同的"发货单编码"(dCode),最后在发货单中删除与订单表中"用户编号"(userID)相同,并与"发货单编码"也相同的数据。

2. 在数据库中删除买方取消的订单

在网上商城中,买家申请退货后,获得买家的用户账户,根据用户账户查询"用户编号",再在订单表中删除与用户编号相同且订单编码也相同的数据。

【子任务实施步骤】

1. 在数据库中删除买方取消订单对应的发货单，具体操作步骤如下

步骤1： 启动 SQL Server 2012 中的 SQL Server Management Studio 工具。

步骤2： 新建查询分析，在 SSMS 窗口中，单击【新建查询】按钮，打开新的查询编辑窗口，如图 7.30 所示。

步骤3： 假设买家用户账户为"zhangyan"，其要取消订单编码为"56820150214561215"的信息，则在发货单中删除发货单编码"56820150214561215"的数据，可以在查询编辑窗口中输入如下命令。

```
USE OnlineShopping
DELETE FROM shop_Invoice
    WHERE dCode IN(SELECT dCode FROM shop_Order WHERE dCode='56820150214561215'
AND userID IN(SELECT userID FROM shop_user WHERE uName='zhangyan'))
```

单击"执行"按钮，或者按 F5 键，执行前查询商品编号和商品价格的结果，如图 7.70 所示。执行以上命令后的结果如图 7.71 所示。

图 7.70　使用 DELETE FROM SELECT 前发货单的数据信息

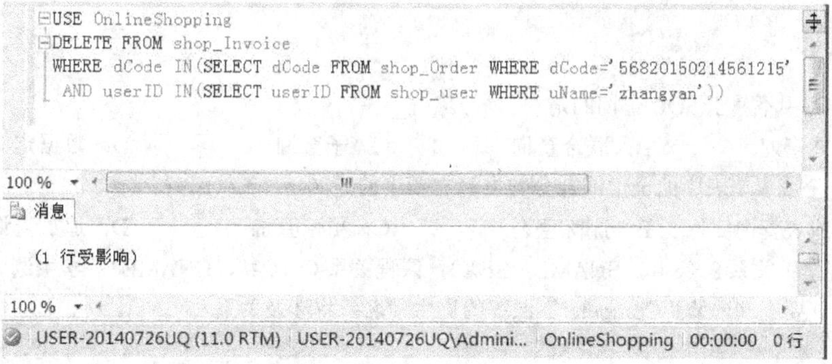

图 7.71　使用 DELETE FROM SELECT 删除发货单中的数据

2. 在数据库中删除买方取消的订单

步骤1： 启动 SQL Server 2012 中的 SQL Server Management Studio 工具。

步骤2： 新建查询分析，在 SSMS 窗口中单击【新建查询】按钮，打开新的查询编辑窗口，如图 7.30 所示。

步骤3： 假设买家用户账户为"zhangyan"，其要取消订单编码为"56820150214561215"的信息，则在订单表中删除该订单信息，可以在查询编辑窗口中输入如下命令。

```
USE OnlineShopping
DELETE FROM shop_Order
    WHERE dCode IN(SELECT dCode FROM shop_Order WHERE dCode='56820150214561215'
     AND userID IN(SELECT userID FROM shop_user WHERE uName='zhangyan'))
```

执行前查询用户编号和订单编码的结果，如图 7.72 所示。单击"执行"按钮，或者按 F5

键，执行以上命令后的结果如图 7.73 所示。

图 7.72 使用 DELETE FROM SELECT 前订单表的数据

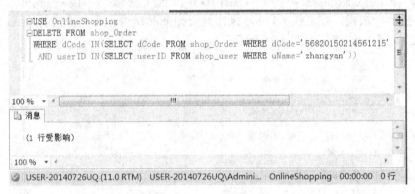

图 7.73 使用 DELETE FROM SELECT 删除订单表中的数据

课堂练习

一、选择题

1. 以下类型中不属于 SQL 查询的是（   ）。
   A. 选择查询　　　B. 联合查询　　　C. 子查询　　　D. 数据定义查询
2. 利用一个或多个表中的全部或部分数据建立新表的是（   ）。
   A. 生成表查询　　B. 删除查询　　　C. 更新查询　　D. 追加查询
3. 假设有学生关系 S（S#，SNAME，SEX），课程关系 C（C#，CNAME），学生选课关系 SC（S#，C#，GRADE）。要查询选修"Computer"课程的男生姓名，将涉及关系（   ）。
   A. S　　　　　　B. S，SC　　　　C. C，SC　　　D. S，C，SC
4. 在 SQL Server 查询语句中使用（   ）关键字可以返回指定行数。
   A. TOP　　　　　B. DISTINCT　　　C. IN　　　　　D. ASC
5. 可以实现分组查询的子句是（   ）。
   A. JOIN　　　　　B. LEFT JOIN　　　C. HAVING　　　D. ORDER BY
6. 查询员工工资信息时，结果按工资降序排列，正确的是（   ）
   A. ORDER BY 工资　　　　　　　　B. ORDER BY 工资 desc
   C. ORDER BY 工资 asc　　　　　　 D. ORDER BY 工资 dictinct
7. 执行查询的快捷键是（   ）。
   A. F3　　　　　　B. F4　　　　　　C. F5　　　　　D. F9

二、填空题

1. SQL 集_____、_____和数据控制语言于一体，可以完成数据库中的全部工作。

2. 外连接分为_____、_____和_____3种。
3. 使用_____关键字可以实现模糊值的查询。
4. 常用的聚合函数中，平均值函数是_____。
5. 内连接一般使用_____或者_____关键字进行连接。
6. 交叉连接查询也称为_____。

三、简答题

1. 简述常用的聚合函数。
2. 简述单表查询中对查询结果进行排序使用的语句。
3. 简述多表查询的种类。
4. 简述表查询中的模糊查询。

实践与实训

1. 使用单表查询查找数据库 OnlineShoping 商品信息表 shop_infor 中特价商品的"商品编码"、"商品名称"和"商品数量"等信息。
2. 使用单表查询查找数据库 OnlineShoping 商品信息表 shop_infor 中折扣价格大于 2000 元的"商品编码"、"商品名称"和"折扣价格"等信息。
3. 统计商品信息表 shop_infor 中特价商品的数量，并显示"商品编码"、"商品名称"和"特价商品数量"等信息。
4. 统计商品信息表 shop_infor 中新商品的数量，并显示"商品编码"、"商品名称"和"新商品数量"等信息。
5. 统计商品信息表 shop_infor 中各种品牌商品的数量，并显示"商品编码"、"商品名称"、"商品品牌"和"商品数量"等信息，并将这些信息插入到新的数据表 shop_BrandNum 中。

任务总结

本任务在实际项目中应用非常广泛。在大部分项目中，都离不开查询功能，在本任务中主要以网上商城系统为例，讲解了查询的使用，如从简单的单表查询到复杂的多表查询，从单语句查询到嵌套语句查询，从单纯的查看查询结果到将查询结果更改表数据。

任务8 视图的应用

任务描述

在任务 7 中已经学习了数据库查询技术，通过编写 SELECT 语句，可以查询需要的数据。在网上商城系统中，如果经常需要用到几个固定的查询，如查询各用户的消费总金额、查询各商品的销售总金额等，那么可以将这些查询语句存储起来，这样可以不用每次查询都编写一次查询语句。那么如何才能实现这一设想呢？这时就需要用到视图了。

知识重点

（1）熟练掌握利用 SSMS 创建和管理视图的方法。
（2）熟练掌握编写 T-SQL 语句创建和管理视图的方法。
（3）熟练掌握利用视图查询和修改数据的方法。

知识难点

（1）根据实际应用的需要正确建立视图。
（2）利用视图修改数据表中的数据。

子任务 8.1　视图的创建

【子任务描述】

在网上商城系统的实际应用中，可能会经常用到某些查询，如统计各用户当前累计的消费总金额，这时，可以通过创建一个视图来保存此查询，这样都可通过视图查询所需数据。

【子任务实施】

一、知识基础

1. 视图

视图是一个虚拟表，其内容由查询定义。同真实的表一样，视图包含一系列带有名称的列和行数据。但是，视图并不在数据库中以存储的数据集合形式存在。行和列数据来自定义视图的查询所引用的表，并且在引用视图时动态生成。

从上面的定义中可以看到，视图本质上是一个查询语句，并不是数据库中真实存在的数据表，视图并不存储数据，而只存储一个查询语句，真实数据仍然存储在数据表中。通过视图查询数据时，SQL Server 会自动执行视图中存储的查询命令，然后返回查询的结果。

2. 视图的作用

（1）简化用户操作

视图机制使用户可以将注意力集中在关心的数据上。如果这些数据不是直接来自基本表的，则可以通过定义视图，使数据库看起来结构简单、清晰，并且可以简化用户的数据查询操作。例如，那些定义了若干个表连接的视图，它们将表与表之间的连接操作对用户隐藏起来了。换句话说，用户所做的只是对一个虚表的简单查询，而这个虚表是怎样得来的，用户无需了解。

（2）视图使用户能以多种角度看待同一数据

视图机制能使不同的用户以不同的方式看待同一数据，当许多不同种类的用户共享同一个数据库时，这种灵活性是非常必要的。

（3）视图能够对机密数据提供安全保护

利用视图机制，可以在设计数据库应用系统时，对不同的用户定义不同的视图，使机密数据不出现在不应该看到这些数据的用户视图上。这样的视图机制提供了对机密数据的安全保护功能；允许用户通过视图访问数据，而不授予用户直接访问数据表的权限，这就实现了对数据安全性的保护。

3. 创建视图的 T-SQL 语句

```
CREATE VIEW view_name[(column_name1[, ...n])]
[WITH ENCRYPTION]
AS
SELECT 语句
[WITH CHECK OPTION]
```

（1）**view_name**：视图名称。
（2）**column_name**：列名称。
（3）视图后面的列名可以省略，但是在以下情况下需要写出列名。
① 列是算术表达式或函数表达式。
② 两个或更多的列具有相同的名称。

③ 视图中的列名称不同于 SELECT 语句中的列名称。

如果未指定列名，则视图列将与 SELECT 语句中的列名相同。

（4）**WITH ENCRYPTION**：该子句可以省略，作用是对创建的视图进行加密，加密后无法看见视图中包含的查询语句，但是视图一旦加密无法复原，因此要慎重使用。

（5）**WITH CHECK OPTION**：该子句可以省略，作用是强制针对视图执行的数据修改语句都必须满足 SELECT 语句中的 WHERE 条件。

二、实施过程

【子任务分析】

本任务需要查询各用户的消费总金额，包括用户 ID、用户名及消费总金额，并将结果生成一个视图。根据上述子任务的描述，本任务需要完成创建视图的操作。

【子任务实施步骤】

创建视图有两种方法：一种是使用图形界面，另一种是使用 T-SQL 语句。

1. 使用图形界面创建视图

步骤 1：启动 SQL Server 2012 中的 SQL Server Management Studio 工具。

步骤 2：在对象资源管理器中附加数据库 OnlineShopping。

步骤 3：右击数据库 OnlineShopping 下的视图文件夹，在弹出的快捷菜单中选择【新建视图】选项，在打开的窗口中，添加表 shop_user 和表 shop_Invoice，修改 SELECT 语句，如图 8.1 所示。

```
SELECT dbo.shop_user.userID, dbo.shop_user.uName, SUM(dbo.shop_Invoice.sPrice)
AS totalmoney
    FROM  dbo.shop_user INNER JOIN dbo.shop_Invoice ON dbo.shop_user.uName =
dbo.shop_Invoice.uName
    GROUP BY dbo.shop_user.userID, dbo.shop_user.uName
```

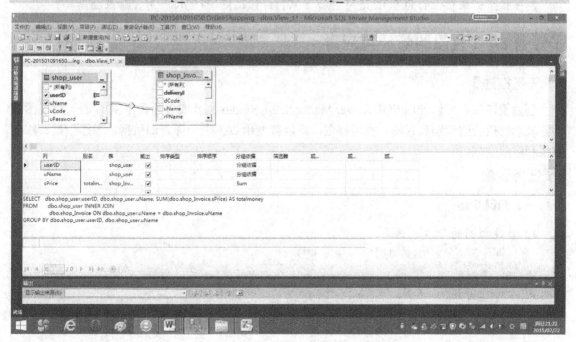

图 8.1　查询设计器

步骤 4：单击工具栏中的【保存】按钮，在弹出的对话框中输入视图名称"View_Sum Consumption"。保存成功后，在视图文件夹下可以看到刚保存的视图。

2. 编写 T-SQL 语句创建视图

步骤 1：启动 SQL Server 2012 中的 SQL Server Management Studio 工具。

步骤 2：新建查询分析，在 SQL Server 2012 窗口中单击【新建查询】按钮，打开新的查询编辑窗口，如图 5.4 所示。

步骤 3：在查询编辑窗口中输入如下命令。

```
USE OnlineShopping
GO
CREATE VIEW View_SumConsumption
AS
SELECT  dbo.shop_user.userID, dbo.shop_user.uName,
SUM(dbo.shop_Invoice.sPrice) AS totalmoney
FROM  dbo.shop_user INNER JOIN dbo.shop_Invoice ON
dbo.shop_user.uName = dbo.shop_Invoice.uName
GROUP BY dbo.shop_user.userID, dbo.shop_user.uName
```

执行结果如图 8.2 所示。

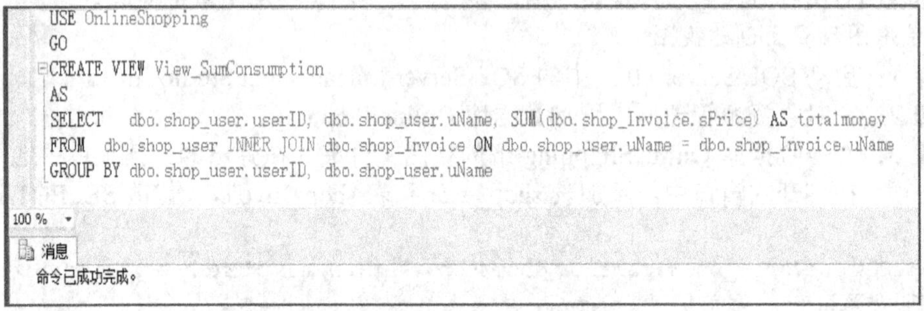

图 8.2　使用 T-SQL 创建视图

想一想：如果在上面的 SQL 语句中加上 WITH ENCRYPTION 子句，结果会怎样？

子任务 8.2　视图的管理与应用

【子任务描述】

创建视图后，可以使用 SQL Server Management Studio 工具或者编写 T-SQL 语句对视图进行管理，包括修改和删除视图。利用视图，可以像使用数据表一样查询数据、添加数据、修改数据和删除数据。

【子任务实施】

一、知识基础

1. 修改视图的 T-SQL 语句

```
ALTER VIEW view_name[(colum_name1[, ...n])]
[WITH ENCRYPTION]
AS
SELECT 语句
[WITH CHECK OPTION]
```

视图名指要修改的视图名称，其他部分与创建视图的 T-SQL 语句相同。

【例 8.1】 修改前面创建的视图"View_SumConsumption"，语句如下。

```
USE OnlineShopping
GO
ALTER VIEW View_SumConsumption
AS
```

```
SELECT    dbo.shop_user.userID, dbo.shop_user.uName,
SUM(dbo.shop_Invoice.sPrice) AS totalmoney
FROM dbo.shop_user INNER JOIN
dbo.shop_Invoice ON dbo.shop_user.uName = dbo.shop_Invoice.uName
GROUP BY dbo.shop_user.userID, dbo.shop_user.uName
HAVING SUM(dbo.shop_Invoice.sPrice)>=500
```

执行结果如图 8.3 所示。

```
USE OnlineShopping
GO
ALTER VIEW View_SumConsumption
AS
SELECT   dbo.shop_user.userID, dbo.shop_user.uName, SUM(dbo.shop_Invoice.sPrice) AS totalmoney
FROM     dbo.shop_user INNER JOIN
         dbo.shop_Invoice ON dbo.shop_user.uName = dbo.shop_Invoice.uName
GROUP BY dbo.shop_user.userID, dbo.shop_user.uName
HAVING SUM(dbo.shop_Invoice.sPrice)>=500
```

命令已成功完成。

图 8.3　使用 ALTER VIEW 语句修改视图

2. 删除视图的 T-SQL 语句

```
DROP VIEW view_name[, ...n]
```

视图名指要删除的视图名称，可以用逗号将多个要删除的视图隔开。

【例 8.2】删除例 8.1 中修改的视图"View_SumConsumption"，语句如下。

```
USE OnlineShopping
GO
DROP VIEW View_SumConsumption
```

执行结果如图 8.4 所示。

图 8.4　使用 DROP VIEW 语句删除视图

二、实施过程

【子任务分析】

本任务要利用视图"View_SumConsumption"查询、修改、插入和删除数据表中的数据。

【子任务实施步骤】

步骤 1：启动 SQL Server 2012 中的 SQL Server Management Studio 工具。

步骤 2：新建查询分析，在 SQL Server 2012 窗口中单击【新建查询】按钮，打开新的查询编辑窗口，如图 5.4 所示。

步骤 3：在查询编辑窗口中输入如下命令。

```
USE OnlineShopping
SELECT * FROM View_SumConsumption
```

执行结果如图 8.5 所示。

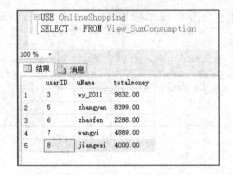

图 8.5 利用视图查询数据

步骤 4：创建视图"VIEW_Brand"，查询推荐的商品品牌信息。T-SQL 语句如下。

```
USE OnlineShopping
GO
CREATE VIEW VIEW_Brand
as
SELECT * FROM shop_Brand
WHERE bIsRecomm=1
```

执行结果如图 8.6 所示。

图 8.6 创建视图 VIEW_Brand

步骤 5：利用视图"VIEW_Brand"，将苹果手机设为不推荐商品，在查询编辑窗口中输入如下命令。

```
USE OnlineShopping
UPDATE VIEW_Brand set bIsRecomm=0
WHERE bName='苹果'
```

执行结果如图 8.7 所示。

图 8.7 利用视图 VIEW_Brand 更新数据

步骤 6：利用视图"VIEW_Brand"，删除苹果手机记录，T-SQL 语句如下。

```
USE OnlineShopping
DELETE FROM VIEW_Brand
WHERE bName='苹果'
```

执行结果如图 8.8 所示。

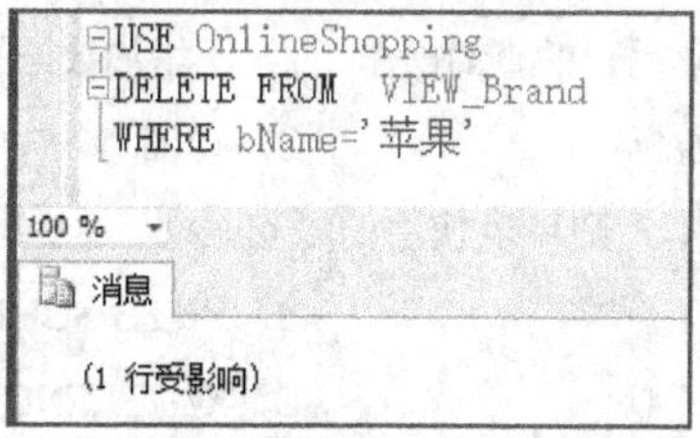

图 8.8 利用视图 VIEW_Brand 删除数据

步骤 7：利用视图"VIEW_Brand"插入如下记录，即品牌名称（bName）为诺基亚、品牌编码（bCode）为 10801、是否推荐（bIsRecomm）为是、品牌 LOGO（bLogoPic）为空，T-SQL 语句如下。

```
USE OnlineShopping
INSERT INTO VIEW_Brand(bName, bCode, bIsRecomm)
VALUES('诺基亚', '10801', 1)
```

执行结果如图 8.9 所示。

图 8.9 利用视图 VIEW_Brand 插入数据

注意：

（1）要利用视图更新、删除和插入数据，视图中的 SELECT 语句必须是单表查询，如果是多表连接查询，则无法利用视图修改数据表中的数据。

（2）通过视图只能更新和删除其可以查询到的数据，例如，如果将上面 UPDATE 语句中的条件改为"bName='三星'"，则更新操作会失败。

（3）如果在创建视图"VIEW_Brand"时加上"WITH CHECK OPTION 子句，那么在执行更新和删除操作时就满足了条件"bIsRecomm=1"，由于上面的 UPDATE 语句将 bIsRecomm 字段的值改为 0 违反了这一条件，因此在执行时会报错。

课堂练习

一、选择题

1. 关于视图下列说法中错误的是（　　）。
   A. 视图是一种虚拟表　　　　　　　　B. 视图中也存有数据
   C. 视图也可由视图派生出来　　　　　D. 视图是保存在数据库中的 SELECT 查询
2. 在视图上不能完成的操作是（　　）。
   A. 更新数据表数据　　　　　　　　　B. 查询数据
   C. 在视图上定义新的基本表　　　　　D. 在视图上定义新的视图
3. 创建视图应使用的 SQL 语句是（　　）。
   A. CREATE TABLE　　　　　　　　　B. CREATE VIEW
   C. CREATE SCHEMA　　　　　　　　D. CREATE DATABASE

4. 在关系数据库系统中，为了简化用户的查询操作，而又不增加数据的存储空间，常用的方法是创建（　　）。

　　A．另一个表　　　　B．游标　　　　C．视图　　　　D．索引

5. 如果需要加密视图的定义文本，则可以使用的语句是（　　）。

　　A．WITH CHECK OPTION　　　　　　B．WITH SCHEMABINDING
　　C．WITH NOCHECK　　　　　　　　　D．WITH ENCRYPTION

6. 下面不是视图优点的是（　　）。

　　A．视图减少了操作的复杂性　　　　　B．提高了安全性
　　C．视图使用户能以多种角度看待同一数据　　D．通过视图无法实现数据的修改

二、填空题

1. 视图是从一个或者多个数据表或视图中导出的_____。
2. 修改视图中的数据时每次修改只能影响_____个基本表。
3. 视图是通过一个_____语句定义的。
4. 创建视图可以使用 SQL Server Management Studio 工具或者编写_____。
5. 如果需要强制针对视图执行的数据修改语句都必须满足 SELECT 语句中的 WHERE 条件，则应使用的 SQL 语句是_____。

三、简答题

1. 什么是视图？
2. 视图的作用是什么？
3. 创建视图时应注意哪些问题？
4. 利用视图更新和删除数据时，应注意哪些限制条件？
5. 如何查看视图的定义信息？

实践与实训

1. 在数据库 OnlineShopping 中创建视图"VIEW_TOTALUSERS"，查询每一类商品的订购次数。

2. 修改上面的视图"VIEW_TOTALUSERS"，查询每一类商品被 VIP 用户订购的次数。

3. 创建视图"VIEW_PROVINCES"，查询所有省份信息；利用该视图在省份表"shop_Province"中插入一条新记录并删除一条记录。

任务总结

本任务以网上商城数据库 OnlineShopping 为例，首先介绍了视图的含义及其作用；然后在此基础上讲解了如何使用 SSMS 工具以及编写 T-SQL 语句两种方法创建和管理视图，包括定义视图、修改视图、删除视图；最后讲解了如何利用视图查询、修改和删除基本表中的数据。

任务9　索引的应用

任务描述

本任务在实际项目中应用较多,尤其在生成大数据统计结果中显得尤为重要。索引的数量、内容的选取将直接影响到查询速度和系统开销。

在网上商城系统中,数据较为庞大,查询执行的大部分开销是 I/O,使用索引提高性能的一个主要目标是避免全表扫描,如果有索引指向数据值,则查询只需要读取很少次数的磁盘空间即可,从而大大提升了执行效率。

知识重点

（1）熟练掌握创建索引的方法。
（2）熟练掌握利用索引快速查询的用法。
（3）熟练掌握索引的自动维护。

知识难点

（1）索引的创建。
（2）索引的分类。

子任务 9.1　索引的创建

【子任务描述】

在网上商城系统中面对大量商品和订单,创建索引后,用户可以根据索引查询所要的查询结果。

【子任务实施】

一、知识基础

1. 索引

索引是对数据库表中一个或多个列[例如,employee 表的姓名(name)列]的值进行排序的结构。如果想按特定职员的姓来查找他或她,则与在表中搜索所有的行相比,索引有助于更快地获取信息。索引分为聚集索引和非聚集索引。对于一个数据表来说,索引的有无和建立什么样的索引,取决于 WHERE 子句和 JOIN 表达式。

数据库索引好比一本书的目录,建立索引的目的是加快对表中记录的查找或排序。为表设置索引也是要付出代价的:一是增加了数据库的存储空间,二是在插入和修改数据时要花费较多的时间。

2. 索引的分类

1）聚集索引

聚集索引是一种对磁盘上实际数据重新组织以按指定的一列或多列值排序的索引。如汉语字典就是一个聚集索引,若要查"张",则自然而然翻到字典的后面百十页,再根据字母顺序查找出来。这里用到了微软的平衡二叉树算法,即首先把书翻到大概二分之一的位置,如果要找的页码比该页的页码小,则把书向前翻到四分之一处,否则,把书向后翻到四分之三处,以此类推,把书页续分成更小的部分,直至得到正确的页码。

由于聚集索引是给数据排序,不可能有多种排法,所以一个数据表只能建立一个聚集索引。科学统计建立这样的索引需要至少相当于该表120%的附加空间,用来存放该表的副本和索引中间页,但是其性能几乎总是比其他索引要快。

由于在聚集索引下,数据在物理上是按序排列在数据页上的,重复值也排在一起,因而包含范围检查(between,<,><=,>=)或使用group by 或order by 的查询时,一旦找到第一个键值的行,后面都将连在一起,不必再进一步搜索,避免了大范围的扫描,可以大大提高查询速度。

2)非聚集索引

SQL Server 默认情况下建立的索引是非聚集索引,它不重新组织表中的数据,而是对每一行存储索引列值并用一个指针指向数据所在的页面。像汉语字典中的根据"偏旁部首"查找字样,即便对数据不排序,然而其拥有的目录更像是目录,对查取数据的效率也具有提升的空间,而不需要全表扫描。

一个数据表可以拥有多个非聚集索引,每个非聚集索引根据索引列的不同提供不同的排列顺序。

3. 索引的创建

SQL Server 2012 提供了两种创建索引的方法:一种是使用图形界面创建,另一种是使用T-SQL命令语句创建。使用图形界面创建索引的方法在"实施过程"详细介绍。

使用T-SQL语句创建索引,语法如下。

```
CREATE [UNIQUE] [CLUSTERED| NONCLUSTERED ]
INDEX index_name ON { table | view } ( column [ ASC | DESC ] [ ,...n ] )
[with[PAD_INDEX][[,]FILLFACTOR=fillfactor]
[[,]IGNORE_DUP_KEY]
[[,]DROP_EXISTING]
[[,]STATISTICS_NORECOMPUTE]
[[,]SORT_IN_TEMPDB]
]
[ ON filegroup ]
```

其中,用"[]"括起来的部分表示可选,即在语句中根据实际需要选择使用,其参数简要介绍如下。

(1) UNIQUE:用于指定为表或视图创建唯一索引,即不允许存在索引值相同的两行。

(2) CLUSTERED:用于指定创建的索引为聚集索引。

(3) NONCLUSTERED:用于指定创建的索引为非聚集索引。

(4) index_name:用于指定创建的索引的名称。

(5) table:用于指定创建索引的表的名称。

(6) view:用于指定创建索引的视图的名称。

(7) ASC|DESC:用于指定某个索引列按升序或降序排列。

(8) Column:用于指定被索引的列。

(9) PAD_INDEX:用于指定索引中间级中每个页(节点)上保持开放的空间。

(10) FILLFACTOR = fillfactor:用于指定在创建索引时,每个索引页的数据占索引页大小的百分比,fillfactor的值为1~100。

(11) IGNORE_DUP_KEY:用于控制当向包含一个唯一聚集索引中的列中插入重复数据时SQL Server的反应。

（12）DROP_EXISTING：用于指定应删除并重新创建已命名的先前存在的聚集索引或者非聚集索引。

（13）STATISTICS_NORECOMPUTE：用于指定过期的索引统计不会自动重新计算。

（14）SORT_IN_TEMPDB：用于指定创建索引时的中间排序结果将存储在 tempdb 数据库中。

（15）ON filegroup：用于指定存放索引的文件组。

【例 9.1】在 shop_infor 表中的 sProducter 列上，创建一个名称为 "Idx_Pro" 的唯一聚集索引，降序排列，填充因子为 30%。

命令语句如下。

```
CREATE UNIQUE CLUSTERED INDEX Idx_Pro
ON shop_infor(sProducter DESC)
WITH
FILLFACTOR=30;
```

执行结果如图 9.1 所示。

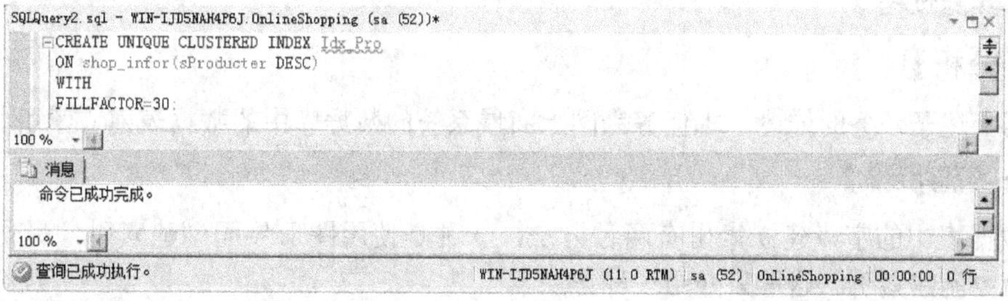

图 9.1　CREATE UNIQUE CLUSTERED INDEX 的执行结果

【例 9.2】在 shop_infor 表中的 sName 和 sCode 列上，创建一个名称为 "Idx_code" 的唯一非聚集组合索引，升序排列，填充因子为 10%。

命令语句如下。

```
CREATE UNIQUE NONCLUSTERED INDEX Idx_code
ON shop_infor(sName, sCode)
WITH
FILLFACTOR=10;
```

执行结果如图 9.2 所示。

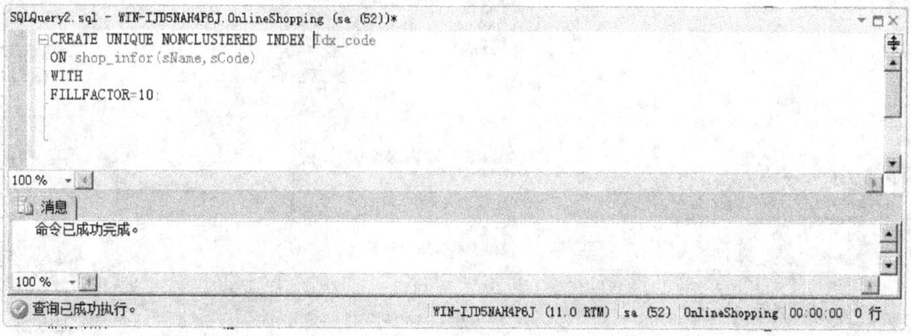

图 9.2　CREATE UNIQUE NONCLUSTERED INDEX 的执行结果

索引创建之后，可以在 shop_infor 表节点下的索引节点中双击并查看各个索引的属性信息，如图 9.3 所示，显示创建的名称为 "Idx_code" 的组合索引的属性。

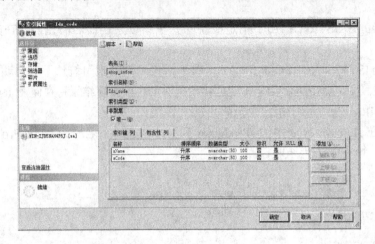

图 9.3 查看索引 Idx_code 属性的信息

二、实施过程

【子任务分析】

根据上述子任务的描述，本任务为网上商城系统的数据库中的数据表建立索引。

【子任务实施步骤】

为数据表中的字段建立索引有两种方法：一种是使用图形界面创建索引，另一种是使用 T-SQL 命令创建索引。这里只介绍一种方法。

使用图形界面创建索引的具体操作步骤如下。

步骤 1：启动 SQL Server 2012 中的 SQL Server Management Studio 工具，选择 Windows 身份验证或者 SQL Server 身份验证登录，建立连接。

步骤 2：在对象资源管理器面板中，打开【数据库】节点下要创建索引的数据表节点，如选择 shop_infor，打开该节点，右击【索引】节点，在弹出的快捷菜单中选择【新建索引】|【聚焦索引】选项，如图 9.4 所示。

步骤 3：弹出【新建索引】对话框，在【常规】选项卡中可以配置索引的名称和是否唯一索引等，如图 9.5 所示。

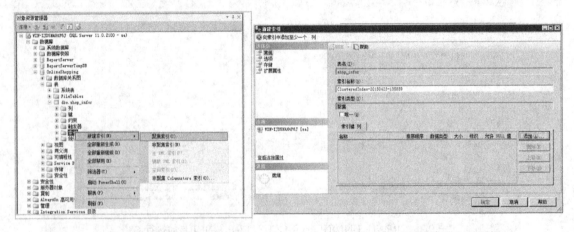

图 9.4 新建索引   图 9.5 "新建索引"对话框

步骤 4：单击【添加】按钮，弹出添加索引的选择列对话框，如图 9.6 所示，这里选择 sCode 列添加索引，选中 sCode 列前面的复选框。

步骤 5：单击【确定】按钮，返回【新建索引】对话框，如图 9.7 所示。

图 9.6 选择索引列

图 9.7 "新建索引"对话框

步骤 6：单击【确定】按钮，返回对象资源管理器。可以在"索引"节点下面看到新索引，说明该索引创建成功，如图 9.8 所示。

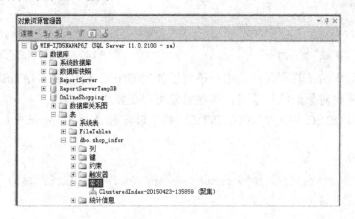

图 9.8 新建的索引

子任务 9.2　索引的管理与应用

【子任务描述】

索引创建之后可以根据需要对数据库中的索引进行管理，如在数据表中进行增加、删除或者更新操作。在网上商城系统中，可以查看已有的索引信息，并使用建立索引来自动维护，以达到维护数据的目的。

【子任务实施】

一、知识基础

创建索引后，可以对索引进行管理，包括查看索引信息，以及对索引进行增加、删除或更新操作。

1. 显示索引信息

（1）打开 SSMS 工具，以 Window 身份或 SQL Server 身份验证登录，建立连接。

（2）在对象资源管理器中，展开【shop_infor】表中的【统计信息】节点，右击要查看统计信息的索引（如 Idx_Pro），在弹出的快捷菜单中选择【属性】选项，弹出统计信息属性对话框，如图 9.9 所示。

(3)选择【选择页】中的【详细信息】选项卡,可以在右侧的窗格中看到当前索引的统计信息,如图 9.10 所示。

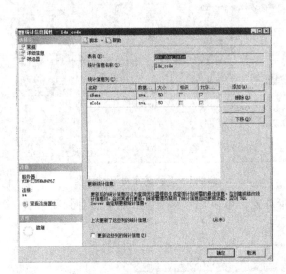 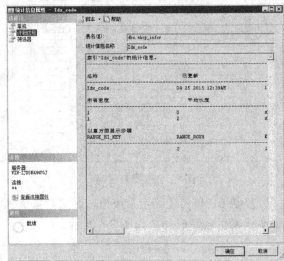

图 9.9 "常规"选项卡 　　　　　　　　图 9.10 "详细信息"选项卡

除了使用图形化的工具查看外,用户还可以使用 DBCC SHOW_STATISTICS 命令来返回指定表或视图中特定对象的统计信息,这些对象可以是索引、列等。

【例 9.3】使用 DBCC SHOW_STATISTICS 命令来查看 shop_infor 表中 Idx_Pro 索引的统计信息。

输入如下语句。

```
DBCC SHOW_STATISTICS ('OnlineShopping.dbo.shop_infor',Idx_Pro)
```

执行结果如图 9.11 所示。

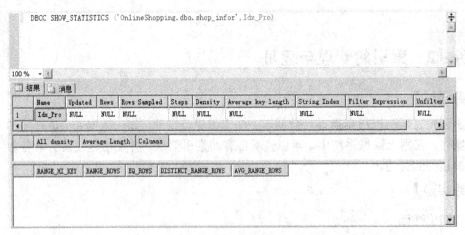

图 9.11 查看索引统计信息

返回的统计信息包含 3 个部分:统计标题信息、统计密度信息和统计直方信息。统计标题信息主要包括表中的行数、统计抽样行数、索引列的平均长度等。统计密度信息主要包括索引列前缀集选择性、平均长度等信息。统计直方图信息就是显示直方图时的信息。

2. 重命名索引

1)使用图形界面重命名索引

(1)在对象资源管理器中,选择要重新命名的索引,选中之后右击索引名称,在弹出的快捷菜单中选择【重命名】选项。

（2）在弹出的对话框中，输入新的索引名称，单击【确定】按钮，即可完成索引的重命名。

2）使用 T-SQL 命令重命名索引

使用系统存储过程 sp_rename 可以更改索引的名称，其语法格式如下。

```
EXEC sp_rename 'object_name','new_name', 'object_type'
```

（1）object_name：用户对象或数据类型的当前限定或非限定名称。此对象可以是表、索引、列、别名数据类型或用户定义类型。

（2）new_name：指定对象的新名称。

（3）object_type：指定修改的对象类型。表 9.1 中列出了对象类型的取值。

表 9.1 sp_rename 函数可重命名的对象

对象	说明
COLUMN	要重命名的列
DATABASE	用户定义数据库。重命名数据库时需要此对象类型
INDEX	用户定义索引
OBJECT	可用于重命名约束（CHECK、FOREIGN KEY、PRIMARY/UNIQUE KEY）、用户表和规则等对象
USERDATATYPE	通过执行 CREATE TYPE 或 sp_addtype，添加别名数据类型或 CLR 用户定义类型

【例 9.4】将 shop_infor 表中的索引名称 Idx_Pro 更改为 Idx_RePro，输入语句如下。

```
USE OnlineShopping
GO
exec sp_rename 'shop_infor.Idx_Pro','Idx_RePro','index'
```

语句执行之后，刷新索引节点下的索引列表，即可看到修改名称后的效果，如图 9.12 和图 9.13 所示。

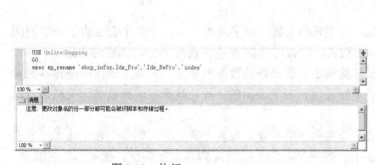
图 9.12 执行 sp_rename

图 9.13 执行 sp_rename 后的结果

3. 删除索引

当不再需要某个索引时，可以将其删除，DROP INDEX 命令可以删除一个或者多个当前数据库中的索引，语法格式如下。

```
DROP INDEX '[table|view].index'[,...n]
```

或者

```
DROP INDEX 'index' ON '[table|view]'
```

（1）[table|view]：用于指定列索引所在的表或视图。

（2）index：用于指定要删除的索引名称。

注意：DROP INDEX 命令不能删除由 CREATE TABLE 或者 ALTER TABLE 命令创建的

主键（PRIMARY KEY）或者唯一性约束索引，也不能删除系统表中的索引。

【例 9.5】删除表 shop_infor 中的索引 Idx_RePro。

输入语句如下：

```
USE OnlineShopping
GO
exec sp_helpindex 'shop_infor'
DROP INDEX shop_infor.Idx_RePro
exec sp_helpindex 'shop_infor'
```

执行结果如图 9.14 所示。

对比删除前后 shop_infor 表中的索引信息，可以看到删除之后表中不再有名称为"Idx_RePro"的索引，如图 9.15 所示。

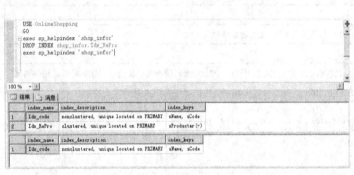 

图 9.14　执行 DROP INDEX　　　　　图 9.15　执行 DROP INDEX 后的结果

想一想：索引和关键字有何区别？

4. 索引和主键的区别

（1）索引可以加快表的查询速度，通常将经常用来查询的一个或者几个字段设置为索引，但不宜过多，3 个以内最好。

（2）索引是建立在一个表上的，而主索引是建立在多个表上的，如多个表组成了一个视图 A，而这个视图又包含了多个表里的索引，那么在视图 A 中再设置索引，就称为主索引。

（3）主键（关键字）是一个表里能够唯一区分每条数据的字段，主键主要作用是和其他表进行关联；虽然一个表可能存在多个能够区分每条数据的字段，但通常选择最易于关联其他表的那个字段作为主键。

（4）索引是建立在一个表上的，而主关键字是建立在多个表上的，如多个表组成了一个视图 A，而这个视图又包含了多个表中的关键字，那么视图 A 中再设置索引，就称为主关键字。

二、实施过程

【子任务分析】

根据上述子任务的描述，本任务对建立的索引进行如下操作。

（1）查看索引信息。

（2）建立索引的自动维护。

【子任务实施步骤】

1. 查看索引

查看索引有两种方法：一种是使用图形界面查看索引信息，另一种是使用 T-SQL 命令查看索引信息。

1）使用图形界面查看索引信息

步骤 1：启动 SQL Server 2012 中的 SQL Server Management Studio 工具，选择 Windows 身份验证或者 SQL Server 身份验证登录，建立连接。

步骤 2：在对象资源管理器中，展开【OnlineShopping】|【shop_infor】节点，右击【索引】节点，在弹出的快捷菜单中选择【属性】选项。

步骤 3：弹出"索引属性"对话框，如图 9.16 所示，在这里可以看到刚才创建的名称为 "Idx_Pro" 的索引，在该对话框中可以查看创建索引的相关信息，也可以修改索引的信息。

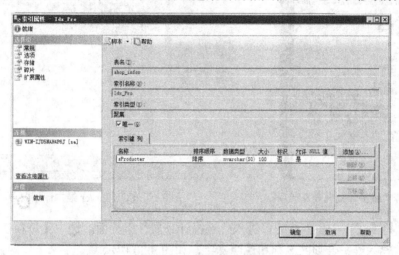

图 9.16 索引属性对话框

2）使用 T-SQL 命令查看索引信息

步骤 1：启动 SQL Server 2012 中的 SQL Server Management Studio 工具。

步骤 2：新建查询分析，在 SSMS 窗口中单击【新建查询】按钮，打开新的查询编辑窗口，根据任务 3 中物理数据库的设计，创建表"shop_Order"，即输入如下语句。

```
USE OnlineShopping
GO
exec sp_helpindex 'shop_infor'
```

执行结果如图 9.17 所示。

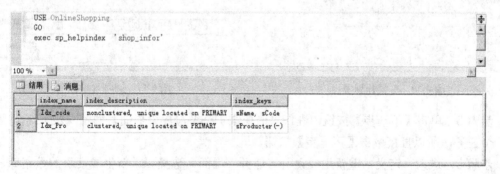

图 9.17 查看索引信息

由执行结果可以看到，这里显示了 shop_infor 中的索引信息。

（1）Index_name：指定索引名称。

（2）Index_description：包含索引的描述信息，如唯一性索引、聚集索引等。

(3) Index_keys：包含了索引所在的表中的列。

2. 建立索引的自动维护

步骤1：在对象资源管理器中，展开【管理】节点，右击【维护计划】节点，在弹出的快捷菜单中选择【维护计划向导】选项，如图9.18所示。

步骤2：弹出SQL Server维护计划向导，如图9.19所示。

 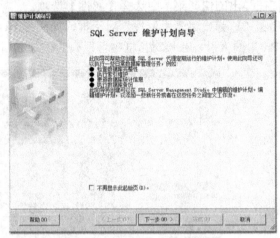

图9.18　选择"维护计划向导"选项　　　　图9.19　SQL Server维护计划向导

步骤3：单击【下一步】按钮，进入"选择计划属性"界面，选中【每项任务单独计划】单选按钮，并输入维护计划的名称和说明文字，如图9.20所示。

步骤4：在"选择维护任务"界面中选中【重新生成索引】复选框，如图9.21所示。

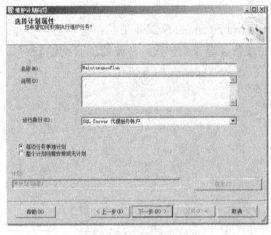 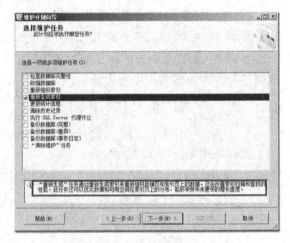

图9.20　选择计划属性　　　　　　　　　图9.21　选择维护任务

步骤5：单击【下一步】按钮，进入"选择维护任务顺序"界面，如图9.22所示。因为只有一个任务，所以直接单击【下一步】按钮。

步骤6：进入"定义'重新生成索引'任务"界面，选择要重新生成索引的数据库，可以选择所有数据库，也可以选择所有系统数据库，也可以选择其他数据库。这里选择OnlineShopping数据库，如图9.23所示。

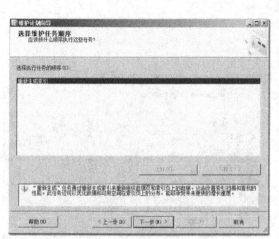

图9.22　选择维护任务顺序　　　　　图9.23　重新生成索引

步骤7：单击【确定】按钮，在"定义'重新生成索引'任务"界面中，设置【对象】为【表和视图】，如图9.24所示。

步骤8：在"定义'重新生成索引'任务"界面中设置【高级选项】，选中【对 tempdb 中的结果进行排序】和【重建索引时保持索引联机】复选框，如图9.25所示。

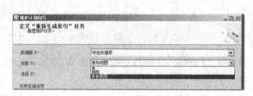

图9.24　选择表和视图

步骤9：在"定义'重新生成索引'任务"界面的【计划】选项组中，单击【更改】按钮，弹出【新建作业计划】对话框，设置各个选项，具体如图9.26所示。

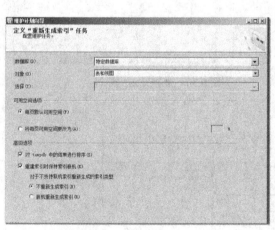

图9.25　选择可用空间　　　　　　　图9.26　新建作业计划

步骤10："定义'重新生成索引'任务"界面中的选项设置完成后如图9.27所示。

步骤11：单击【下一步】按钮，进入"选择报告选项"界面，各项设置保持默认，如图9.28所示。

步骤12：单击【下一步】按钮，进入"完成该向导"界面，其中显示了维护计划的摘要信息，如图9.29所示。

步骤 13：单击【完成】按钮，进入"维护计划向导进度"界面，当各项状态显示【成功】时，如图 9.30 所示，即完成了配置。

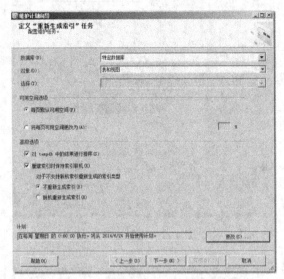

图 9.27　全部配置完成

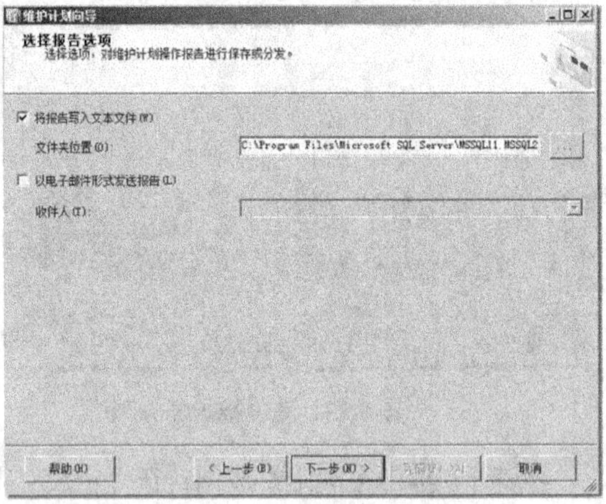

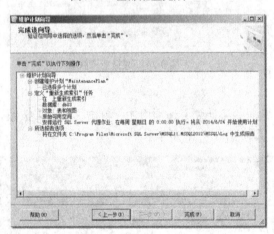

图 9.29　完成该向导

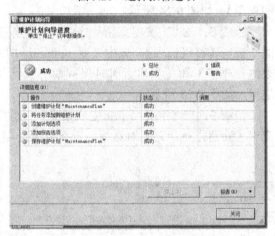

图 9.28　选择报告选项

图 9.30　维护计划向导进度

步骤 14：配置完成后如图 9.31 所示。

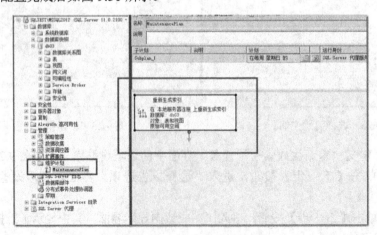

图 9.31　生成维护计划

步骤 15：如果需要修改维护计划，则可以右击需要修改的维护计划，在弹出的快捷菜单中选择【编辑】选项，对其进行修改，如图 9.32 所示。

步骤 16：弹出"'重新生成索引'任务"对话框，对设置进行修改。也可以单击图中的【查看 T-SQL】按钮，以生成该维护计划的 T-SQL 脚本，如图 9.33 所示。

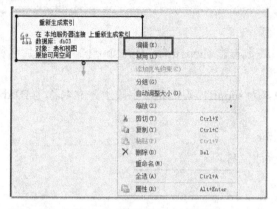 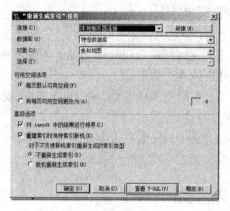

图 9.32　编辑维护计划　　　　　　　　　图 9.33　查看 T-SQL

课堂练习

一、选择题

1. 以下对索引描述不正确的是（　　）。
   A．某列创建了唯一索引，则这一列为主键
   B．不允许插入重复的列值
   C．某列创建为主键，则该列会自动创建唯一索引
   D．一个表中可以有多个唯一索引

2. 能够实现执行 SQL 语句、分析查询计划、显示查询统计情况和实现索引分析等功能的 SQL 工具是（　　）。
   A．企业管理器　　　B．查询分析器　　　C．服务管理器　　　D．事件探查器

3. 为数据表创建索引的目的是（　　）。
   A．提高查询的检索性能　　　　　　　　B．创建唯一索引
   C．创建主键　　　　　　　　　　　　　D．归类

4. 可以在创建表时用（　　）来创建唯一索引，也可以用（　　）来创建唯一索引。
   A．设置主键约束，设置唯一约束
   B．Create table，Create index
   C．设置主键约束，Create index
   D．以上都可以

二、填空题

1. SQL Server 2012 中，索引的 3 种类型是_____和_____。

2. 根据表是否带有可用索引，SQL Server 采用_____或_____的方式来查询记录。

3. 带有聚集索引的表中，记录根据_____排列顺序存储在物理介质上，因此一个表最多只能有_____个聚集索引。

4. 创建索引使用的 T-SQL 语句是_____，修改索引使用的 T-SQL 语句是_____，删除索引使用的 T-SQL 语句是_____。

三、简单题

1. 索引有何作用？其有何优缺点？
2. 创建索引有何优点？

实践与实训

1. 在数据库 OnlineShopping 数据库中，在数据表 shop_infor 中为 shopID 字段添加名称为 shopIdx 的唯一索引。
2. 使用资源管理器，在 shop_infor 表中，为 shopID 和 sName 字段上建立名称为 BJIdx 的非聚集组合索引。
3. 将 BJIdx 索引重新命名为 IdxNameInfor。
4. 查看名称为 IdxNameInfor 的索引的统计信息。

任务总结

本任务主要介绍了索引的作用、分类等，同时介绍了索引的创建方法和步骤。在大数据的查询处理中会使用索引机制来达到加快数据的读取速度和完整性检查的目的。

任务 10 游标的应用

任务描述

关系数据库中的操作往往会生成一个结果行的集合，即结果集，SELECT 语句查询后返回满足条件的结果集就是由多行构成的应用程序，特别是交互式的联机应用程序，并不总能将整个结果集作为一个单元进行有效的处理。这些应用程序需要一个机制，即每次处理一行或者部分行的数据。游标可以实现这个功能。用户想查看现有商品品牌的信息，但是要逐行显示，并给出中文提示。这个问题难倒了第三项目组的成员。按照以往的经验，查看数据是很简单的事情，现在需要逐行显示，怎么办呢？项目组成员请教了组长赵老师，发现游标机制可以实现此功能，在经过初步的学习后，此问题迎刃而解。

知识重点

（1）熟练掌握游标的相关知识。
（2）熟练掌握游标的应用。

知识难点

游标的使用。

子任务 10.1 游标的创建与操作

【子任务描述】

项目经理王总在描述需求的时候提出了一个要求：用户想查看现有商品品牌的信息，但是要逐行显示，并给出中文提示。项目组成员请教了组长赵老师，发现游标机制可以实现此功能。

【子任务实施】

一、知识基础

1. 游标

游标是处理数据的一种方法，可以看做一个表中的记录的指针作用于 SELECT 语句生成的结果集，能够在结果集中逐行向前或者向后访问数据。在初始状态下，游标指针指向查询结果集的第一条数据记录的位置。在执行 FETCH 语句提取数据后，游标指针将向下移动一个数据记录的位置。使用游标可以在记录集的任意位置显示、修改和删除当前记录的数据。

2. 游标的作用

（1）允许定位在结果集的任意行上。
（2）从结果集的当前位置检索一行或部分行。
（3）允许对结果集的当前位置进行修改。

3. 游标的操作

游标的基本操作包括 5 个步骤：声明游标、打开游标、使用游标、关闭游标和释放游标。

1) 声明游标

游标在使用之前需要先声明，使一个游标和一条语句建立联系，DECLARE 用于声明游标，它通过 SELECT 语句查询定义游标存储的数据集合。其语法格式如下。

```
DECLARE cursor_name CURSOR
[LOCAL|GLOBAL][FORWARD_ONLY|SCROLL]
[STATIC|KEYSET|DYNAMIC|FAST_FORWARD]
[READ_ONLY|SCROLL_LOCKS|OPTIMISTIC][TYPE_WARNING]
FOR select_statement [FOR UPDATE[OF column_name[,...n]]]
```

（1）cursor_name：游标的名称，命名时必须遵循标识符的命名原则。

（2）LOCAL|GLOBAL：游标的类型，LOCAL 代表局部游标，GLOBAL 代表全局游标，此项为可选项。

（3）FORWARD_ONLY：指定游标只能从第一行移动到最后一行，此项为可选项。

（4）SCROLL：用于设置所有的提取数据的选项都可用，此项为可选项。

（5）STATIC：用于设置使用 tempdb 数据库的临时表存储该游标的数据，在对游标进行提取操作时返回的数据中不返回对基表所做的修改，并且该游标不允许修改，此项为可选项。

（6）DYNAMIC：定义一个游标，以反映在滚动游标时对结果集中的各行所做的所有数据更改。行的数据值、顺序和成员身份在每次提取时都会改变，此项为可选项。

（7）FAST_FORWARD：指定启用性能优化的 FORWARD_ONLY、READ_ONLY 游标，此项为可选项。

（8）KEYSET：指定当游标打开时，游标中行的身份和顺序已经固定，此项为可选项。

（9）READ_ONLY：设置只读游标，禁止通过该游标进行数据更新，在 UPDATE 或 DELETE 语句的 WHERE CURRENT OF 子句中不能引用该游标，此项为可选项。

（10）SCROLL_LOCKS：指定通过游标进行定位更新和定位删除肯定会成功，此项为可选项。

（11）OPTIMISTIC：指定如果通过行从被读入游标以来已经得到更新，则通过游标进行的定位更新或定位删除不会成功，此项为可选项。

（12）TYPE_WARNING：指定通过游标从请求的类型隐式转换为另一种类型时，向客户端发送警告信息，此项为可选项。

（13）select_statement：定义游标记录集的标准 SELECT 语句，查询语句可以包含排序、查询等部分，但不能使用 COMPUTE、COMPUTE BY、FOR BROWSE 和 INTO。

（14）UPDATE：定义游标中可更新的列，如果指定了 OF 字段参数，则只允许修改列出的列，如果指定了 UPDATE，但未指定列的列表，则可以更新所有的列，此项为可选项。

（15）column_name：可以被修改的字段列名。

【例 10.1】在商品信息表 shop_infor 中搜索商品的基本信息，包括商品名称、商品积分和图片，语句如下。

```
USE OnlineShopping
Go
DECLARE Tcursor CURSOR
FOR SELECT sName, sSore, sPic
FROM shop_infor
```

2）打开游标

声明游标之后，使用之前需要打开游标，才能从游标中提取数据。打开游标语句执行游标定义中的查询语句，查询结果存放在游标缓冲区中，并使游标指针指向游标区中的第一个元组，作为游标的默认访问位置。查询结果的内容取决于查询语句的设置和查询条件。打开游标的语句格式如下。

```
OPEN cursor_name
```

说明：

（1）游标在打开状态下，不能再被打开，即 OPEN 命令只能打开已经声明但是未被打开的游标。

（2）打开游标后可以使用全局变量@@ERROR 判断打开操作是否成功，如果返回 0，则表示游标打开成功，否则表示打开失败。

（3）当游标打开成功后，游标位置指向记录集的第一行之前。游标成功打开后，使用全局变量@@CURSOR_ROWS 返回游标中的记录数。

3）提取数据

游标被成功打开后即可从定义游标的工作区中检索一条数据记录作为当前数据记录，提取游标中的数据的语法格式如下。

```
FETCH[[NEXT|PRIOR|FIRST|LAST|ABSOLUTE{n}|RELATIVE{n}]FROM]
cursor_name [ INTO @Variable_name [ ,...n ] ]
```

（1）NEXT：用来提取当前行的下一行数据，并将下一行变为当前行。如果 FETCH NEXT 是对游标的第一次操作，则提取第一行。

（2）PRIOR：用来提取当前行的前一行数据，并将前一行变为当前行。如果 FETCH PRIOR 是对游标的第一次操作，那么没有行返回并且游标置于第一行之前。

（3）FIRST：表示提取第一行数据，并且将其作为当前行。

（4）LAST：表示提取最后一行数据，并且将其作为当前行。

（5）ABSOLUTE{n}：表示按绝对位置提取数据，其中若 n 为正数，则返回从游标头开始的第 n 行，并将返回行作为新的当前行；若 n 为负数，则返回从游标末尾开始的第 n 行，并将返回行作为新的当前行。

（6）RELATIVE{n}：表示按相对位置提取数据，其中若 n 为正数，则返回从当前行开始之后的第 n 行，并将返回行作为新的当前行；若 n 为负数，则返回从当前行开始之前的第 n 行，并将返回行作为新的当前行。

(7) INTO @Variable_name [,...n]：将提取操作的列的数据放在局部变量中。列表中的各个变量从左到右与游标结果集中的相应列关联。各变量的数据类型必须与相应的结果集列的数据类型匹配，或者结果集列数据类型所支持的隐式转换，变量的数目必须与游标选择列表中的列数一致。

执行一次 FETCH 语句只能提取一条数据。如果希望在游标中提取所有的数据记录，则需要将 FETCH 语句放在一个循环体中，并使用全局变量@@FETCH_STATUS 判断上一次记录是否提取成功，如果成功，则进入下一次提取，直到末尾，否则跳出循环。将记录提取完后，跳出循环。@@FETCH_STATUS 有 3 个返回值，其中 0 代表提取正常，-1 代表已经到了记录末尾，-2 代表操作有问题。

4）关闭游标

关闭游标就是游标使用完毕后释放当前结果集并且解除定位游标行上的游标锁定，这样定义游标的工作区会变为无效。关闭游标后，不允许直接提取游标数据，但是可以用 OPEN 命令打开游标，再提取数据。在一个批处理中可以多次打开和关闭游标。其语法格式如下。

```
CLOSE cursor_name
```

5）释放游标

如果游标确定不再使用时，要将其删除，彻底释放游标所占用的系统资源，如果重新使用，则必须声明一个新的游标。释放游标的语法格式如下。

```
DEALLOCATE cursor_name
```

二、实施过程

【子任务实施步骤】

（1）在 OnlineShopping 数据库中，使用游标逐行显示"shop_brand"中的品牌信息。

步骤 1：启动 SQL Server 2012 中的 SQL Server Management Studio 工具。

步骤 2：新建查询分析，在 SSMS 窗口中单击【新建查询】按钮，打开新的查询编辑窗口，如图 10.1 所示。

步骤 3：使用游标逐行显示"shop_brand"中的品牌信息，可以在查询编辑窗口中输入如下命令。

```
USE OnlineShopping
GO
--定义游标
DECLARE s_ppxx  CURSOR KEYSET FOR SELECT bName,bCode,bIsRecomm
 FROM shop_brand
OPEN s_ppxx  --打开游标
DECLARE @ppmc nvarchar(50),@ppbm nvarchar(50),@sftj int
IF @@ERROR=0  --判断游标打开是否成功
BEGIN
     IF @@CURSOR_ROWS>0
       BEGIN
       PRINT '共有品牌'+RTRIM(CAST(@@CURSOR_ROWS AS CHAR(3)))+'种,分别是：'
       PRINT ''

--提取游标中的第一条记录,将其字段内容分别存入变量
       FETCH NEXT FROM s_ppxx INTO @ppmc,@ppbm,@sftj
       --检测全局变量@@FETCH_STATUS,如果有记录,则继续循环
       WHILE (@@FETCH_STATUS=0)
```

```
            BEGIN
                PRINT @ppmc +', '+@ppbm+', '+@sftj
                --提取游标中的下一条记录,将其字段内容分别放入变量
                FETCH NEXT FROM s_ppxx INTO @ppmc,@ppbm,@sftj
            END
        END
    END
    ELSE
    PRINT '游标存在问题!'
    CLOSE s_ppxx           --关闭游标
    DEALLOCATE s_ppxx      --删除游标
    GO
```

执行结果如图 10.2 所示。

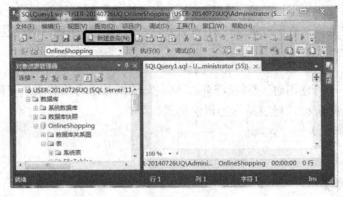

图 10.1 新建查询

图 10.2 游标逐行显示 shop_brand 中的品牌

(2) 备份 "shop_infor"表,删除一个商品,修改另一个商品,具体操作步骤如下。

步骤 1:启动 SQL Server 2012 下的 SQL Server Management Studio 工具。

步骤 2:新建查询分析,在 SSMS 窗口中单击【新建查询】按钮,打开新的查询编辑窗口,如图 10.1 所示。

步骤 3:根据上面的任务分析,可以在查询编辑窗口中输入如下命令。

```
USE OnlineShopping
GO
SELECT * INTO 商品备份 from shop_infor
SELECT * FROM 商品备份
GO
--定义游标
DECLARE c_xiugai CURSOR SCROLL DYNAMIC FOR SELECT * FROM 商品备份
```

```
OPEN c_xiugai  --打开游标
--提取第一条记录的内容
FETCH FIRST  FROM c_xiugai
 --删除第一条记录
DELETE FROM 课程备份
WHERE CURRENT OF c_xiugai
--提取最后一条记录的内容
FETCH  LAST  FROM c_xiugai
--修改最后一条记录
UPDATE 商品备份 SET 商品名称='平板电脑'
WHERE CURRENT OF c_xiugai
CLOSE c_xiugai          --关闭游标
DEALLOCATE c_xiugai  --删除游标
GO
SELECT * FROM 商品备份
GO
```

执行结果如图 10.3 所示。

图 10.3 备份 shop_infor

课堂练习

一、选择题

1. 声明游标的语句是（   ）。
   A. CREATE CURSOR   B. DECLARE CURSOR
   C. OPEN CURSOR   D. DELLOCATE CURSOR
2. 关于游标的使用过程的顺序说法正确的是（   ）。
   A. 声明游标—提取数据—打开游标—关闭游标—释放游标
   B. 声明游标—打开游标—提取数据—关闭游标—释放游标
   C. 声明游标—关闭游标—提取数据—打开游标—释放游标
   D. 声明游标—关闭游标—打开游标—提取数据—释放游标
3. 关于游标的使用说法不正确的是（   ）。
   A. 游标可以逐行访问数据   B. 游标释放后可以重新打开
   C. 游标必须先声明后使用   D. 游标声明要用 DECLARE 命令
4. 在数据库的应用中，一般一个 SQL 语句可产生或处理一组记录，而数据库主语言一般一次只能处理一个记录，其协调可通过下列的（   ）技术来实现。
   A. 指针   B. 游标   C. 查询   D. 栈
5. 游标关闭后（   ）可以打开。

A. 是　　　　　B. 否　　　　　C. 不确定　　　　D. 无所谓

二、填空题

1. 游标的操作包括以下几个步骤：声明游标、_____、提取数据、_____、_____。
2. 使用全局变量@@error 判断游标打开操作是否成功，如果返回值为_____，则表示游标打开成功，否则表示打开失败。
3. 游标关闭的命令是_____。

三、简答题

1. 简述游标的使用方法。
2. 简述游标的优点。

实践与实训

1. 使用游标遍历数据库 OnlineShoping 商品信息表 shop_infor 中的"商品编码"、"商品名称"和"商品数量"等信息。
2. 使用游标遍历数据库 OnlineShoping 用户表 shop_user 中的"用户编码"、"用户账户"和"联系方式"等信息。
3. 使用游标遍历数据库 OnlineShoping 收货地址表 shop_ReciveAdress 中的"收货编码"、"收货人姓名"和"手机号码"等信息。
4. 使用游标遍历数据库 OnlineShoping 店铺表 shop_Seller 中的"店铺编号"、"店铺名称"和"店铺网址"等信息。

任务总结

本任务在实际项目应用中非常广泛。在本任务中主要以网上商城系统为例，讲解了游标的使用，如从简单的游标遍历到使用游标变更数据。

任务 11　存储过程的应用

任务描述

存储过程是数据库中的重要对象，它是对数据库若干操作的一个集合，通过执行存储过程可以完成一个复杂的数据库操作，以网上商城系统为例，如果需要在插入新的品牌时必须保证该品牌的名称是唯一的，对于这样的操作，通过定义一个存储过程便可以轻松解决。本任务的主要目标是在了解存储过程基础知识的前提下，学习根据实际业务的需要定义和执行存储过程的方法。

知识重点

（1）熟练掌握创建用户自定义存储过程的方法。
（2）熟练掌握常用系统存储过程的功能，掌握执行存储过程的方法。
（3）熟练掌握修改和删除存储过程的方法。

知识难点

(1) 带有参数的用户自定义存储过程的创建和执行方法。
(2) 根据实际需求正确使用存储过程解决问题。

子任务 11.1　了解存储过程

【子任务描述】

存储过程是一组完成特定功能的 SQL 语句集，经编译后存储在数据库中。用户通过指定存储过程的名称并给出参数（如果该存储过程带有参数）来执行它。

【子任务实施】

1. 存储过程的分类

在 SQL Server 中存储过程分为两类：系统提供的存储过程和用户自定义的存储过程。

系统存储过程主要存储在 master 数据库中并以 sp_为前缀。系统存储过程主要从系统表中获取信息，从而为系统管理员管理 SQL Server 提供支持。通过系统存储过程，SQL Server 中的许多管理性或信息性的活动（如了解数据库对象、数据库信息）都可以被顺利、有效地完成。例如，在前面章节中，曾经利用系统存储过程实现数据库重命名等操作。尽管这些系统存储过程被放在 master 数据库中，但是仍可以在其他数据库中对其进行调用，在调用时不必在存储过程名称前加上数据库名称。当创建一个新数据库时，一些系统存储过程会在新数据库中被自动创建。

用户自定义存储过程是由用户创建并能完成某一特定功能（如查询用户所需数据信息）的存储过程。在本任务中涉及的存储过程主要是指用户自定义存储过程。

2. 存储过程的优点

由于存储过程在创建时即在数据库服务器中进行了编译并存储在数据库中，所以存储过程运行要比单个 SQL 语句块快。同时，由于在调用时只需提供存储过程名和必要的参数信息，所以在一定程度上也可以减少网络流量和负载。

1) 存储过程允许标准组件式编程

存储过程在被创建以后可以在程序中被多次调用，而不必重新编写该存储过程的 SQL 语句。同时，数据库专业人员可随时对存储过程进行修改，但对应用程序源代码毫无影响（因为应用程序源代码只包含存储过程的调用语句），从而极大地提高了程序的可移植性。

2) 存储过程能够实现较快的执行速度

如果某一操作包含大量的 T-SQL 语句或分别被多次执行，那么存储过程要比批处理的执行速度快得多。因为存储过程是预编译的，所以，在首次运行一个存储过程时，查询优化器对其进行分析、优化，并给出最终被存在系统表中的执行计划。而批处理的 T-SQL 语句在每次运行时都要进行编译和优化，因此执行速度比存储过程慢。

3) 存储过程能够减少网络流量

对于同一个针对数据库数据对象的操作（如查询、修改），如果这一操作涉及的 T-SQL 语句被组织成一个存储过程，那么当在客户计算机上调用该存储过程时，网络中传送的只是该调用语句，否则将是多条 T-SQL 语句，从而大大减少了网络流量，降低了网络负载。

4) 存储过程可被作为一种安全机制

系统管理员通过对执行某一存储过程的权限进行限制，从而能够实现对相应数据访问权限的限制,避免非授权用户对数据的访问,保证数据的安全。

子任务 11.2　创建与执行存储过程

【子任务描述】

本任务的目标是学习使用 T-SQL 语句创建用户自定义存储过程,以及执行存储过程的方法。在本任务中,要通过编写存储过程向品牌表 shop_Brand 中插入一个品牌信息,包括品牌名称、品牌编码、是否为推荐品牌,如果要插入的品牌名称已存在,那么使用 RAISERROR 抛出错误信息,并使用 TRY...CATCH 处理该错误;否则插入该品牌信息,并返回该品牌的编号。

【子任务实施】

一、知识基础

1. 常用的系统存储过程(表 11.1)

表 11.1　常用系统存储过程

系统存储过程名称	功 能 说 明
sp_databases	列出服务器上的所有数据库
sp_helpdb	显示有关指定数据库或所有数据库的信息
sp_rename	更改数据表、数据列、索引、视图、存储过程及约束等的名称
sp_renamedb	更改数据库的名称
sp_tables	返回当前环境下可查询的对象的列表
sp_columns	返回某个表列的信息
sp_help	查看某个表的所有信息
sp_helpconstraint	查看某个表的约束
sp_helpindex	查看某个表的索引
sp_stored_procedures	列出当前环境中的所有存储过程
sp_password	添加或修改登录账户的密码
sp_helptext	显示默认值、未加密的存储过程、用户定义的存储过程、触发器或视图的实际文本

想一想:回忆一下,在前面的任务中使用了上面表中的哪些存储过程?

2. 创建用户自定义存储过程的 T-SQL 语句

```
CREATE  PROC[EDURE]  procedure_name
@parameter1 datatype [VARYING] [= default value] [OUTPUT],
......,
@parametern datatype [VARYING] [= default value] [OUTPUT]
[WITH {RECOMPILE|ENCRYPTION|RECOMPILE,ENCRYPTION}]
[FOR REPLICATION]
AS
SQL 语句
```

(1) procedure_name:用来指定存储过程名,该名称必须符合标识符规则,且对于数据库及其所有者必须唯一。

(2) @parameter:用来指定参数,使用@符号作为第一个字符来指定参数名称,参数名称必须符合标识符的规则,每个过程的参数仅用于该过程本身,相同的参数名称可以用在其他过程中;在 CREATE PROCEDURE 语句中可以声明一个或多个参数,用户必须在执行过程中提供每个所声明参数的值(除非定义了该参数的默认值),存储过程最多可以有 2100 个参数。

(3) datatype:用来指定数据类型,所有数据类型(包括 text、ntext 和 image)均可以用做存储过程的参数,如果指定的数据类型为游标,则必须同时指定 VARYING 和 OUTPUT 关键字。

（4）default value：用来指定默认值，如果定义了默认值，则不必指定该参数的值即可执行过程，默认值必须是常量或 NULL，如果在存储过程中对该参数使用 LIKE 关键字，那么默认值中可以包含通配符。

（5）OUTPUT：使用 OUTPUT 参数可将信息返回给调用过程。

（6）RECOMPILE：表明 SQL Server 不会缓存该过程的计划，该过程将在运行时重新编译，在使用非典型值或临时值而不希望覆盖缓存在内存中的执行计划时，可以使用 RECOMPILE 选项。

（7）ENCRYPTION：表示 SQL Server 加密 syscomments 中包含 Create PROCEDURE 语句文本的条目，使用 ENCRYPTION 可防止将存储过程作为 SQL Server 复制的一部分发布。

（8）FOR REPLICATION：使用 FOR REPLICATION 选项创建的存储过程可用做存储过程筛选，且只能在复制过程中执行，本选项不能和 WITH RECOMPILE 选项一起使用。

3. 执行存储过程的 T-SQL 语句

```
EXEC[UTE] procedure_name [value1,...,valuen]
```

如果定义存储过程时定义了参数，那么在执行时必须提供相应参数的值，参数值的数量和类型必须与定义时相一致，如果定义时为参数指定了默认值，则执行时可以不提供参数值。

【例 11.1】创建存储过程"getUsers"，返回所有用户信息，语句如下。

```
USE OnlineShopping
GO
CREATE PROCEDURE getUsers
AS
SELECT * FROM shop_user
```

图 11.1　创建存储过程"getUsers"

执行结果如图 11.1 所示。

输入下面语句执行该存储过程。

```
USE OnlineShopping
EXEC getUsers
```

执行后的结果如图 11.2 所示。

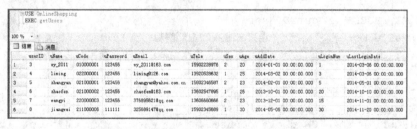

图 11.2　存储过程"getUsers"的执行结果

【例 11.2】创建存储过程"getSpecialUsers"，返回注册时间在某个指定时间段内的用户信息，语句如下。

```
USE OnlineShopping
GO
CREATE PROCEDURE getSpecialUsers
@startdate datetime,   ——指定查询开始时间
@enddate datetime      ——指定查询结束时间
AS
SELECT * FROM shop_user
```

```
            where uAddDate>=@startdate and uAddDate<DATEADD(day,1,@enddate)
```
执行结果如图 11.3 所示。

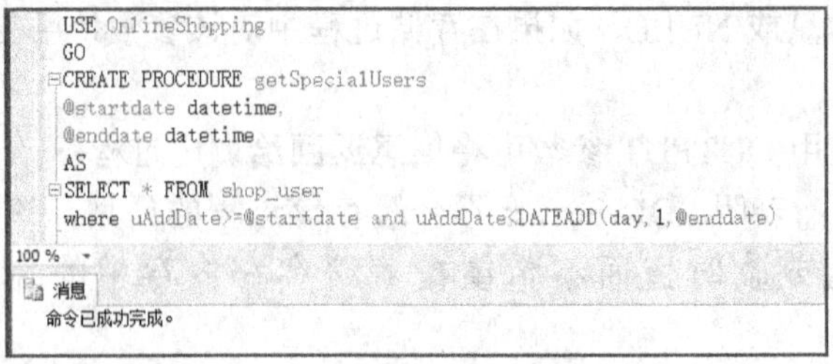

```
USE OnlineShopping
GO
CREATE PROCEDURE getSpecialUsers
@startdate datetime,
@enddate datetime
AS
SELECT * FROM shop_user
where uAddDate>=@startdate and uAddDate<DATEADD(day,1,@enddate)
```
命令已成功完成。

图 11.3 创建存储过程 "getSpecialUsers"

输入下面语句执行该存储过程。
```
USE OnlineShopping
EXEC getSpecialUsers '2013-01-01','2014-02-01'
```
执行结果如图 11.4 所示。

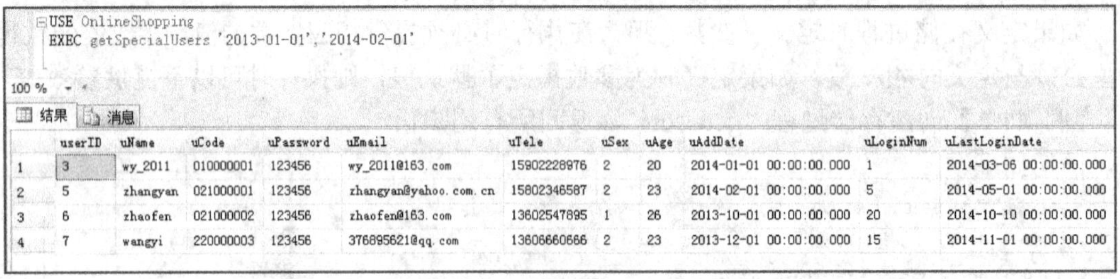

userID	uName	uCode	uPassword	uEmail	uTele	uSex	uAge	uAddDate	uLoginNum	uLastLoginDate
3	wy_2011	010000001	123456	wy_2011@163.com	15902228976	2	20	2014-01-01 00:00:00.000	1	2014-03-06 00:00:00.000
5	zhangyan	021000001	123456	zhangyan@yahoo.com.cn	15802346587	2	21	2014-02-01 00:00:00.000	5	2014-05-01 00:00:00.000
6	zhaofen	021000002	123456	zhaofen@163.com	13602547895	1	26	2013-10-01 00:00:00.000	20	2014-10-10 00:00:00.000
7	wangyi	220000003	123456	376895621@qq.com	13606660666	2	23	2013-12-01 00:00:00.000	15	2014-11-01 00:00:00.000

图 11.4 存储过程 "getSpecialUsers" 的执行结果

想一想：存储过程中的 DATEADD 函数有何作用？这里为什么要使用这个函数？如果不使用该函数，则是否有其他方法实现题目要求的功能？

【**例 11.3**】创建存储过程 "getTOPUser"，返回用户个人消费总金额不低于某个参数值的最高消费总金额，语句如下。
```
USE OnlineShopping
GO
CREATE PROCEDURE getTOPUser
@minvalue money,          ——消费总金额的最低阈值
@total money output       ——输出型参数,用来返回用户的最高消费总金额
AS
SELECT TOP 1 @total=SUM(dbo.shop_Invoice.sPrice)
FROM  dbo.shop_user INNER JOIN
dbo.shop_Invoice ON dbo.shop_user.uName = dbo.shop_Invoice.uName
GROUP BY dbo.shop_user.userID, dbo.shop_user.uName
HAVING SUM(dbo.shop_Invoice.sPrice)>=@minvalue
ORDER BY SUM(dbo.shop_Invoice.sPrice) DESC
```
执行结果如图 11.5 所示。
输入下面语句执行该存储过程。
```
USE OnlineShopping
declare @total as money /*定义money类型的变量total,在调用存储过程"getTOPUser"时
                          作为输出型参数*/
EXEC getTOPUser 500,@total output
select @total
```

执行结果如图 11.6 所示。

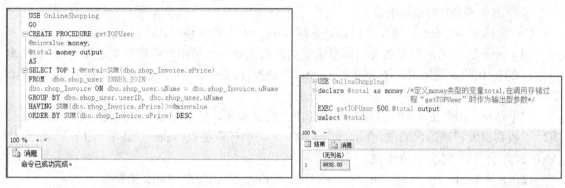

图 11.5 创建存储过程"getTOPUser"　　图 11.6 存储过程"getTOPUser"的执行结果

【例 11.4】创建存储过程"getAllBrands",返回所有品牌信息,要求对该存储过程进行加密,语句如下。

```
USE OnlineShopping
GO
CREATE PROCEDURE getAllBrands
WITH ENCRYPTION
AS
SELECT * FROM shop_brand
```

执行结果如图 11.7 所示。

执行系统存储过程 sp_helptext,查看存储过程 getAllBrands 的文本。

```
USE OnlineShopping
EXEC sp_helptext 'getAllBrands'
```

执行结果如图 11.8 所示。

图 11.7 创建存储过程"getAllBrands"　　图 11.8 查看存储过程"getAllBrands"的文本

4. RAISERROR 语句

RAISERROR 语句的作用是在存储过程中返回一个用户自定义的错误信息,其语法格式如下。

```
RAISERROR ( { msg_id | msg_str | @local_variable }
          { ,severity ,state }
          [ ,argument [ ,...n ] ]
        )
  [ WITH option [ ,...n ] ]
```

(1) msg_id:表示可以是一个 sys.messages 表中定义的消息代号,使用 sp_addmessage 存储在 sys.messages 目录视图中的用户定义错误消息号,用户定义错误消息的错误号应当大于 50000。

(2) msg_str:表示也可以是一个用户定义消息,该错误消息最长可以有 2047 个字符(如果是常量，则使用 N'xxxx'，因为类型是 nvarchar），当指定 msg_str 时，RAISERROR 将引发一个错误号为 5000 的错误消息。

（3）@local_variable：表示也可以是按照 msg_str 方式的格式化字符串变量。

（4）severity：用户定义的与该消息关联的严重级别，任何用户都可以指定 0～18 的严重级别，在[0,10]的闭区间内，不会跳到 catch；如果是[11,19]，则跳到 catch；如果为[20,无穷)，则直接终止数据库连接。

（5）state：如果在多个位置引发相同的用户定义错误，则针对每个位置使用唯一的状态号有助于找到引发错误的代码段，介于 1 至 127 之间的任意整数（state 默认值为 1），当 state 值为 0 或大于 127 时会生成错误。

（6）argument：用于代替 msg_str 或对应于 msg_id 的消息中定义的变量。

（7）option：自定义选项，可以是以下 3 个选项中的一个。

① LOG：在错误日志和应用程序日志中记录错误。

② NOWAIT：将消息立即发送给客户端。

③ SETERROR：将 @@ERROR 值和 ERROR_NUMBER 值设置为 msg_id 或 50000。

5. 使用 TRY…CATCH 语句处理 T-SQL 中的错误

T-SQL 代码中的错误可使用 TRY…CATCH 构造处理，此功能类似于 Microsoft Visual C++ 和 Microsoft Visual C#语言的异常处理功能。TRY…CATCH 构造包括两部分：一个 TRY 块和一个 CATCH 块。如果在 TRY 块内的 T-SQL 语句中检测到错误条件，则控制将被传递到 CATCH 块（可在此块中处理此错误）。

CATCH 块处理该异常错误后，控制将被传递到 END CATCH 语句后面的第一个 T-SQL 语句。如果 END CATCH 语句是存储过程或触发器中的最后一条语句，则控制将返回到调用该存储过程或触发器的代码，将不执行 TRY 块中生成错误的语句后面的 T-SQL 语句。

如果 TRY 块中没有错误，则控制将传递到关联的 END CATCH 语句后紧跟的语句。如果 END CATCH 语句是存储过程或触发器中的最后一条语句，则控制将传递到调用该存储过程或触发器的语句。

TRY 块以 BEGIN TRY 语句开头，以 END TRY 语句结尾。在 BEGIN TRY 和 END TRY 语句之间可以指定一个或多个 T-SQL 语句。CATCH 块必须紧跟 TRY 块。CATCH 块以 BEGIN CATCH 语句开头，以 END CATCH 语句结尾。在 T-SQL 中，每个 TRY 块仅与一个 CATCH 块相关联。

1）在存储过程中使用 TRY…CATCH

具体语法格式如下。

```
CREATE PROC[EDURE] procedure_name
@parameter1 datatype [VARYING] [= default value] [OUTPUT],
……,
@parametern datatype [VARYING] [= default value] [OUTPUT]
    [WITH {RECOMPILE|ENCRYPTION|RECOMPILE,ENCRYPTION}]
    [FOR REPLICATION]
AS
SQL 语句
...
BEGIN TRY
    ...——有可能出现错误的 SQL 语句
    END TRY
    BEGIN CATCH
```

```
    ...——捕获到错误后,处理错误的 SQL 语句
    END CATCH
    ...
```

在使用 TRY...CATCH 时,要遵循下列规则和建议。

(1)每个 TRY...CATCH 构造都必须位于一个批处理、存储过程或触发器中。例如,不能将 TRY 块放置在一个批处理中而将关联的 CATCH 块放置在另一个批处理中。下面的脚本将生成一个错误。

```
BEGIN TRY
    SELECT *
        FROM sys.messages
        WHERE message_id = 21;
END TRY
GO
-- 前面的 GO 语句将这段脚本分成两个部分,因此会出现运行错误
BEGIN CATCH
    SELECT ERROR_NUMBER() AS ErrorNumber;
END CATCH;
GO
```

(2)CATCH 块必须紧跟 TRY 块。

(3)TRY...CATCH 构造可以是嵌套式的,这意味着可以将 TRY...CATCH 构造放置在其他 TRY 块和 CATCH 块内,当嵌套的 TRY 块中出现错误时,程序控制将传递到与嵌套的 TRY 块关联的 CATCH 块中。

(4)若要处理给定的 CATCH 块中出现的错误,则在指定的 CATCH 块中编写 TRY...CATCH 块。

(5)TRY...CATCH 块不处理导致数据库引擎关闭连接的严重性为 20 或更高的错误。但是,只要连接不关闭,TRY...CATCH 就会处理严重性为 20 或更高的错误。

(6)严重性为 10 或更低的错误被视为警告或信息性消息,TRY...CATCH 块不处理此类错误。

2)错误函数

TRY...CATCH 使用下列错误函数来捕获错误信息。

(1)ERROR_NUMBER() 返回错误号。

(2)ERROR_MESSAGE() 返回错误消息的完整文本,此文本包括为任何可替换参数(如长度、对象名或时间)提供的值。

(3)ERROR_SEVERITY() 返回错误的严重性。

(4)ERROR_STATE() 返回错误的状态号。

(5)ERROR_LINE() 返回导致错误的例程中的行号。

(6)ERROR_PROCEDURE() 返回出现错误的存储过程或触发器的名称。

可以使用这些函数从 TRY...CATCH 构造的 CATCH 块的作用域中的任何位置检索错误信息。如果在 CATCH 块的作用域之外调用错误函数,则错误函数将返回 NULL。在 CATCH 块中执行存储过程时,可以在存储过程中引用错误函数并将其用于检索错误信息。如果这样做,则不必在每个 CATCH 块中重复错误处理代码。

【例 11.5】在本示例中,TRY 块中的 SELECT 语句将生成一个被零除错误,此错误将由 CATCH 块处理,它将使用存储过程返回错误信息。

```
USE OnlineShopping
GO
--如果存储过程"usp_GetErrorInfo"存在,则删除该存储过程
IF OBJECT_ID ('usp_GetErrorInfo', 'P') IS NOT NULL
```

```
            DROP PROCEDURE usp_GetErrorInfo;
        GO
        CREATE PROCEDURE usp_GetErrorInfo
        AS
            SELECT
                ERROR_NUMBER() AS ErrorNumber,
                ERROR_SEVERITY() AS ErrorSeverity,
                ERROR_STATE() as ErrorState,
                ERROR_PROCEDURE() as ErrorProcedure,
                ERROR_LINE() as ErrorLine,
                ERROR_MESSAGE() as ErrorMessage;
        GO
        BEGIN TRY
            -- 将产生被 0 除错误
            SELECT 1/0;
        END TRY
        BEGIN CATCH
            EXECUTE usp_GetErrorInfo;
        END CATCH;
        GO
```

执行结果如图 11.9 所示。

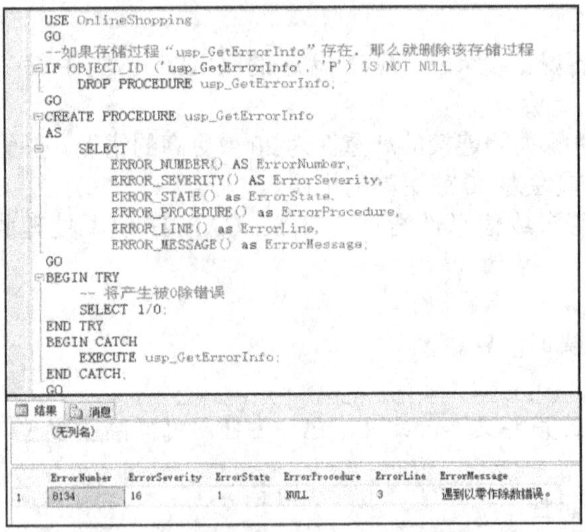

3）编译错误和语句级重新编译错误

对于与 TRY…CATCH 构造在同一执行级别发生的错误，TRY…CATCH 将不处理以下两类错误。

（1）编译错误，如阻止批处理执行的语法错误。

（2）语句级重新编译过程中出现的错误，如由于名称解析延迟而造成编译后出现对象名解析错误。

当包含 TRY…CATCH 构造的批处理、存储过程或触发器生成其中一种错误时，TRY…CATCH 构造将不处理这些错误。这些错误将返回到调用生成错误的例程的应用程序或批处理。

图 11.9 TRY…CATCH 错误处理

4）使用 RAISERROR 的 TRY…CATCH

RAISERROR 可用在 TRY…CATCH 构造的 TRY 块或 CATCH 块中影响错误处理的行为。

在 TRY 块内执行的严重性为 11～19 的 RAISERROR 会使控制传递到关联的 CATCH 块。在 CATCH 块内执行的严重性为 11～19 的 RAISERROR 将错误返回到调用应用程序或批处理。这样，RAISERROR 可用于返回有关导致 CATCH 块执行的错误的调用方信息。TRY…CATCH 错误函数提供的错误信息（包括原始错误号）可在 RAISERROR 消息中捕获；但是，RAISERROR 的错误号必须≥50000。

严重性为 10 或更低的 RAISERROR 在不调用 CATCH 块的情况下将信息性消息返回到调用的批处理或应用程序中。

严重性为 20 或更高的 RAISERROR 在不调用 CATCH 块的情况下关闭数据库连接。

注意：RAISERROR 仅能生成状态 1～127 的错误。由于数据库引擎可能引发状态为 0 的错误，因此，建议先检查由 ERROR_STATE 返回的错误状态，然后将它作为一个值传递给状态参数 RAISERROR。

【例 11.6】本示例将显示如何在 CATCH 块内使用 RAISERROR 将原始错误信息返回到调用的应用程序或批处理中。

存储过程 usp_GenerateError 在 TRY 块内执行 SELECT 1/0 语句，该语句会产生被 0 除错误。此错误使执行传递到 usp_GenerateError 内关联的 CATCH 块中，存储过程 usp_RethrowError 在此块内执行以使用 RAISERROR 生成的违反约束错误。RAISERROR 生成的此错误将返回到调用批处理（usp_GenerateError 在其中执行）中并使执行传递到调用批处理中关联的 CATCH 块中。

```sql
USE OnlineShopping
GO
--判断存储过程"usp_RethrowError"是否存在，如果存在，则删除它
IF OBJECT_ID (N'usp_RethrowError',N'P') IS NOT NULL
    DROP PROCEDURE usp_RethrowError;
GO

--该存储过程利用 RAISERROR 生成一个错误
CREATE PROCEDURE usp_RethrowError
AS
    --如果没有错误，则结束执行存储过程
    IF ERROR_NUMBER() IS NULL
        RETURN;
    DECLARE
        @ErrorMessage    NVARCHAR(4000),
        @ErrorNumber     INT,
        @ErrorSeverity   INT,
        @ErrorState      INT,
        @ErrorLine       INT,
        @ErrorProcedure  NVARCHAR(200);
    --定义变量，并调用错误函数为这些变量赋值
    SELECT
        @ErrorNumber = ERROR_NUMBER(),
        @ErrorSeverity = ERROR_SEVERITY(),
        @ErrorState = ERROR_STATE(),
        @ErrorLine = ERROR_LINE(),
        @ErrorProcedure = ISNULL(ERROR_PROCEDURE(), '-');
    SELECT @ErrorMessage =
        N'Error %d, Level %d, State %d, Procedure %s, Line %d, ' +
            'Message: '+ ERROR_MESSAGE();
    --使用 RAISERROR 生成错误
    RAISERROR
        (
        @ErrorMessage,
        @ErrorSeverity,
        1,
        @ErrorNumber,    -- parameter: original error number.
        @ErrorSeverity,  -- parameter: original error severity.
        @ErrorState,     -- parameter: original error state.
        @ErrorProcedure, -- parameter: original error procedure name.
        @ErrorLine       -- parameter: original error line number.
        );
```

```
GO

IF OBJECT_ID (N'usp_GenerateError',N'P') IS NOT NULL
    DROP PROCEDURE usp_GenerateError;
GO

--创建存储过程，其中的 SELECT 语句会引出被 0 除错误
CREATE PROCEDURE usp_GenerateError
AS
    BEGIN TRY
        SELECT 1/0
    END TRY
    BEGIN CATCH
        EXEC usp_RethrowError;
    END CATCH;
GO

BEGIN TRY
    EXECUTE usp_GenerateError;
END TRY
BEGIN CATCH
    SELECT
        ERROR_NUMBER() as ErrorNumber,
        ERROR_MESSAGE() as ErrorMessage;
END CATCH;
GO
```

执行结果如图 11.10 所示。

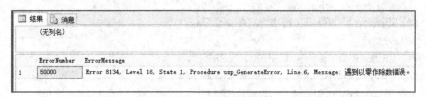

图 11.10 使用 TRY…CATCH 处理 RAISERROR 抛出的错误

6. 存储过程中游标的使用

游标是关系数据库中的重要对象，由 SELECT 语句返回的满足该语句中 WHERE 子句条件的所有行组成的集合称为结果集。应用程序有时不能有效地将整个结果集作为一个整体来处理，这些应用程序需要一个机制，以便一次处理一行或一部分行，游标是提供该机制的结果集的扩展。

【例 11.7】利用游标查询市场价格最高的 3 个商品的名称和市场价格，在查询编辑窗口中输入下面的语句。

```
USE OnlineShopping
GO
CREATE PROCEDURE OpenCursor
@cursor CURSOR VARYING OUTPUT
AS
SET @cursor=CURSOR FOR
SELECT TOP 3 shop_infor.sName,shop_infor.sMarketPrice
FROM shop_infor
```

```
        ORDER BY shop_infor.sMarketPrice DESC
        OPEN @cursor
GO
              ——定义游标变量
DECLARE @cursorvar CURSOR
              ——执行存储过程
EXEC OpenCursor @cursorvar OUTPUT
              ——读取数据
FETCH NEXT FROM @cursorvar
WHILE(@@FETCH_STATUS<>-1)
BEGIN
  FETCH NEXT FROM @cursorvar
END
CLOSE @cursorvar
DEALLOCATE @cursorvar
GO
```

图 11.11 游标在存储过程中的使用

执行结果如图 11.11 所示。

二、实施过程

【子任务分析】

本任务要求编写一个存储过程"insertBrand",其功能是向品牌表中插入品牌信息,包括品牌名称、品牌编码、是否为推荐品牌,如果要插入的品牌名称已存在,则使用 RAISERROR 抛出错误信息,并使用 TRY…CATCH 处理该错误;否则插入该品牌信息,并返回该品牌的编号。

【子任务实施步骤】

步骤 1: 启动 SQL Server 2012 中的 SQL Server Management Studio 工具。

步骤 2: 新建查询分析,在 SQL Server 2012 窗口中单击【新建查询】按钮,打开新的查询编辑窗口,如图 11.12 所示。

步骤 3: 在查询编辑窗口中输入如下命令。

```
USE OnlineShopping
GO
CREATE PROCEDURE insertBrand
@name nvarchar(50),
@code nvarchar(20),
@isrecomm int,
@brandid int OUTPUT
AS
BEGIN TRY
IF(EXISTS(SELECT * FROM shop_Brand WHERE bName=@name))
    RAISERROR('要插入的品牌名已存在!',12,1)
ELSE
BEGIN
    INSERT INTO shop_Brand(bName,bCode,bIsRecomm)
    VALUES(@name,@code,@isrecomm)
    SET @brandid=@@IDENTITY
END
END TRY
BEGIN CATCH
```

```
        SELECT ERROR_MESSAGE()
    END CATCH
```

执行该存储过程,语句如下。

```
    DECLARE @BID AS INT
    EXEC insertBrand 'LG','20101',1,@BID OUTPUT
    PRINT '刚插入的品牌ID为:'+CONVERT(NVARCHAR(50),@BID)
```

执行结果如图 11.12 所示。

由于品牌表 shop_Brand 中没有名称为"LG"的品牌记录,所以数据插入成功,并且返回了该品牌的编号。

如果再次执行上面的语句:

```
    DECLARE @BID AS INT
    EXEC insertBrand 'LG','20101',1,@BID OUTPUT
    PRINT '刚插入的品牌ID为:'+CONVERT(NVARCHAR(50),@BID)
```

则执行结果如图 11.13 所示。

图 11.12 存储过程"insertBrand"的执行结果　　图 11.13 执行存储过程"insertBrand"时引发异常

由于刚才已经在品牌表 shop_Brand 中插入了该品牌记录,所以再次插入该数据时会引发异常。异常出现后,会被 CATCH 语句捕获,执行其中的"SELECT ERROR_MESSAGE()"语句,将显示出错误信息。

子任务 11.3　操作存储过程

【子任务描述】

存储过程创建以后,可以对其进行重命名、修改和删除操作。

【子任务实施】

一、知识基础

1. 查看存储过程信息

【例 11.8】查看存储过程 getUsers 的详细信息,语句如下。

```
    USE OnlineShopping
    GO
    EXEC sp_helptext 'getUsers'
```

图 11.14　查看存储过程"getUsers"的详细信息

执行结果如图 11.14 所示。

注意:因为存储过程"getUsers"在创建时没有加密,所以可以看到其详细代码,否则无法看到其详细信息。

2. 重命名存储过程

可以使用系统存储过程 sp_rename 重命名存储过程,语句如下。

```
    EXEC sp_rename 'procedure_name','newprocedure_name'
```

想一想：回忆一下，之前在什么地方使用过该存储过程？当时它的功能是什么？

3. 修改存储过程的 T-SQL 语句

```
ALTER PROC[EDURE] procedure_name
    @parameter1 datatype [VARYING] [= default value] [OUTPUT],
    ……,
    @ parameter n datatype [VARYING] [=default value] [OUTPUT]
[WITH {RECOMPILE|ENCRYPTION|RECOMPILE,ENCRYPTION}]
[FOR REPLICATION]
    AS
    SQL 语句
```

从上面的语句不难看到，修改存储过程的语句与创建存储过程的语句基本一致，只是关键字由 CREATE 换为 ALTER。

4. 删除存储过程的 T-SQL 语句

```
DROP  PROCEDURE  procedure_name [ ,...n ]
```

存储过程名[,...n]表示要删除的存储过程列表，多个存储过程之间使用英文半角逗号隔开。

二、实施过程

【子任务分析】

本任务要完成对已创建的存储过程的重命名、修改和删除操作。

【子任务实施步骤】

步骤 1：启动 SQL Server 2012 中的 SQL Server Management Studio 工具。

步骤 2：新建查询分析，在 SQL Server 2012 窗口中单击【新建查询】按钮，打开新的查询编辑窗口。

步骤 3：在查询编辑窗口中输入如下命令，将存储过程"getTOPUser"重命名为"getTOPSum"。

```
USE OnlineShopping
GO
EXEC sp_rename 'getTOPUser','getTOPSum'
```

执行结果如图 11.15 所示。

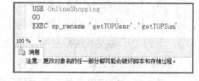

图 11.15　重命名存储过程"getTOPUser"

步骤 4：在查询编辑窗口中输入如下命令。修改步骤 3 中重命名的存储过程"getTOPSum"，添加一个输出型参数@username，用来返回消费总金额最高的用户信息。

```
USE OnlineShopping
GO
ALTER PROCEDURE getTOPSum
@minvalue money,
@total money output,
@username nvarchar(50) output
AS
SELECT TOP 1 @total=SUM(dbo.shop_Invoice.sPrice),@username=shop_user.uName
FROM  dbo.shop_user INNER JOIN
dbo.shop_Invoice ON dbo.shop_user.uName = dbo.shop_Invoice.uName
GROUP BY dbo.shop_user.userID, dbo.shop_user.uName
HAVING SUM(dbo.shop_Invoice.sPrice)>=@minvalue
ORDER BY SUM(dbo.shop_Invoice.sPrice) DESC
```

执行结果如图 11.16 所示。

步骤5：在查询编辑窗口中输入如下命令，删除存储过程"getTOPSum"。

```
USE OnlineShopping
GO
DROP PROCEDURE getTOPSum
```

执行结果如图11.17所示。

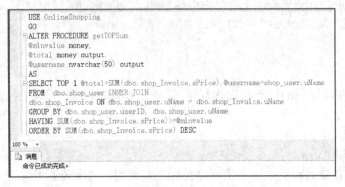

图11.16 修改存储过程"getTOPSum"　　　　图11.17 删除存储过程"getTOPSum"

课堂练习

一、选择题

1. 在SQL Server 2012中，当数据表被修改时，系统自动执行的数据库对象是（　　）。
   A．存储过程　　　　B．触发器　　　　C．视图　　　　D．其他数据库对象
2. 如果要从数据库中删除触发器，则应该使用的SQL语句是（　　）。
   A．DELETE TRIGGER　　　　　　B．DROP TRIGGER
   C．REMOVE TRIGGER　　　　　　D．DISABLE TRIGGER
3. 下列关于触发器的描述中不正确的是（　　）。
   A．它是一种特殊的存储过程
   B．可以实现复杂的商业逻辑
   C．INSERT、UPDATE、DELETE、SELECT操作都可以使用触发器执行
   D．触发器可以用来实现数据完整性
4. 数据库包含两个表，分别名为SalesDetail和Product。需要确保SalesDetail表中引用的所有产品在Product表中都有对应的记录，应使用（　　）。
   A．JOIN　　　　B．DDL触发器　　　　C．Foreign Key约束　　　　D．Primary Key约束

二、填空题

1. 按照触发器事件的不同，触发器可以分为_____和_____两种。
2. 创建触发器使用的T-SQL命令语句是_____。
3. DML触发器有3种类型：_____、_____和_____。
4. 替代触发器需要使用_____关键字说明。

三、简答题

1. 什么是存储过程？
2. 存储过程具有哪些优点？
3. 存储过程主要分为哪几类？其区别是什么？

4. 修改存储过程有哪几种方法？假设有一个存储过程需要修改，但又不希望影响现有的权限，则应使用哪个语句进行修改？

5. 创建存储过程时应注意哪些问题？

实践与实训

1. 在数据库 OnlineShopping 中创建存储过程"queryTotalMoney"，查询某个时间段内的订货总金额并通过参数@totalmoney 返回总金额。

2. 在数据库 OnlineShopping 中创建存储过程"queryTOPProduct"，查询某个时间段内的累计订购数量前 3 名的商品名称和累计订购数量。

3. 在数据库 OnlineShopping 中创建存储过程"insertProvince"，其功能是在省份表 shop_Province 中插入一条新记录，如果该记录的省份编号或者省份名称已存在，则提示错误信息"该省份编号或省份名称已存在！"，并使用 TRY...CATCH 处理产生的错误。

任务总结

存储过程是数据库中的重要对象，它是对数据库若干操作的一个集合，通过执行存储过程可以完成一个复杂的数据库操作。本任务以网上商城数据库 OnlineShopping 为例，先介绍了存储过程的定义、分类和作用，在此基础上讲解了创建、执行和管理存储过程的方法。此外，介绍了在存储过程中处理异常的方法。通过大量的实例说明了如何利用存储过程解决实际问题。

任务 12　触发器的应用

 任务描述

网上商城系统包括较多的订单关系和积分累加功能，SQL Server 触发器可以强制服从复杂的业务规则或要求，强制执行 SQL 语句，来达到新增、删除、修改表数据的要求。

本任务在实际项目应用中较多。其优势是自动触发、大大降低了人工干预、维护方便等，从而提高数据库的利用率和数据的准确性。

 知识重点

（1）熟练掌握创建触发器的方法。
（2）熟练掌握利用触发器改变表数据的方法。

 知识难点

（1）触发器的创建。
（2）利用触发器改变表数据。

子任务 12.1　了解触发器

【子任务描述】

触发器是一种特殊类型的存储过程，它不同于之前介绍的存储过程。触发器主要是通过事件进行触发被自动调用执行的。而存储过程可以通过存储过程的名称被调用。通过对触发器的了解，为后面在网上系统中使用触发器奠定了基础。

【子任务实施】

1. 触发器

触发器是对表进行插入、更新、删除的时候自动执行的特殊存储过程。触发器一般用在更加复杂的约束上面。

2. 触发器的作用

触发器的主要作用是其能够实现由主键和外键不能保证的复杂的参照完整性和数据的一致性，它能够对数据库中的相关表进行级联修改，能提供比 CHECK 约束更复杂的数据完整性，并自定义错误信息。触发器的主要作用如下。

（1）强制数据库间的引用完整性。
（2）级联修改数据库中所有相关的表，自动触发其他与之相关的操作。
（3）跟踪变化，撤销或回滚违法操作，防止非法修改数据。
（4）返回自定义的错误信息，约束无法返回信息，而触发器可以。
（5）触发器可以调用更多的存储过程。

触发器与存储过程的区别：触发器与存储过程的主要区别在于触发器的运行方式，存储过程需要用户、应用程序或者触发器来显示调用并执行，而触发器是当特定事件（INSERT、UPDATE、DELETE）出现时自动执行。

3. 触发器的分类

触发器有两种类型：DML 触发器和 DDL 触发器。

1）DML 触发器

DML 触发器是一些附加在特定表或视图上的操作代码，当数据库服务器中发生数据操作语言事件时执行这些操作。SQL Server 中 DML 触发器有 3 种：INSERT 触发器、UPDATE 触发器、DELETE 触发器。

2）DDL 触发器

DDL 触发器在服务器或者数据库中发生数据定义语言事件时被激活调用，使用 DDL 触发器可以防止对数据库架构进行的某些更改或记录数据库架构中的更改或事件。

子任务 12.2 触发器的创建

【子任务描述】

在网上商城中面对大量商户信息，先要创建触发器保证商户数据管理的高效性和准确性。

【子任务实施】

一、创建 DML 触发器

1. INSERT 触发器

因为触发器是一种特殊类型的存储过程，所以创建触发器的语法格式与创建存储过程的语法格式相似，使用 T-SQL 语句创建触发器的基本语法格式如下。

```
CREATE TRIGGER trigger_name
```

```
ON {table_name|view_name}
{FOR AFTER INSTEAD OF}
[INSERT|UPDATE|DELETE]
AS
sql_statement
```

（1）trigger_name：触发器的名称。触发器名称必须符合标识符规则，并且在数据库中必须唯一。可以选择是否指定触发器所有者名称。

（2）table_name：在其上执行触发器的表或视图，有时称为触发器表或触发器视图。可以选择是否指定表或视图的所有者名称。

（3）AFTER：指定触发器只有在触发 SQL 语句中指定的所有操作都已成功执行后才激发。所有的引用级联操作和约束检查也必须成功完成后，才能执行此触发器。

如果仅指定 FOR 关键字，则 AFTER 是默认设置，不能在视图上定义 AFTER 触发器。

（4）INSTEAD OF：指定执行触发器而不是执行触发 SQL 语句，从而替代触发语句的操作。

在表或视图上，每个 INSERT、UPDATE 或 DELETE 语句最多可以定义一个 INSTEAD OF 触发器。INSTEAD OF 触发器不能在 WITH CHECK OPTION 的可更新视图上定义。如果向指定了 WITH CHECK OPTION 选项的可更新视图上添加 INSTEAD OF 触发器，则 SQL Server 将产生一个错误。用户必须用 ALTER VIEW 删除该选项后才能定义 INSTEAD OF 触发器。

当用户向表中插入新的记录行时，被标记为 FOR INSERT 的触发器的代码就会执行，如前所述。同时，SQL Server 会创建一个新行的副本，将副本插入到一个特殊表中。该表只在触发器的作用域内存在。下面创建当用户执行 INSERT 操作时触发的触发器。

【例 12.1】在 OnlineShopping 数据库中的 shop_infor 表中创建一个名称为 Insert_shop 的触发器，在用户向 shop_infor 表中插入数据时触发。

命令语句如下。

```
CREATE TRIGGER Insert_shop
ON shop_infor
AFTER INSERT
AS
BEGIN
IF OBJECT_ID(N'SNUM',N'U') IS NULL
   CREATE TABLE SNUM(number INT DEFAULT 0);
DECLARE @Nnumber INT;
SELECT @Nnumber= COUNT(*) FROM shop_infor;
IF NOT EXISTS(SELECT * FROM SNUM)
   INSERT INTO SNUM VALUES(0);
UPDATE SNUM SET number=@Nnumber;
END
GO
```

执行结果如图 12.1 所示。

执行语句过程分析如下。

```
IF OBJECT_ID(N'SNUM',N'U') IS NULL          --判断 SNUM 表是否存在
   CREATE TABLE SNUM(number INT DEFAULT 0); --创建存储商户数量表
```

IF 语句用于判断是否存在名称为 SNUM 的表，如果不存在则创建该表。

```
DECLARE @Nnumber INT;
SELECT @Nnumber= COUNT(*) FROM shop_infor;
```

这两行语句声明一个整数类型的变量@Nnumber，其中存储的 SELETE 语句用于查询

shop_infor 表中所有学生的人数。

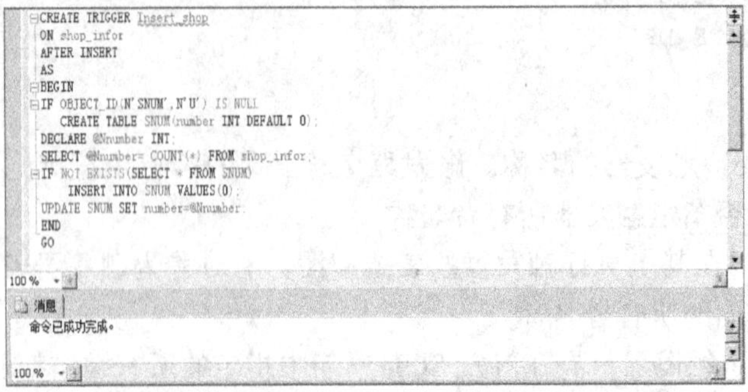

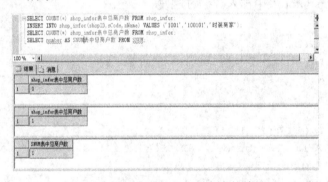

图 12.1 执行 CREATE TRIGGER 后的结果

```
IF NOT EXISTS(SELECT * FROM SNUM)   --判断表中是否有记录
    INSERT INTO SNUM VALUES(0);
```

如果是第一次操作该表，则需要向该表中插入一条记录，否则下面的 UPDATE 语句将不能执行。

当创建完触发器之后，向 shop_infor 中插入记录，触发触发器的执行。执行下面的语句。

```
SELECT COUNT(*) shop_infor表中总商户数 FROM shop_infor;
INSERT INTO shop_infor(shopID,sCode,sName) VALUES('1001','100101','时装商家');
SELECT COUNT(*) shop_infor表中总商户数 FROM shop_infor;
SELECT number AS SNUM表中总商户数 FROM SNUM;
```

执行结果如图 12.2 所示。

图 12.2 激活 Insert_shop 触发器的结果

由触发器的触发过程可以看到，查询语句中的第 2 行执行了一条 INSERT 语句，向 shop_infor 中插入了一条记录，结果显示插入前后 shop_infor 中总的记录行数；第 4 行语句用于查看触发器执行之后 SNUM 中的结果，可以看到，这里成功地将 shop_infor 中总的商户数量计算之后插入到了 shop_infor 中，实现了表的级联操作。

在某些情况下，根据数据库设计要求，可能会禁止用户对某些表的操作，可以在表上指定拒绝执行插入操作。例如，前面创建的 SNUM 表中插入的数据是根据 shop_infor 中计算得到的，用户不能随便插入数据。

【例 12.2】创建触发器，当用户向 SNUM 中插入数据时，禁止操作。

输入如下命令语句。

```
CREATE TRIGGER Insert_forbidden
ON SNUM
AFTER INSERT
```

```
    AS
    BEGIN
        RAISERROR('不允许直接向该表插入记录,操作被禁止',1,1)
    ROLLBACK TRANSACTION
    END
```

执行结果如图 12.3 所示。

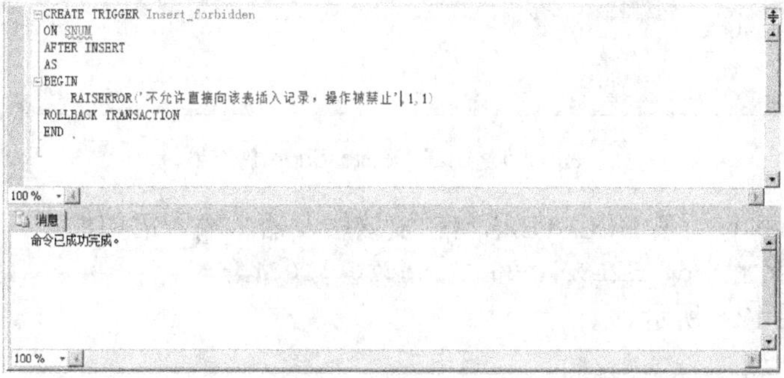

图 12.3　执行 CREATE TRIGGER 的结果

输入下面的语句调用触发器:
```
    INSERT INTO SNUM VALUES(10);
```
执行结果如图 12.4 所示。

图 12.4　执行 INSERT INTO 的结果

2. DELETE 触发器

用户执行 DELETE 操作时,会激活 DELETE 触发器,从而控制用户能够从数据库中删除的数据记录。触发 DELETE 触发器之后,用户删除的记录行数会被添加到 DELETED 表中,原来表中的相应记录被删除,所以可以在 DELETED 表中查看删除的记录。

【例 12.3】创建 DELETE 触发器,当用户对 shop_infor 执行删除操作后触发,并返回删除的记录信息。

输入如下命令语句。

```
    CREATE TRIGGER Delete_Shop
    ON shop_infor
    AFTER DELETE
    AS
    BEGIN
        SELECT * FROM DELETED
    END
    GO
```

与创建 INSERT 触发器过程相同,AFTER 后面指定的 DELETE 关键字表明这是一个用户执行 DELETE 删除操作时触发的触发器。输入完成后,单击"执行"按钮,创建该触发器,如图 12.5 所示。

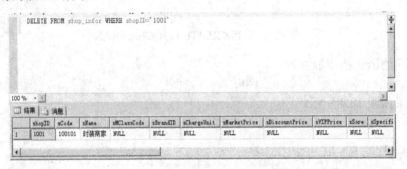

图 12.5 创建 Delete_Shop 触发器

创建完成后，执行一条 DELETE 语句触发该触发器，输入语句如下。

```
DELETE FROM shop_infor WHERE shopID='1001';
```

执行结果如图 12.6 所示。

图 12.6 调用 Delete_Shop 触发器的结果

注意：这里返回的结果记录是从 DELETED 表中查询得到的，而 shop_infor 中已经真正删除了该条记录。

3. UPDATE 触发器

UPDATE 触发器在用户在指定表上执行 UPDATE 语句时被调用。这种类型的触发器用来约束用户对现有数据的修改。

UPDATE 触发器可以执行两种操作：更新前的记录存储到 DELETED 表中；更新后的记录存储到 INSERTED 表中。

【例 12.4】创建 UPDATE 触发器，用户对 shop_infor 表执行更新操作后触发，并返回更新的记录信息中。

输入如下命令语句。

```
CREATE TRIGGER Update_Shop
ON shop_infor
AFTER UPDATE
AS
BEGIN
    DECLARE @sCount INT;
    SELECT @sCount=COUNT(*) FROM shop_infor;
    UPDATE SNUM SET number=@sCount;
SELECT shopID as 更新前商户编号,sName 更新前商户名称 FROM DELETED
SELECT shopID as 更新后商户编号,sName 更新后商户名称 FROM INSERTED
END
GO
```

输入完成后,单击"执行"按钮,创建该触发器,如图 12.7 所示。

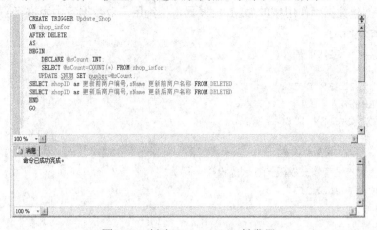

图 12.7 创建 Update_Shop 触发器

创建完成,执行一条 UPDATE 语句触发该触发器,输入语句如下。
```
UPDATE shop_infor SET sName='家电商户' WHERE shopID='1002';
```
执行结果如图 12.8 所示。

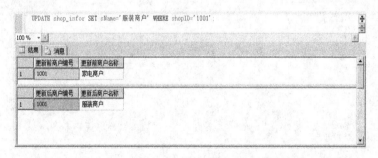

图 12.8 调用 Update_Shop 触发器的结果

由执行过程可以看到,UPDATE 语句触发触发器之后,DELETED 和 INSERTED 两个表中保存的数据分别为执行更新前后的数据。该触发器同时更新了保存所有商户数量的 SNUM 表,该表中 number 字段的值也被同时更新。

二、创建 DDL 触发器

与 DML 触发器相同,DDL 触发器可以通过用户的操作激活。DDL 触发器当用户需要数据库对象创建修改和删除的时候触发。对于 DDL 触发器而言,其创建和管理过程与 DML 触发器类似。

创建 DDL 触发器的语法格式如下。

```
CREATE TRIGGER Trigger_name
ON {ALL SERVER|DATABASE}
{WITH<ENCRYPTION>}
{
  {FOR|AFTER{event_type} }
AS sql_statement
}
```

(1) DATABASE:表示将 DDL 触发器的作用域应用于当前数据库。
(2) ALLSERVER:表示将 DDL 或登录触发器的作用域应用于当前服务器。
(3) Event_type:指定激发 DDL 触发器的 T-SQL 语言事件的名称。

1. 创建服务器作用域的 DDL 触发器

【例 12.5】创建数据库作用域的 DDL 触发器,拒绝用户对数据库中表进行删除和修改操作。输入如下命令语句。

```
USE OnlineShopping
GO
CREATE TRIGGER DEL_shop
ON DATABASE
FOR DROP_TABLE,ALTER_TABLE
AS
BEGIN
PRINT '用户没有修改权限执行删除操作!'
ROLLBACK TRANSACTION
END
GO
```

DROP_TABLE,ALTER_TABLE 用于指定 DDL 触发器的触发事件,即删除和修改表,最后定义 BEGIN END 语句块,输出提示信息。输入完成后单击"执行"按钮,创建该触发器。

执行结果如图 12.9 所示。

图 12.9 创建 DEL_Shop 触发器

创建完成后,执行一条 DROP 语句触发该触发器,输入语句如下。

```
DROP TABLE shop_infor;
```

执行结果如图 12.10 所示。

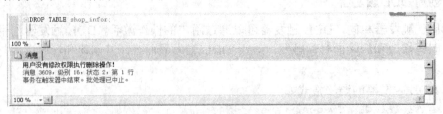

图 12.10 激活数据库级别的 DDL 操作

【例 12.6】创建服务器作用域的 DDL 触发器,拒绝用户对服务器中的数据库进行修改或新建操作,输入语句如下。

```
CREATE TRIGGER DenyCreate_ALLserver
ON ALL SERVER
FOR CREATE_DATABASE,ALTER_DATABASE
AS
BEGIN
```

```
        PRINT '用户没有权限创建或修改服务器上的数据库!'
        ROLLBACK TRANSACTION
        END
        GO
```

执行结果如图 12.11 所示。

展开服务器的【服务器对象】|【触发器】节点,可以看到创建的服务器作用域的触发器 DenyCreate_AllServer,如图 12.12 所示。

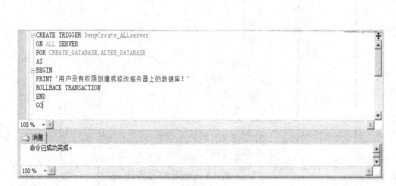

图 12.11　创建 DDL 触发器　　　　　　　图 12.2　服务器的"触发器"节点

成功创建服务器作用域的触发器之后,当用户创建或修改数据库时会触发触发器,禁止用户的操作,并显示提示信息。执行下面的语句来测试触发器的执行过程。

```
        CREATE DATABASE test_database;
```

执行结果如图 12.13 所示。

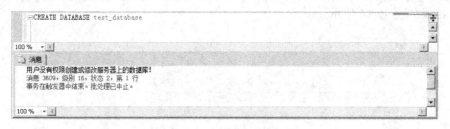

图 12.13　激活 DDL 触发器

子任务 12.3　操作触发器

【子任务描述】

在网上商城系统开发过程中,一个团队会有几名软件设计师同时进行开发工作,为了对数据库表中的数据进行保护,因此需要对数据库的表权限有所限制。

【子任务实施】

一、查看触发器

查看已经定义好的触发器有两种办法:使用对象资源管理器查看和使用系统存储过程查看。
1. 使用对象资源管理器查看触发器信息
(1) 登录到 SQL Server 2012 图形化管理平台,在对象资源管理器中打开需要查看的触发器所在的数据表节点。在存储过程列表中选择要查看的触发器并右击，在弹出的快捷菜单中选择【修改】选项，或者双击该触发器，如图12-14所示。

（2）在查询编辑窗口中显示创建该触发器的代码内容，如图12.15所示。

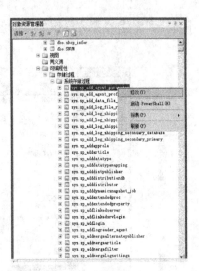

图12.14　选择"修改"选项

图12.15　查看触发器代码

2. 使用系统存储过程查看触发器信息

因为触发器是一种特殊的存储过程，所以也可以使用查看存储过程的方法来查看触发器的内容，如使用 so_helptext、sp_help 及 sp_depends 等系统存储过程来查看触发器的信息。

【例12.7】使用 sp_helptext 查看 Update_Shop 触发器的信息，输入语句如下。

```
Sp_helptext Update_Shop
```

执行结果如图12.16所示。

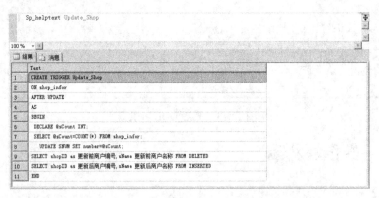

图12.16　使用 sp_helptext 查看 Update_Shop 触发器

由此结果可以看到，使用系统存储过程 sp_helptext 查看的触发器的定义信息，与用户输入的代码是相同的。

二、修改触发器

当触发器不满足需求时，可以修改触发器的定义和属性，在 SQL Server 中可以通过两种方式进行修改：先删除原来的触发器，再重新创建与之名称相同的触发器；直接修改现有触发器的定义。修改触发器定义可以使用 ALTER TRIGGER 语句，ALTER TRIGGER 语句的基本语法格式如下。

```
ALTER TRIGGER trigger_name
ON(table|view)
[WITH ENCRYPTION]
{
    {(FOR|AFTER|INSTEAD OF) {[DELETE ][,][INSERT][,][UPDATE]}
    AS
    sql_statement[,..n]
    }
}
```

除了关键字由 CREATE 换为 ALTER 之外，修改触发器的语句和创建触发器的语法格式完全相同，各个参数的作用这里不再详述。

【例 12.8】修改 Insert_shop 触发器，将 INSERT 触发器修改为 DELETE 触发器，输入语句如下。

```
ALTER TRIGGER Insert_shop
ON shop_infor
AFTER INSERT
AS
BEGIN
IF OBJECT_ID(N'SNUM',N'U') IS NULL
    CREATE TABLE SNUM(number INT DEFAULT 0);
DECLARE @Nnumber INT;
SELECT @Nnumber= COUNT(*) FROM shop_infor;
IF NOT EXISTS(SELECT * FROM SNUM)
    INSERT INTO SNUM VALUES(0);
UPDATE SNUM SET number=@Nnumber;
END
```

执行结果如图 12.17 所示。

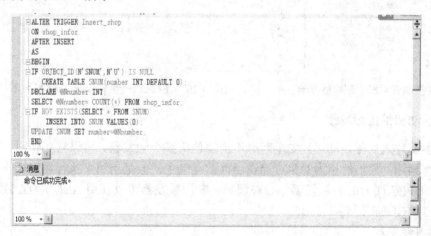

图 12.17　修改 Insert_shop 触发器

这里将 INSERT 关键字换为 DELETE，其他内容不变，输入完成后单击"执行"按钮，执行对触发器的修改，这里也可以根据需要修改触发器中的操作语句。

三、删除触发器

当触发器不再需要使用时，可以将其删除，删除触发器不会影响其操作的数据表，而当某个表被删除时，该表上的触发器也同时被删除。

删除触发器有两种方式：在对象资源管理器中删除；使用 DROP TRIGGER 语句删除。

1. 在对象资源管理器中删除触发器

与前面介绍的删除数据库、数据表及存储过程类似，在对象资源管理器中选择要删除的触发器并右击，在弹出的快捷菜单中选择【删除】选项或按 Delete 键进行删除，在弹出的【删除对象】对话框中单击【确定】按钮，如图 12.18 所示。

2. 使用 DROP TRIGGER 语句删除触发器

DROP TRIGGER 语句可以删除一个或多个触发器，其语法格式如下。

```
DROP TRIGGER trigger_name{,..n}
```

trigger_name 为要删除的触发器的名称。

【例 12.9】使用 DROP TRIGGER 语句删除 Insert_shop 触发器。

输入如下命令语句。

```
USE OnlineShopping
GO
DROP TRIGGER Insert_shop
```

输入完成后，执行结果如图 12.19 所示。

图 12.18 在资源管理器中删除触发器　　图 12.19 使用命令删除 Insert_shop 触发器

四、启动和禁止触发器

触发器创建之后便启动了，如果暂时不需要使用某个触发器，可以将其禁用。触发器被禁用后并没有删除，它仍然作为对象存储在当前数据库中。但是当用户执行触发操作（INSERT、DELETE、UPDATE）时，触发器不会被调用。禁用触发器可以使用 ALTER TABLE 语句或者 DISABLE TRIGGER 语句。

1. 禁用触发器

【例 12.10】禁止使用 Update_Shop 触发器，输入语句如下。

```
ALTER TABLE shop_infor
DISABLE TRIGGER Update_Shop
```

输入完成后，单击"执行"按钮，禁止使用名称为 Update_Shop 的触发器，如图 12.20 所示。

禁止使用后，在资源管理器中查看该触发器，图标会有下箭头做标识，表明该触发器被禁止，如图 12.21 所示。

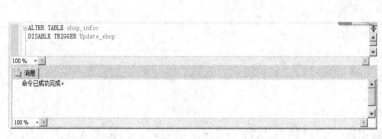

图 12.20　禁止使用 Update_Shop 触发器　　　图 12.21　Update_Shop 触发器被禁止

2. 启用触发器

被禁用的触发器可以通过 ALTER TABLE 语句或 ENABLE TRIGGER 语句重新启用。

【例 12.11】 启用 Update_Shop 触发器，输入语句如下。

```
ALTER TABLE shop_infor
ENABLE TRIGGER Update_Shop
```

输入完成，单击"执行"按钮，启用名称为 Update_Shop 的触发器。执行结果如图 12.22 所示。

图 12.22　启用 Update_Shop 触发器

课堂练习

一、选择题

1. 在 SQL Server 2012 中，当数据表被修改时，系统自动执行的数据库对象是（　　）。
   A．存储过程　　　B．触发器　　　C．视图　　　D．其他数据库对象
2. 如果要从数据库中删除触发器，应该使用的 SQL 语句的命令是（　　）。
   A．DELETE TRIGGER　　　　　B．DROP TRIGGER
   C．REMOVE TRIGGER　　　　　D．DISABLE TRIGGER
3. 下列关于触发器的描述中不正确的是（　　）。
   A．它是一种特殊的存储过程
   B．可以实现复杂的商业逻辑
   C．INSERT、UPDATE、DELETE、SELECT 操作都可以使用触发器执行
   D．触发器可以用来实现数据完整性
4. 数据库包含两个表，分别名为 SalesDetail 和 Product。需要确保 SalesDetail 表中引用的所有产品在 Product 表中都有对应的记录。应使用（　　）。
   A．JOIN　　　B．DDL 触发器　　　C．Poreign Key 约束　　　D．Primary Key 约束

二、填空题

1. 按照触发器事件的不同，触发器可以分为_____和_____两种。
2. 创建触发器使用 T-SQL 语言的命令语句是：_____。
3. DML 触发器可以分为 3 种类型：_____、_____和_____。
4. 替代触发器需要使用_____关键字说明。

三、填空题

1. 简述触发器的类型。
2. 简述触发器的作用

实践与实训

1. 使用 OnlineShopping 数据库,创建名为 AVG_Order 的触发器,创建表 AVG_ORDER,在该表中创建 AVG_PRICE 字段,类型为 money,当新增 shop_Order 订单表信息时,求所有订单商品平均价格,更新 ABG_PRICE 字段。
2. 使用 OnlineShopping 数据库,创建名为 Update_Invoice 的触发器,当更新该表信息时,提示"您没有权限更新该表信息!"。
3. 使用 OnlineShopping 数据库,删除前一个问题中的 Update_Invoice 触发器。

任务总结

本任务在实际数据库设计中应用较多。在较大的项目中,为保持数据的高效性和一致性都会使用触发器,在本任务中以网上商城系统为例,介绍了触发数据、数据库、数据表等触发器的使用。

任务 13　SQL Server 与 XML

任务描述

在 SQL Server 中,XML 成为一流的数据类型。借助于基于 XML 模式的强类型化支持和基于服务器端的 XML 数据校验功能,开发者可以对存储的 XML 文档进行轻松的远程修改。作为数据库开发者,许多人可能大量涉及 XML。

知识重点

(1) 熟练掌握 XML 数据类型的用法。
(2) 理解 XML 查询方法。
(3) 掌握发布 XML 数据的方法。

知识难点

XML 查询。

子任务 13.1　XML 数据类型

【子任务描述】

在电子计算机中,标记指计算机能理解的信息符号,通过这种标记,计算机之间可以处理各种信息。它可以用来标记数据、定义数据类型,是一种允许用户对自己的标记语言进行定义的源语言。它非常适合万维网传输,提供统一的方法来描述和交换独立于应用程序或供应商的结构化数据,是 Internet 环境中跨平台的、依赖于内容的技术,也是当今处理分布式结构信息的有效工具。可扩展标记语言的学习将为今后的网上商城数据库编程提供帮助。本任务将要把 XML 文档作为 XML 数据类型列存入收货地址。

【子任务实施】

一、知识基础

1. XML

XML 是标准通用标记语言的子集,是一种用于标记电子文件,使其具有结构性的标记语言。早在 1998 年,W3C 就发布了 XML 1.0 规范,使用它来简化 Internet 的文档信息传输。

与传统数据库相比,XML 数据库具有以下优势。

(1) XML 数据库能够对半结构化数据进行有效的存取和管理,如网页内容就是一种半结构化数据,而传统的关系数据库对于类似网页内容这类的半结构化数据无法进行有效的管理。

(2) 提供对标签和路径的操作。传统数据库语言允许对数据元素的值进行操作,不能对元素名称操作,半结构化数据库提供了对标签名称的操作,包括对路径的操作。

(3) 当数据本身具有层次特征时,由于 XML 数据格式能够清晰表达数据的层次特征,因此 XML 数据库便于对层次化的数据进行操作。XML 数据库适合管理复杂数据结构的数据集,如果已经以 XML 格式存储信息,则 XML 数据库利于文档存储和检索;可以用方便实用的方式检索文档,并能够提供高质量的全文搜索引擎。另外,XML 数据库能够存储和查询异种的文档结构,提供对异种信息存取的支持。

SQL Server 数据库中存储 XML 文档和 XML 片段,XML 数据类型使用户可以在 SQL Server 数据库中存储 XML 文档和片段,XML 片段是缺少单个顶级元素的 XML 实例;还可以用 T-SQL 变量来存储 XML,可以创建 XML 类型的列和变量,并在其中存储 XML 实例。注意,XML 数据类型实例的存储表示形式不能超过 2GB。

可以选择 XML 架构集合与 XML 数据类型的列、参数或变量相关联。集合中的架构用来验证和类型化 XML 实例。这种情况下,XML 是类型化的。

XML 数据类型是 SQL Server 中内置的数据类型,它与其他内置的数据类型有些相似,创建表作为变量类型、参数类型和函数返回值类型时可以使用 XML 数据类型作为列类型。XML 数据类型有 4 种用法:用做列类型、用做变量类型、用做参数类型、用做函数返回类型。

2. XML 数据类型

1) XML 数据类型列

XML 数据类型是内置的数据类型,和 INT 类型一样,可以在表中添加一列,通过可视化界面的下拉列表选择 XML 数据类型或者用代码实现,如在网上商城数据库中创建一个带有 XML 字段的用户表,根据任务 4 中的相关知识,可以使用如下语句。

```
USE OnlineShopping
CREATE TABLE shop_user(userID INT,uName XML)
GO
```

如果表已经创建好,那么可以通过修改表的方式改变数据类型,如向用户表中添加一个 XML 列,根据任务 6 中的相关知识,可以使用如下语句。

```
USE OnlineShopping
ALTER TABLE shop_user ADD uName XML
GO
```

XML 数据类型的属性 XML 模式用于命名空间属性。这个属性是一个内置函数,用于接收一个目标 XML 模式的命名空间、XML 模式集或者一个相关模式的名称。如果设置这个属性,则 SQL Server 会自动映射一个 XML 实例以保证该列有必要的 XML 模式。

2) XML 数据类型变量

XML 数据类型不仅可以创建表,还可以作为变量来使用。声明一个变量@xmlVar,代码如下。

```
USE OnlineShopping
DECLARE @xmlVar XML
GO
```

XML 数据类型用做变量有无数种用法,如下面的代码展示了如何创建存储过程并把 XML 数据类型作为变量,根据任务 11 中的相关知识,获得网上商城数据库中用户信息的代码如下。

```
USE OnlineShopping
CREATE PROC GetUserInfo
  @userID [int]
WITH EXECUTE AS CALLER
AS
  DECLARE @userID XML
GO
```

3)XML 数据类型参数

除了把 XML 类型作为变量外,还可以用做参数,代码如下:

```
USE OnlineShopping
CREATE PROCEDURE GetUserInfo
  @userID [int],
  @uName [xml] OUTPUT
WITH EXECUTE AS CALLER
AS
GO
```

这个示例中以 XML 数据类型作为一个输出参数。执行调用的应用程序无论是 SQL Server 自身的程序还是.NET 应用程序,都可以调用这个存储过程并给它传递 XML 参数。

4)把 XML 数据插入到 SQL Server 数据库的表中

通过使用系统存储过程 sp_xml_preparedocument 的 OPENXML 函数把 XML 文档中的数据插入到数据库中。其中,系统存储过程 sp_xml_preparedocument 用来创建一个能被插入数据库的 XML 文档的内部表示,该存储过程返回一个可以访问 XML 文档内部表示的句柄。此外,系统存储过程 sp_xml_removedocument 可以用来删除 XML 文档的内部表示。

系统存储过程 sp_xml_preparedocument 的语法格式如下。

```
EXEC sp_xml_preparedocument handleddoc OUTPUT,xmltext
```

(1)handleddoc:XML 文档句柄的整数值。
(2)xmltext:原始的 XML 文档的文本值。

系统存储过程 sp_xml_removedocument 的语法如下:

```
EXEC sp_xml_removedocument handleddoc
```

handleddoc:XML 文档句柄的整数值。

上述两个存储过程可以使用函数 OPENXML,函数 OPENXML 的语法格式如下。

```
OPENXML(handleddoc,rowpattern,flagvalue)
WITH tablename
```

(1)handleddoc:XML 文档句柄的整数值。
(2)rowpattern:来识别 XML 文档的节点 XPath 模式的可变长字符串的值。
(3)flagvalue:XML 数据和相关的行集之间映射的整数值。如果值为 1,则表示要对数据库中的字段做基于属性的映射;如果值为 2,则表示要对数据库中的字段做基于元素的映射。
(4)tablename:数据库中的表名。

系统存储过程 sp_xml_preparedocument 读入 XML 文档内的文本并用 MSXML 解析器进行处理。处理以后,XML 文档以带有元素、属性和文本的树形结构显示。OPENXML 函数应用该树形结构并生成包含 XML 文档所有部分的行集。使用 OPENXML 和 INSERT 语句即可将行集中的数据插入到表中。下面通过实例来讲解。

【例 13.1】以属性的形式将 XML 数据插入到网上商城商品信息表 shop_infor 中。

命令语句如下。

```sql
USE OnlineShopping
DECLARE @uName varchar(1000)
DECLARE @userID int
SET @uName='<ROOT> <User userID="1001" uName="cathy"></User></ROOT>'
exec sp_xml_preparedocument @userID output,@uName
select * from openxml(@userID,'/ROOT/User',1)
with(userID int,uName varchar(40))
insert shop_user
select * from openxml(@userID,'/ROOT/User')
with (userID int,uName varchar(40))
exec sp_xml_removedocument @userID
GO
```

执行结果如图 13.1 所示。

二、实施过程

【子任务分析】

根据上述子任务的描述，本任务需要完成如下两个目标。

（1）将 XML 文档作为 XML 数据类型列存入商品信息表 shop_infor。
（2）存储过程接收 XML 数据类型参数将数据录入商品信息表 shop_infor。

【子任务实施步骤】

（1）将 XML 文档作为 XML 数据类型列存入商品信息表 shop_infor。

步骤 1：在商品信息表 shop_infor 中创建一个 XML 列，可以使用如下语句。

```sql
USE OnlineShopping
CREATE TABLE shop_infor (
    [userID] [int] NOT NULL,
    [uName] [xml] NOT NULL
) ON [PRIMARY]
GO
```

步骤 2：将 XML 数据类型列的值插入商品信息表 shop_infor。

```sql
USE OnlineShopping
DECLARE @xmlvar varchar(200)
SET @xmlvar = '<user><uName>Jessie</uName></user>'
INSERT INTO shop_user(userID, uName)
VALUES (1,@xmlvar)
GO
```

执行结果如图 13.2 所示。

图 13.1 以属性的形式将 XML 数据插入到网上商城商品信息表 shop_infor 中

图 13.2 将 XML 文档作为 XML 数据类型列存入商品信息表 shop_infor 中

（2）存储过程接收 XML 数据类型参数将数据录入商品信息表 shop_infor。
命令语句如下。

```
USE OnlineShopping
CREATE PROCEDURE AddShop
    @xmlvar [xml]
    WITH EXECUTE AS OWNER
AS
INSERT INTO shop_infor(userID, uName) VALUES (2, @xmlvar)
GO
```

在一个查询编辑窗口中执行如下代码。

```
DECLARE @xmlvar varchar(200)
SET @xmlvar =
'<user><uName>Jessie</uName></user>'
EXEC AddShop @xmlvar
GO
```

执行结果如图 13.3 所示。

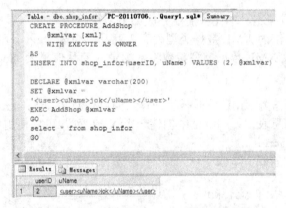

图 13.3　存储过程接收 XML 数据类型参数

子任务 13.2　XML 查询方法

【子任务描述】

SQL Server 中提供了一些查询 XML 数据类型的方法，包括 value()、query()、exist()、nodes() 和 modify()方法，这些方法一起使用才能体现出 XML 数据类型的灵活性。

【子任务实施】

1. value()方法

该方法通过指定 XQuery 表达式及需要返回的 SQL 类型，从 XML 实例中提取标量值。由于 value 方法只能返回一个值，因此它执行的 XQuery 语句必须确定到一个值上，否则会报错。如果提取一个 XML 实例的某个节点值，则 value()方法是有必要的，返回 XQuery 表达式计算的值。其语法格式如下。

```
value(XQueryExpression, SQLType)
```

（1）XQueryExpression 为表达式，用于在 XML 实例内部查找节点值。
（2）SQLType 是一个字符串的值，用于指定要转换的 SQL 类型。

【例 13.2】提取店铺表 shop_seller 中实例的节点值。
命令语句如下。

```
USE OnlineShopping
DECLARE @x XML
SET @x='
<root>
  <rogue id="001">
    <hobo id="1">
      <sellerName>尚品料理</sellerName>
      <sURL>北京市</sURL>
      <sMainCode>0001</sMainCode>
    </hobo>
  </rogue>
  <rogue id="002">
    <hobo id="2">
      <sellerName>品牌服装</sellerName>
      <sURL>北京市</sURL>
      <sMainCode>0002</sMainCode>
    </hobo>
  </rogue>
  <rogue id="001">
    <hobo id="3">
      <sellerName>时尚鞋品</sellerName>
      <sURL>上海</sURL>
      <sMainCode>0003</sMainCode>
    </hobo>
  </rogue>
</root>'
--value()方法从XML中检索rogue属性值,再将该值分配给int变量
SELECT @x.value('(/root/rogue/@id)[1]','int')
SELECT @x.value('(/root/rogue[2]/hobo/@id)[1]','int')
,@x.value('(/root/rogue[2]/hobo/sellerName)[1]','varchar(10)')
,@x.value('(/root/rogue[2]/hobo/sURL)[1]','varchar(10)')
,@x.value('(/root/rogue[2]/hobo/sMainCode)[1]','varchar(10)')
GO
```

执行结果如图 13.4 所示。

2. query()方法

query()方法可以从一个 XML 实例中返回某些部分,通过对 XML 实例中的元素和属性测评一个 XQuery 表达式来执行查询,返回类型是一个无类型的 XML。其语法格式如下。

```
query('XQueryExpression')
```

XQueryExpression 为表达式,用于在 XML 实例内部查找节点值。

可以针对 XML 实例运行 query()方法,如针对 XML 数据类型的变量或列。

【例 13.3】取节点返回值。

```
USE OnlineShopping
DECLARE @x xml
SET @x = '<ROOT><uName>betty</uName ></ROOT>'
SELECT @x.query('/ROOT/uName ')
GO
```

结果中显示的 XML 文档的片段是 ROOT 元素下的 uName 元素及其内容,结果如图 13.5 所示。

图 13.4 提取店铺表 shop_Seller 中的节点值　　图 13.5 取节点返回值

3. exist()方法

exist()方法用来判断 XQuery 表达式返回的结果是否为空。如果不为空，返回 1，否则返回 0，语法如下。

```
exist('XQueryExpression')
```

XQueryExpression 为表达式，用于在 XML 实例内部查找节点值。

【例 13.4】对 XML 类型的变量使用 exist()方法。

```
SELECT xmlCol.exist('/book/title') FROM books
```

执行结果将返回 1，因为在 xmlCol 列中，book 元素中存在名为 title 的子元素。

4. nodes()方法

该方法用于从 XML 实例片断中产生一个新的 XML 实例。nodes 方法和 query 方法的区别在于，query 方法返回的 XML 片断是作为字符串返回的，而 nodes 返回的 XML 片断则是 XML 类型的，程序还可以对这个返回的 XML 类型进行进一步操作。nodes 方法的使用比较复杂，往往要与 CROSS APPLY 一起使用。nodes()方法的一般语法如下。

```
Nodes (XQuery) as Table(Column)
```

XQueryExpression 为表达式，用于在 XML 实例内部查找节点值。

【例 13.5】对 XML 类型的变量使用 nodes() 方法。

现有一个包含 <Root> 顶级元素和 3 个 <row> 子元素的 XML 文档。此查询使用 nodes() 方法为每个 <row> 元素设置单独的上下文节点。nodes() 方法返回包含 3 行的行集。每行都有一个原始的 XML 逻辑副本，其中每个上下文节点都标识了原始文档中的一个不同的 <row> 元素，查询会从每行返回上下文节点。

```
USE OnlineShopping
DECLARE @x xml
SET @x='<Root>
    <row id="1"><name>Larry</name><oflw>some text</oflw></row>
    <row id="2"><name>moe</name></row>
    <row id="3" />
</Root>'
SELECT T.c.query('.') AS result
FROM   @x.nodes('/Root/row') T(C.
GO
```

执行结果如图 13.6 所示。在此示例中，查询方法返回上下文项及其内容。

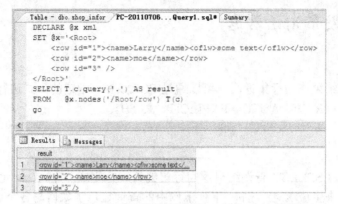

图 13.6 对 XML 类型的变量使用 nodes() 方法的结果

5. modify()方法

该方法可以对 XML 数据进行更新。通过 XQuery 中添加的 INSERT、DELETE 和 UPDATE 关键字提供了对 XML DML 的支持,使用 INSERT、DELETE 和 UPDATE 关键字可以分别插入、删除和更新一个或多个节点。modify()方法的语法格式如下。

```
modify(XML DML)
```

XML 数据类型的 modify()方法允许在一个 XML 实例内插入、更新(替换值)和删除内容。modify()方法使用 XML DML 提供对 XML 实例的这些操作。

【例 13.6】用 XML DML 提供对 XML 实例表 shop_user 的操作。

命令语句如下。

```
USE OnlineShopping
DECLARE @xmldoc xml
SET @xmldoc =
'<Root>
    <shop_user userID="1">
        <shop_userInformation>
        </shop_userInformation>
    </shop_user>
</Root>'
SET @xmldoc.modify('
insert <uName>Knievel</uName>
into (/Root/shop_user/shop_userInformation)[1]')
SELECT @xmldoc
GO
```

在这个示例中定义了一个 XML 数据类型的变量,并把一个 XML 文档赋给它。modify() 方法再针对这个变量执行插入,给这个变量插入了一个新的节点和值。对 XML 文档执行 modify()方法的结果如下。

```
<Root>
  <shop_user userID="1">
    <shop_userInformation>
      <uName>Knievel</uName>
    </shop_userInformation>
  </shop_user>
</Root>
```

子任务 13.3 发布 XML 数据

【子任务描述】

SELECT 查询结果作为行集返回。可以通过 FOR XML 指定的形式进行 XML 检索，需要指定以下模式之一：RAW、AUTO、EXPLICIT、PATH。

【子任务实施】

1. RAW 模式

RAW 模式将为 SELECT 查询结果返回行集的每一行生成一个<row>元素。通过编写嵌套的 FOR XML 查询来生成 XML 结构。下列示例中的查询显示了如何与各个选项一起使用 FOR XML RAW 模式。其中许多查询都是根据表 ProductModel 中 Instructions 列标明的自行车生产说明 XML 文档指定的，根据任务 7 中的相关知识，例题实现如下。

【例 13.7】检索 XML 形式的用户表 shop_user 的信息。

命令语句如下。

```
USE OnlineShopping
select * from shop_user for xml RAW
GO
```

执行结果如图 13.7 所示，可以看到结果显示了 OnlineShopping 数据库的 shop_user 数据表中的全部数据，且所有数据都以属性值的形式进行显示，元素名默认为 row，row 元素中的属性名和对应的列名一致。

2. AUTO 模式

AUTO 模式基于指定 SELECT 语句的方式使用试探法在 XML 中实现嵌套，也可以通过编写嵌套的 FOR XML 查询来生成 XML 层次结构。

【例 13.8】在 FOR XML 子句中指定 AUTO 模式。

命令语句如下。

```
USE OnlineShopping
select * from shop_user for xml AUTO
GO
```

执行结果如图 13.8 所示。可以看到，结果也显示了 OnlineShopping 数据库的 shop_user 数据表中的全部数据，且所有数据都以属性值的形式进行显示，但是元素名都默认为使用的表名 shop_user，shop_user 元素中的属性名和对应的列名一致。

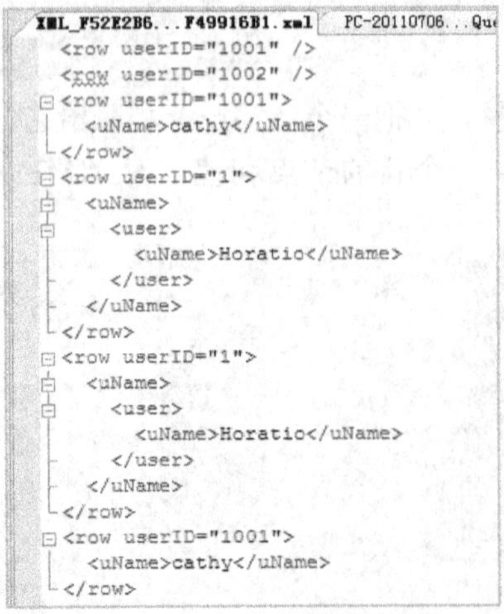

图 13.7 检索 XML 形式的用户表 shop_user 的信息 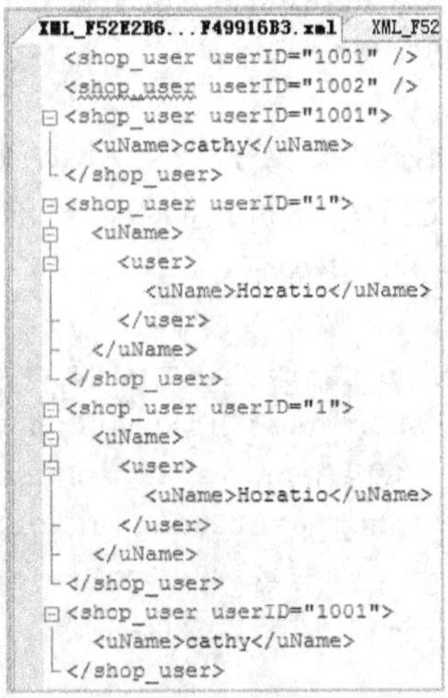   图 13.8 在 FOR XML 子句中指定 AUTO 模式

3. PATH 模式

在 PATH 模式中,列名或列别名被作为 XPath 表达式来处理。这些表达式指明了如何将值映射到 XML。每个 XPath 表达式都是一个相对 XPath,它提供了项类型(如属性、元素和标量值),以及将相对于行元素而生成的节点的名称和层次结构。

任何没有名称的列都将被内联。例如,未指定列别名的计算列或嵌套标量查询将生成没有名称的列。如果该列属于 XML 类型,则将插入该数据类型的实例的内容;否则,列内容将作为文本节点插入。

【例 13.9】查询将返回一个包含 3 列的行集。第 3 列没有名称,且包含 XML 数据。PATH 模式将插入一个 XML 类型的实例。

命令语句如下。

```
SELECT ProductModelID, Name,Instructions.query('declare namespace
MI="http://schemas.microsoft.com/sqlserver/2004/07/adventure-works/Produ
ctModelManuInstructions"; /MI:root/MI:Location ')
FROM Production.ProductModel
WHERE ProductModelID=7
FOR XML PATH
go
--下面显示了部分结果:
<row>
  <ProductModelID>7</ProductModelID>
  <Name>HL Touring Frame</Name>
  <MI:Location ...LocationID="10" ...></MI:Location>
  <MI:Location ...LocationID="20" ...></MI:Location>
  ...
</row>
```

课堂练习

一、选择题

1. XML 数据类型的存储空间最大不超过(   )。
   A. 8KB   B. 2GB   C. 2MB   D. 2KB
2. 在使用 PATH 的 FOR XML 中,要将一列数据放在某个元素的属性中,需要使用的符号是(   )?
   A. @   B. #   C. $ D. *
3. 系统存储过程 sp_xml_preparedocument 的语法格式如下。
sp_xml_preparedocument handleddoc OUTPUT,xmltext
其中,xmltext 代表(   )。
   A. XML 文档句柄的整数值   B. 原始的 XML 文档的文本值
   C. XML 语句   D. XML
4. XML 类型提供了 5 个用于查找和更新的方法,调用这 5 个方法时全部使用(   )语句来定位。
   A. XPath   B. XQuery   C. XValue   D. XExist
5. (   )方法用于确定 XML 实例中是否存在某一元素,如果存在则返回 1,否则返回 0。
   A. query   B. exist   C. value   D. modify

二、简答题

1. 简述 XML 数据库的优势。

2. SELECT 语句的 FOR XML 子句支持几种 XML 转换模式？分别是什么模式？

实践与实训

分别使用 RAW 模式和 AUTO 模式，从数据库 OnlineShopping 中提取商品信息表 shop_infor 中的数据，并把结果集以 XML 的形式显示在浏览器中。

任务总结

本任务重点介绍了 SQL Server 对 XML 的支持，包括如何从 SQL Server 中获得 XML 文档数据，以及如何将 XML 文档数据插入到数据库中。SQL Server 为了更好地支持其与 XML 的转换，引入了一个新的数据类型——XML 数据类型，使用它可以更加方便地在数据库中直接对 XML 文档进行操作。因为在程序开发中 XML 被越来越多地作为数据的统一格式，因此掌握 XML 与数据库之间的转换显得尤为重要。

模块四　数据库安全管理

任务 14　SQL Server 的安全机制

 任务描述

本任务在实际项目应用中非常重要。安全性对于几乎所有项目都是至关重要的，而对后台数据库的安全管理无疑是网上商城系统中的重中之重。

网上商城的数据库会面临众多不同类型用户的访问，而对于它的管理员来说，要根据用户权限来确定允许哪些用户登录到 SQL Server，并且能够访问哪个数据库中的哪些数据，以及对数据库对象实施各种权限范围内的操作。

 知识重点

（1）熟练进行数据库账户管理。
（2）熟练进行数据库角色管理。
（3）熟练进行数据库权限管理。

 知识难点

（1）准确判断给何种用户设置何种权限。
（2）正确设置用户权限。

子任务 14.1　了解 SQL Server 的安全机制

【子任务描述】

本任务是了解 SQL Server 2012 提供的安全机制。

【子任务实施】

1. 数据库安全机制

数据库安全性对于任何一个数据库管理系统都是至关重要的。随着计算机网络的普及，电子商务的风靡，数据库安全性就显得尤为重要。数据库安全机制是用于实现数据库的各种安全策略的功能集合，由这些安全机制来实现安全模型，进而实现保护数据库系统安全的目标。

安全的数据库管理系统必须提供两个层次的功能：一是对用户是否有权限登录到系统及如何登录的管理；二是对用户能否使用数据库中的对象并执行相应操作的管理。

SQL Server 2012 安全机制可以划分成以下 5 个层级，各个层级之间相互关联，用户只有通过了高一层的安全验证，才有权访问数据库中低一层的内容。

（1）客户机安全机制——这里的客户机指的是运行着 SQL Server 2012 数据库管理系统的操作系统平台，这个平台的安全性直接影响到 SQL Server 2012 的安全性。因为只有获取了客户机操作系统的使用权限，才能够通过网络访问 SQL Server 2012 的服务器。

（2）网络传输的安全机制——为了进一步提高数据的安全性，SQL Server 2012 还可以对关键数据进行加密，即使黑客通过了防火墙和服务器操作系统，获取了数据库的访问权限，窃取到了数据，也要对数据进行破解，增加了其攻击成本。

（3）实例级别安全机制——SQL Server 2012 采用了标准 SQL Server 登录和集成 Windows 登录两种方式。数据库管理员的重要任务之一就是管理和设计合理的登录方式，这也是 SQL Server 安全体系中的重要组成部分。SQL Server 2012 中通过给固定服务器角色添加用户来进行服务器级的权限管理。

（4）数据库级别安全机制——在建立用户的登录账号信息时，SQL Server 可以选择默认的数据库，并分给用户权限，以后每次登录都会自动转到默认数据库中。SQL Server 2012 不仅可以分配固定数据库角色，还允许用户在数据库上建立自定义的角色，通过角色将权限赋给 SQL Server 2012 的用户。

（5）对象级别安全机制——对象安全性检查是数据库管理系统的最后一个安全的等级。创建数据库对象时，SQL Server 2012 自动给对象的所有者赋予该数据库对象的用户权限，使其实现对该对象的安全控制。

2. 大数据安全

近年来，"大数据"成为网络"热词"，它到底是什么意思呢？"大数据"是指无法在可承受的时间范围内用常规软件工具进行捕捉、管理、处理的数据集合。对于电子商务领域而言，其后台数据库并不是万能的，有大量实时、临时数据要借助于大数据来管理。在电子商务领域，借助对大数据的分析，可以为商家制定更加精准有效的营销策略提供决策支持；在零售领域，零售商可以借助对大数据的分析来更加准确地掌握市场动态并适时做出应对。虽然海量信息的集中对数据的分析和处理提供了便利条件，但数据的管理不当，同样会对数据的安全性造成严重威胁，导致利益的重大损失。大数据的安全性关系到个人隐私安全、企业信息安全乃至国家安全。在当今的信息时代，数据即财富，面对庞大的数据量，强化内部管控，构建数据安全管理系统，提高数据安全防护水平就显得尤为重要。针对大数据面临的安全问题，众多软件公司纷纷出台各种数据防泄露解决方案以应对大数据安全。一般来说大数据安全包括以下几方面。

（1）物理安全：主要指数据中心机房的安全，包括机房的选址及机房场地安全、防火、防水、防尘、防静电、防电磁辐射泄漏、温湿度控制等。

（2）网络安全：指通过防火墙、IPS、IDS、操作审计等网络安全设备，利用各种网络安全相关的技术和手段，构建数据中心的网络安全防御体系，提高网络安全性。

（3）系统安全：主要指服务器操作系统、数据库及中间件等在内的系统安全，还包括为了提高这些系统的安全性而使用安全评估管理工具进行的系统安全分析和安全加固。

（4）数据安全：指数据存储及数据的备份和恢复。

（5）信息安全：通过建立完善的用户身份认证及安全日志审计追踪体系，来实现对安全日志和安全事件的统一记录及分析。

子任务 14.2　身份验证模式

【子任务描述】

数据库管理员可以通过两种验证模式来确认用户登录了数据库。网上商城的数据库管理员要根据具体情况合理选择验证模式并正确操作。

【子任务实施】

一、知识基础

1. 服务器身份验证模式

SQL Server 2012 提供了两种验证模式来确认用户是否登录了服务器。

（1）Windows 身份验证模式：此模式下，SQL Server 直接使用 Windows 操作系统的内置安全机制，即使用 Windows 的用户或组账号来登录。

（2）SQL Server 和 Windows 身份验证模式：又称混合模式。此模式下，如果用户提供了 SQL Server 登录用户名，则系统将使用 SQL Server 身份认证登录；如果没有提供 SQL Server 登录用户名，而提供了 Windows 的用户或组账号，则系统将使用 Windows 身份验证登录。

通过两个实例来讲述如何选择 SQL Server 2012 的两种身份验证模式。

【例 14.1】某单位局域网内部服务器上新装了 SQL Server 2012 数据库，且原有服务器上已经设置了该单位员工的用户账户，设置哪种验证模式比较合适？

分析：由于原服务器上已经有了用户账户，而服务器又是内部服务器，为了充分利用资源，节省人力物力，可以选用"Windows 身份验证模式"。

【例 14.2】某单位开发了一个电子商务网站，后台数据库选用了 SQL Server 2012，设置哪种验证模式比较合适？

分析：由于网站是对外的，而且应用程序是基于 Internet 运行的，如果仍使用"Windows 身份验证模式"，则需要给所有用户建立登录信息，这显然是不可能的，所以选用"SQL Server 和 Windows 身份验证模式"比较合适。

2. 登录审核级别

审核级别是 SQL Server 用来跟踪和记录用户在 SQL Server 实例上登录成功或失败的记录的。数据库管理员可以根据需要选择相应的审核级别。

（1）无——系统不审核，这是系统的默认选项。
（2）仅限失败的登录——系统审核失败的登录尝试。
（3）仅限成功的登录——系统审核成功的登录尝试。
（4）失败和成功的登录——系统审核失败和成功的登录尝试。

二、实施过程

【子任务分析】

根据上述子任务的描述，本任务需要弄清以下两方面。

（1）网上商城的数据库由于面对的用户不仅仅是 Windows 内部用户，显然使用"SQL Server 和 Windows 身份验证模式"更为合适。

（2）根据需要给服务器设置身份验证模式。

【子任务实施步骤】

步骤 1：运行 SQL Server Management Studio，连接访问的服务器，右击服务器名，在弹出的快捷菜单中选择【属性】选项，如图 14.1 所示。

步骤 2：在服务器属性对话框的【选择页】列表框中选择【安全性】选项，在右侧窗口中设置服务器身份验证模式为【SQL Server 和 Windows 身份验证模式】，如图 14.2 所示。

步骤 3：设置登录审核为【仅限失败的登录】。

步骤 4：单击【确定】按钮，重启 SQL Server。

注意：除默认选项外，人工设置的任何属性或选项都要重启服务器后才能生效。

图 14.1　查看服务器的属性

图 14.2　设置服务器的安全性选项

子任务 14.3　账户管理

【子任务描述】

用户连接到服务器后，网上商城的数据库管理员要根据他们的不同权限来确定使哪些用户只能进入服务器却不能访问数据库，使哪些用户可以访问某些数据库。本任务中，允许 Windows 用户 OnlineShoppingyhA 既能进入服务器又能访问数据库 OnlineShopping；SQL Sever 用户 OnlineShoppingyhB 既能进入服务器又能访问数据库 OnlineShopping；SQL Sever 用户 OnlineShoppingyhC 只能进入服务器却不能访问数据库 OnlineShopping。

【子任务实施】

一、知识基础

1. SQL Server 2012 账户分类

在 SQL Server 2012 中，账户主要分为两类：登录者和数据库用户。

（1）登录者：针对 SQL Server 管理系统，当用户合法登录成功后，可以连接到 SQL Server，但不一定具有访问数据库的权力。

（2）数据库用户：针对 SQL Server 管理系统中的某个数据库，当用户使用登录账户连接到 SQL Server 后，还需要使用数据库账户才可以访问某个数据库中的数据。也就是说，哪个数据库中创建的数据库用户，就可以访问哪个数据库。

具体关系如图 14.3 所示。

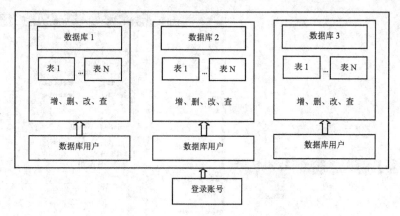

图14.3 登录者、数据库用户的关系

2. 登录者账户管理

1) 创建登录者账户

在服务器身份验证混合模式下,登录者又可以分为Windows用户和SQL Sever用户两大类。创建登录者账户有两种方法:一种使用图形界面创建,另一种使用T-SQL命令创建。

(1) 使用图形界面创建登录者账户,具体如下。

① 启动SQL Server Management Studio,连接访问的服务器,在对象资源管理器中展开【安全性】节点,选择【登录名】并右击,在弹出的快捷菜单中选择【新建登录名】选项,打开"登录名-新建"窗口,如图14.4所示。

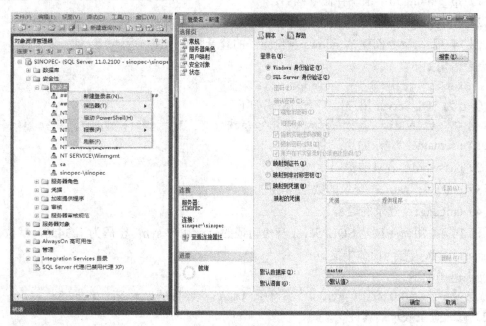

图14.4 新建登录名

② 若想以Windows身份验证登录,则选中【Windows身份验证】单选按钮,再单击【登录名】文本框右侧的【搜索】按钮,弹出【选择用户或组】对话框,将已有的Windows用户名输入,单击【确定】按钮完成设置,如图14.5所示。

③ 若想以SQL Server身份验证登录,则在【登录名-新建】对话框中的【登录名】文本框中输入登录账户名,单击【SQL Sever身份验证】单选按钮,并输入【密码】和【确认密码】,单击【确定】按钮完成设置,如图14.6所示。

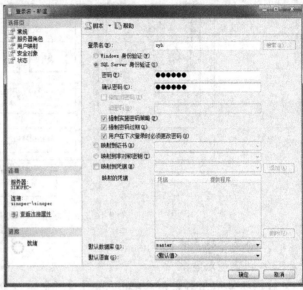

图 14.5 【选择用户或组】对话框　　图 14.6　设置 SQL Sever 登录账户

（2）使用 T-SQL 创建登录者账户。

① 若为 Windows 用户，其语句格式如下。

```
EXEC sp_grantlogin 'domain\user'
```

（1）sp_grantlogin：系统存储过程名。

（2）domain\user：指已有的 Windows 用户名，注意名称要完整，即<域\用户名>

【例 14.3】用命令创建 Windows 身份验证的登录账户 yh1。

命令语句如下。

```
Exec sp_grantlogin 'sinopec-\yh1'
```

② 若为 SQL Server 用户，其语句格式如下。

```
EXEC sp_addlogin 'username', 'password', 'database_name', 'language'
```

（1）username：登录的用户名.

（2）password：登录的密码。

（3）database_name：登录的数据库名称。

（4）language：登录的语言。

【例 14.4】用命令创建 SQL Sever 身份验证的登录账户 syh，密码为 123456，默认数据库为 master，默认语言为简体中文。

命令语句如下。

```
Exec sp_addlogin 'syh','123456','master','Simplified Chinese'
```

2）修改登录账户的属性

对于已经创建好的登录账户，可以在对象资源管理器双击该用户名，打开其登录属性窗口，如图 14.7 所示。

在【常规】选项卡中可以修改其相应属性。

在【状态】选项卡中可以禁止该账户。

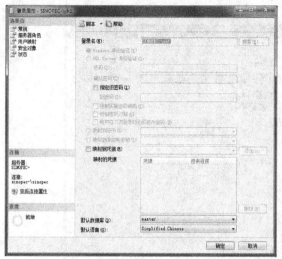
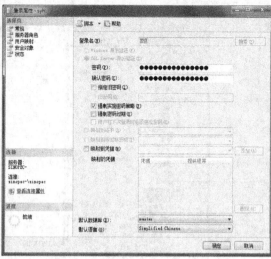

(a)   (b)

图 14.7　登录属性窗口

3）删除登录账户

删除登录账户有两种方法：一种是使用图形界面，另一种是使用 T-SQL 命令。

（1）使用图形界面删除用户账户，具体方法如下。

在对象资源管理器中中选中该用户名，在弹出的快捷菜单中选择【删除】命令，即可删除登录账户。

（2）使用 T-SQL 命令删除登录账户

①若为 Windows 用户，其语句格式如下。

```
EXEC sp_revokelogin 'domain\user'
```

【例 14.5】用命令删除 Windows 身份验证的登录账户 yh1。

命令语句如下。

```
EXEC sp_revokelogin 'sinopec-\yh1'
```

②若为 SQL Server 用户，其语句格式如下。

```
EXEC sp_droplogin 'username'
```

【例 14.6】用命令删除 SQL Sever 身份验证的登录账户 syh。

命令语句如下。

```
EXEC sp_droplogin 'syh'
```

3. 数据库账户管理

1）创建数据库用户

创建登录账户后，用户只是具有了访问 SQL Sever 服务器的权限，要想访问某个具体的数据库，还要将登录账户映射到数据库用户中。与创建登录用户类似，数据库用户的类型也有很多类，常用的是 Windows 用户和带登录名的 SQL Sever 用户。

创建数据库账户有两种方法：一种是使用图形界面，另一种是使用 T-SQL 命令。

（1）使用图形界面创建数据库账户，具体方法如下。

① 在 SSMS 中展开相关数据库的【安全性】节点，选择【用户】并右击，在弹出的快捷菜单中选择【新建用户】选项，打开"数据库用户-新建"窗口，在该窗口的"用户类型"下拉列表中选择所要创建用户的类型，如图 14.8 所示。

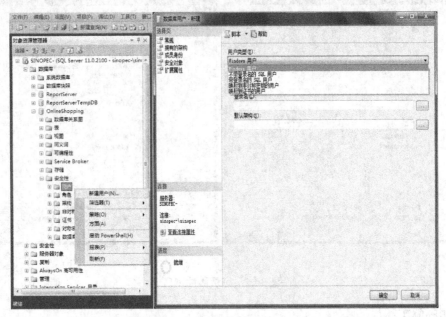

图14.8 新建数据库用户

注意：对于不同种类的数据库用户，可以在"用户类型"下拉列表中选择相对应的用户种类进行操作。

【例14.7】给SQL Sever身份验证的登录账户"syh"添加一个用户名为"sdbyh"的OnlineShopping数据库的用户账户。

具体方法如下。

① 在"数据库用户-新建"窗口中，在"用户类型"下拉列表中选择"带登录名的SQL用户"选项，单击"登录名"文本框右侧的【…】按钮，弹出"选择登录名"对话框。

② 在该对话框中单击【浏览】按钮，弹出"查找对象"对话框，选择要编辑的syh用户，单击【确定】按钮，返回主窗口，如图14.9所示。

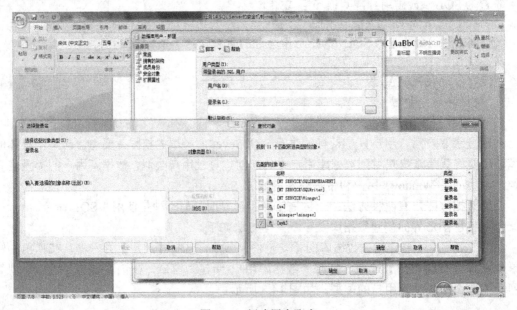

图14.9 新建用户账户

③ 在"数据库用户-新建"窗口的【用户名】文本框中输入【sdbyh】，单击【确定】按钮完成设置。

注意：登录名与用户名可以形同，也可以不同。

（2）使用 T-SQL 命令创建数据库用户，具体命令如下。

```
EXEC sp_grantdbaccess 'username','dbusername'
```

① sp_grantdbaccess：存储过程名，用户创建数据库账户。

② username：登录账户名称，登录账户可以是 Windows 用户创建的登录账户，也可以是 SQL Sever 用户创建的登录账户。

③ dbusername：数据库用户名，数据库用户名可以与登录账户一致，也可以不一致。使用该命令前数据库必须处于打开状态。

【例 14.8】用命令方式给登录账户"syh"添加一个 OnlineShopping 数据库的同名数据库用户账户。

```
Use OnlineShopping          --打开数据库
Exec sp_grantdbaccess 'syh','syh'
```

执行结果如图 14.10 所示。

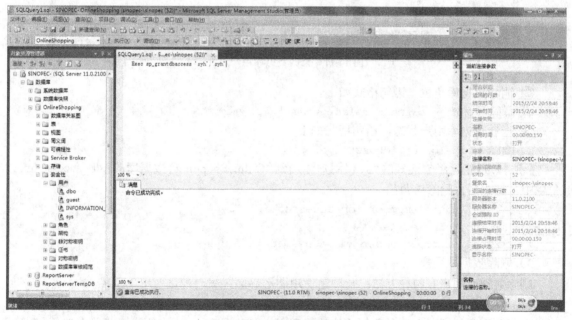

图 14.10　创建数据库用户

2）修改数据库用户

创建数据库用户后，数据库管理员可以修改其用户权限，即该用户所属的数据库角色。修改数据库用户有两种方法：一种是使用图形界面，另一种是使用 T-SQL 命令。

（1）使用图形界面修改数据库用户，具体方法如下。

在对象资源管理器中选中所要修改的数据库用户名并右击鼠标右键，在弹出的快捷菜单中选择【属性】选项，选择【成员身份】选项，可重新选择用户账户所属的数据角色（角色管理将在子任务 14.4 中讲述），如图 14.11 所示。

（2）使用 T-SQL 命令修改数据库用户。

SQL Server 2012 通过给数据库用户添加或删除其所属的数据库角色，来修改其用户权限。

① 添加数据库角色，语句格式如下。

```
EXEC sp_addrolemember 'actorname', 'dbusername'
```

图 14.11　修改数据库用户属性

② 删除数据库角色，语句格式如下。
```
EXEC sp_droprolemember 'actorname','dbusername'
```
③ 查看数据库用户状态，语句格式如下。
```
EXEC sp_helpuser 'dbusername'
```

【例 14.9】把已经创建好的"syh"用户添加到"OnlineShopping"数据库的"db_accessadmin"角色中，查看后再删除该角色。
```
EXEC sp_addrolemember 'db_accessadmin','syh'
EXEC sp_helpuser 'syh'
EXEC sp_droprolemember 'db_accessadmin','syh'
```

3）删除数据库用户

删除数据库用户有两种方法：一种是使用图形界面，另一种是使用 T-SQL 命令。

（1）使用图形界面删除数据库用户，具体方法如下。

在对象资源管理器中选中要修改的数据库用户名并右击，在弹出的快捷菜单中选择【删除】选项，或者按 Delete 键。

（2）使用 T-SQL 命令删除数据库用户，语句格式如下。
```
EXEC sp_revokedbaccess 'dbusername'
```

【例 14.10】从当前数据库 OnlineShopping 中删除用户账户"syh"。

命令语句如下。
```
EXEC sp_revokedbaccess 'syh'
```

二、实施过程

【子任务分析】

根据上述子任务的描述，本任务需要完成以下操作。

（1）将已有 Windows 用户 OnlineShoppingyhA 设置为登录账户和数据库账户，使其既能进入服务器又能访问数据库 OnlineShopping。

（2）创建 SQL Sever 用户 OnlineShoppingyhB，将其设置为登录账户和数据库账户，使其既能进入服务器又能访问数据库 OnlineShopping。

（3）创建 SQL Sever 用户 OnlineShoppingyhC，将其设置为登录账户，使其只能进入服务器，不能访问数据库 OnlineShopping。

【子任务实施步骤】

根据对子任务的分析，管理员要给 3 个用户建立登录名，给 OnlineShoppingyhA、OnlineShoppingyhB 两个用户添加数据库用户。其具体方法如下。

步骤 1：在 SSMS 中打开"登录名-新建"窗口，选中【Windows 身份验证】单选按钮，单击【搜索】按钮，弹出【选择用户或组】对话框，设置对象名称为【OnlineShoppingyhA】，单击【确定】按钮完成设置。

注意：输入的对象名称一定是已有的 Windows 用户。

步骤 2：在 SSMS 中打开"登录名-新建"窗口，选中【SQL Server 身份验证】单选按钮，在【登录名】文本框中输入【OnlineShoppingyhB】，在【密码】文本框中输入自定义的密码，单击【确定】按钮完成设置。"OnlineShoppingyhC"的创建与此相同。创建结果如图 14.12 所示。

步骤 3：在 SSMS 中打开"数据库用户-新建"窗口，用户类型选择【Windows 用户】，单击用户名右侧的【…】按钮，弹出【选择用户或组】对话框，设置对象名称为【OnlineShoppingyhA】，单击【确定】按钮完成设置，如图 14.13 所示。

图 14.12　创建登录数据库用户

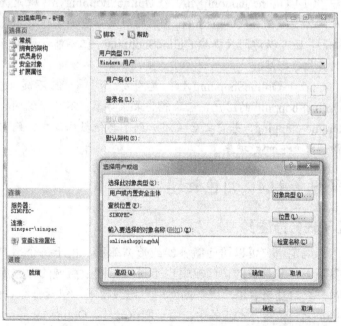

图 14.13　创建"Windows 用户"类型的数据库用户

注意：该用户名不可更改名称，必须是 windows 的用户名，可以在【登录名】文本框右侧的【…】按钮中搜索到该登录名。

步骤 4：在 SSMS 中打开"数据库用户-新建"窗口，用户类型选择【带登录名的 SQL 用户】选项，单击【登录名】文本框右侧的【…】按钮，弹出【选择登录名】对话框，在该对话框中单击【浏览】按钮，弹出【查找对象】对话框，选择要编辑的【OnlineShoppingyhB】用户，单击【确定】按钮返回"数据库用户-新建"窗口。最后在【用户名】文本框中输入【OnlineShoppingyhB】，单击【确定】按钮完成设置，如图14.14所示。结果如图14.15所示。

图 14.14 创建"SQL Server 用户"类型的数据库用户

注意：在文本框中输入的用户名可以与登录名同名，也可以自定义。

提示：

（1）OnlineShoppingyhA 和 OnlineShoppingyhB 既是登录账户，又是数据库 OnlineShopping 的用户，它们不仅可以登录服务器，还可以访问数据库 OnlineShopping，但不能访问服务器中的其他数据库。

（2）OnlineShoppingyhC 是登录账户，但不是数据库 OnlineShopping 的用户，它只能登录服务器，不可以访问数据库 OnlineShopping，若它之后被添加到了其他数据库中，则它可以访问添加它的数据库。

子任务 14.4 角色管理

【子任务描述】

确定用户可以访问服务器或数据库后，由于每个用户的职责不同，其具有的访问权限也不一样。网上商城的数据库管理员需要给登录者用户或数据库用户修改权限，包括升级、删除、自定义角色等。本任务中，由于职位升迁，OnlineShoppingyhC 需要拥有对系统的所有操作权；由于工作原因，OnlineShoppingyhA 需要对数据库 OnlineShopping 有任意操作权限；由于职责所限，OnlineShoppingyhB 只能查看数据库 OnlineShopping 中的所有用户表的数据。

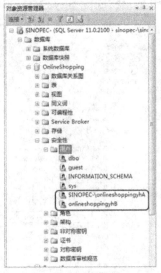

图 14.15 最终结果界面

【子任务实施】

一、知识基础

在 SQL Server 2012 中，可以用角色管理来管理用户的权限，即给角色添加多个用户，一个用户也可以拥有多个角色，这样就可以将多个权限分配给多个用户，以减少给多个用户逐一分配多个权限的重复操作。

与 SQL Server 2012 账户分类相对应，角色也分为两大类：服务器角色和数据库角色。

1. 服务器角色管理

服务器角色都是固定的，其角色描述如表 14.1 所示。

表 14.1　角色描述

固定服务器角色	权 限 描 述
bulkadmin	可以执行 BULK INSERT 命令即可进行大容量的插入操作
dbcreator	能够创建和修改数据库
diskadmin	能够管理磁盘文件
processadmin	可以管理运行在 SQL Server 2012 中的进程
public	维持所有默认权限
securityadmin	可以管理服务器登录，负责服务器的安全管理
serveradmin	能够对服务器进行配置
setupadmin	能够创建和管理扩展存储过程
sysadmin	具有最大的权限，可以执行 SQL Server 2012 的任何操作。Sa 就是这个角色（组）的成员

1）向固定服务器角色中添加成员

向固定服务器角色中添加成员有两种方法：一种是使用图形界面，另一种是使用 T-SQL 命令。

（1）使用图形界面向固定服务器角色中添加成员，具体方法如下。

运行 SSMS，连接所访问的服务器，展开【安全性】|【服务器角色】节点，选择所要添加用户的固定服务器角色并右击，在弹出的快捷菜单中选择【属性】选项，在右侧的"服务器角色属性"窗口中可以添加用户。

【例 14.11】向固定服务器角色 sysadmin 中添加用户 syh。

在 SSMS 中展开【安全性】|【服务器角色】节点，选择 sysadmin 并右击，在弹出的快捷菜单中选择"属性"选项，右侧打开服务器角色属性窗口，如图 14.16 所示。

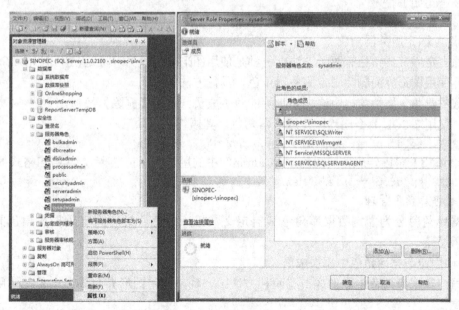

图 14.16　sysadmin 的属性窗口

在服务器角色属性窗口中单击【添加】按钮,弹出【选择服务器登录名和角色】对话框,单击【浏览】按钮,弹出【查找对象】对话框,选择 syh 登录名,单击【确定】按钮完成设置,如图 14.17 所示。

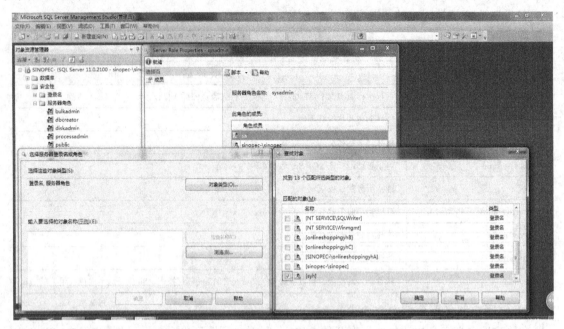

图 14.17　添加成员

(2)使用 T-SQL 命令向固定服务器角色中添加成员。
语句格式如下。
```
EXEC sp_addsrvrolemember ' username ', ' srvrole'
```
① username:用来指定登录名。
② srvrole:用来指定固定服务器角色。
【例 14.12】向固定服务器角色"sysadmin"中添加用户"syh"。
命令语句如下。
```
EXEC sp_addsrvrolemember 'syh','sysadmin'
```
2)删除固定服务器角色
删除固定服务器角色有两种方法:一种是使用图形界面,另一种是使用 T-SQL 命令。
(1)使用图形界面删除固定服务器角色,具体方法如下。
在服务器角色属性窗口中选中要删除的角色成员,单击【删除】按钮。
(2)使用 T-SQL 命令删除固定服务器角色。其语句格式如下。
```
EXEC sp_dropsrvrolemember 'username', 'srvrole'
```
【例 14.13】将固定服务器角色"sysadmin"中的用户"syh"删除。其语句格式如下。
```
EXEC sp_dropsrvrolemember 'syh','sysadmin'
```
2. 数据库角色管理
数据库角色分为固定数据库角色和自定义数据库角色两类。固定数据库角色的描述如表 14.2 所示。
1)向固定数据库角色中添加成员
向固定数据库角色中添加成员有两种方法:一种是使用图形界面,另一种是使用 T-SQL 命令。

表 14.2 固定数据库角色

固定数据库角色	权 限 描 述
db_accessadmin	可以为 Windows 登录名、Windows 组和 SQL Server 登录名添加或删除数据库访问权限
db_backupoperator	可以备份数据库
db_datareader	可以从所有用户表中读取所有数据
db_datawriter	可以在所有用户表中添加、删除或更改数据
db_ddladmin	可以在数据库中运行任何数据定义语言命令
db_denydatareader	不能读取数据库内用户表中的任何数据
db_denydatawriter	不能添加、修改或删除数据库内用户表中的任何数据
db_owner	可以执行数据库的所有配置和维护活动，还可以删除数据库
db_securityadmin	可以修改角色成员身份和管理权限，向此角色中添加主体可能会导致意外的权限升级
public	维持所有默认权限

（1）使用图形界面向固定数据库角色中添加成员，具体方法如下。

【例 14.14】向 OnlineShopping 数据库的固定数据库角色"db_owner"中添加用户"syh"。具体步骤如下。

① 运行 SQL Server Management Studio，连接访问的服务器，选择 OnlineShopping 数据库，展开该数据库的【安全性】|【角色】|【数据库角色】节点，选择【db_owner】角色并右击，在弹出的快捷菜单中选择【属性】选项，打开数据库角色属性窗口，如图 14.18 所示。

② 在数据库角色属性窗口中单击【添加】按钮，弹出【选择服务器用户或角色】对话框，单击【浏览】按钮，弹出【查找对象】对话框，选择 syh 用户名，单击【确定】按钮完成设置，如图 14.19 所示。

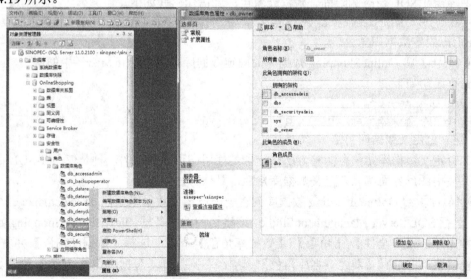

图 14.18 db_owner 的属性窗口

（2）使用 T-SQL 命令向固定数据库角色中添加成员，其语句格式如下。

```
Execute sp_addrolemember 'dbrole','登录名'
```

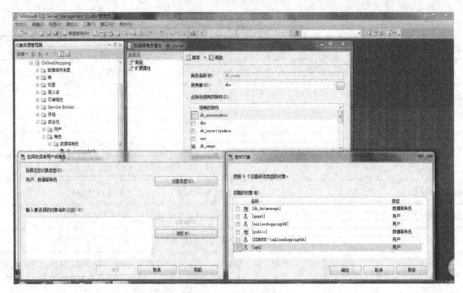

图 14.19　添加成员

【例 14.15】向 OnlineShopping 数据库的固定数据库角色"db_owner"中添加用户"syh"。其语句格式如下。

```
Use OnlineShopping
EXEC sp_addrolemember 'db_owner','syh'
```

2）删除固定数据库角色

删除固定数据库角色有两种方法：一种是使用图形界面，另一种是使用 T-SQL 命令。

（1）使用图形界面删除固定数据库角色，具体方法如下。

在数据库角色属性窗口中选中要删除的角色成员，单击【删除】按钮。

（2）使用 T-SQL 命令删除固定数据库角色，其语句格式如下。

```
EXEC sp_droprolemember 'dbrole','username'
```

dbrole：固定数据库角色。

【例 14.16】将 OnlineShopping 数据库的固定数据库角色"db_owner"中的用户"syh"删除。其命令语句如下。

```
Use OnlineShopping
Exec sp_droprolemember 'db_owner','syh'
```

3）建立自定义数据库角色

建立自定义数据库角色有两种方法：一种是使用图形界面，另一种是使用 T-SQL 命令。

（1）使用图形界面建立自定义数据库角色，具体方法如下。

【例 14.17】给 OnlineShopping 数据库创建一个自定义数据库角色 db_datamanage。

① 运行 SQL Server Management Studio，连接访问的服务器，选择 OnlineShopping 数据库，展开该数据库的【安全性】|【角色】|【数据库角色】节点，选择【数据库角色】并右击，在弹出的快捷菜单中选择【新建数据库角色】选项，右侧打开【数据库角色-新建】窗口。

② 在【数据库角色-新建】窗口中的【角色名称】文本框内输入角色名称【db_datamanage】，单击【确定】按钮完成设置，如图 14.20 所示。

提示：

① 固定数据库角色的所有者、架构、成员、权限等属性，可以在固定数据库角色的属性窗口中看到

② 自定义的数据库角色的以上属性是可以设置的，这里只输入角色名。

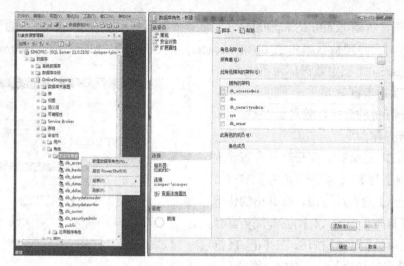

图 14.20 新建数据库角色

（2）使用 T-SQL 命令建立自定义数据库角色。
语句格式如下。
```
Create role 'customdbrole'
```
customdbrole：自定义数据库角色。

【例 14.18】给"OnlineShopping"数据库创建一个自定义数据库角色"db_datamanage"。
```
Use OnlineShopping
Create role db_datamanage
```

4）删除自定义数据库角色

删除自定义数据库角色有两种方法：一种是使用图形界面，另一种是使用 T-SQL 命令。

（1）使用图形界面删除自定义数据库角色，具体方法如下：

与删除固定数据库角色一样，删除自定义数据库角色也是在数据库角色属性窗口中选中要删除的角色成员，单击【删除】按钮即可。

（2）使用 T-SQL 命令建立自定义数据库角色。其语句格式如下。
```
Drop role 'customdbrole'
```
customdbrole：自定义数据库角色。

【例 14.19】删除 OnlineShopping 数据库中的自定义数据库角色"db_datamanage"。其语句如下。
```
Use OnlineShopping
Drop role db_datamanage
```

二、实施过程

【子任务分析】

根据上述子任务的描述，本任务需要完成以下操作。

1. 由于职位升迁，OnlineShoppingyhC 需要拥有对系统的所有操作权，该权限对应固定服务器角色 sysadmin，所以需要把登录用户 OnlineShoppingyhC 添加到 sysadmin 固定服务器角色中。

2. 由于工作原因，OnlineShoppingyhA 需要对数据库 OnlineShopping 有任意操作权限，该权限对应固定数据库角色 db_owner，所以需要把数据库用户 OnlineShoppingyhA 添加到 db_owner 固定数据库角色中。

3．由于职责所限，OnlineShoppingyhB 只能查看数据库 OnlineShopping 中的所有用户表的数据，该权限对应固定数据库角色 db_datareader，所以需要把数据库用户 OnlineShoppingyhB 添加到 db_datareader 固定数据库角色中。

【子任务实施步骤】

根据对子任务的分析，管理员要对 3 个用户分别进行操作。

步骤 1：在 SSMS 中打开对象资源管理器，展开【安全性】|【服务器角色】节点，选中【sysadmin】角色并右击，在弹出的快捷菜单中选择【属性】选项，右侧打开服务器角色属性窗口，单击【添加】按钮，在弹出的【选择服务器登录名或角色】对话框中，单击【浏览】按钮，在弹出的【查找对象】对话框中选择【OnlineShoppingyhC】登录名，单击【确定】按钮完成设置，参考例 14.11。设置后的结果如图 14.21 所示。

图 14.21　onlineShoppingyhC 添加固定服务器角色

步骤 2：在 SSMS 中打开对象资源管理器，展开【数据库】|【OnlineShopping】|【安全性】|【角色】|【数据库角色】节点，选中【db_owner】角色并右击，在弹出的快捷菜单中选择【属性】选项，右侧打开数据库角色属性窗口，单击【添加】按钮，在弹出的【选择数据库用户或角色】对话框中单击【浏览】按钮，在弹出的【查找对象】对话框中，选择【OnlineShoppingyhA】数据库用户名，单击【确定】按钮完成设置，参考例 14.14，设置后的结果如图 14.22 所示。

步骤 3：与"OnlineShoppingyhA"类似，"OnlineShoppingyhB"在"db_datareader"角色中操作即可，设置后的结果如图 14.23 所示。

图 14.22　OnlineShoppingyhA 添加为固定数据库角色　　图 14.23　OnlineShoppingyhB 添加为固定数据库角色

子任务 14.5　权限管理

【子任务描述】

对网上商城数据库操作的员工，其工作职能各不相同，其对数据库表访问、操作的权限必定会各不相同。作为管理员，要正确设置、管理这些权限，才能保证数据库管理工作正常高效的进行。例如，哪些用户只可以查看表中记录；哪些用户可以修改、删除表中记录；哪些用户可以修改表中字段等。在本任务中，只允许 OnlineShoppingyhA 访问数据库 OnlineShopping 中的任意表，而不允许插入、修改、删除表中记录；允许 OnlineShoppingyhB 查看数据库 OnlineShopping 中的所有用户表的数据，但不允许查看用户密码，且不能使用 sp_addrole 存储过程。

【子任务实施】

一、知识基础

创建了一系列的用户，其目的都是对数据库的访问权进行设置，如哪些用户可以访问数据库，而这些用户可以访问哪些数据表，对表可以做哪些操作等，以便使各个用户能进行适合于其工作职能的操作权限。

1. 权限种类

SQL Server 的权限包括对象权限、语句权限和固定角色权限三大类

（1）对象权限。对象权限是针对表、视图、存储过程而言的，它决定了对表、视图、存储过程能执行哪些操作（如 UPDATE、 DELETE、 INSERT、 EXECUTE）。某个用户若想对某一对象进行操作，则必须具有相应的操作的权限。例如，当用户要成功修改表中数据时，其必须被授予表的 UPDATE 权限。

对象权限的具体内容如下。

① 对于表和视图的记录，是否允许执行 SELECT、INSERT、UPDATE 和 DELETE 语句

② 对于表和视图的字段，是否可以执行 SELECT 和 UPDATE 语句

③ 对于存储过程，是否可以执行 EXECUTE 语句。

（2）语句权限。语句权限是指用户是否具有权限来执行某一语句，这些语句通常是一些具有管理性操作的命令，如创建数据库、表、存储过程等。这些语句包括 create table（创建表），create view（创建视图），create rule（创建规则），create default（创建默认），create procedure（创建存储过程），backup database（备份数据库），backup log（备份事务日志）。

（3）固定角色权限。固定角色权限是指固定角色，如由 SQL Server 预定义的服务器角色、数据库所有者（dbo）和数据库对象所有者等拥有的权限。

2. 权限管理命令

在 SQL Server 中使用 GRANT（授予权限）、REVOKE（撤销权限）、DENY（拒绝权限）3 种命令来管理权限。这 3 种命令也称权限的 3 种状态。

（1）授予权限：授予权限以执行相关的操作，即允许某个用户或角色对一个对象执行某种操作或某种语句。

（2）拒绝权限：拒绝执行操作的权限并阻止用户或角色继承权限，即拒绝某个用户或角色访问某个对象。即使该用户或角色被授予这种权限，或者由于继承而获得这种权限，仍不允许

执行相应操作。该语句优先于其他授予的权限。

（3）撤销权限：撤销授予的权限但不会阻止用户或角色执行操作，用户或角色仍然能继承其他角色的授予权限，即不允许某个用户或角色对一个对象执行某种操作或某种语句。

注意：不允许与拒绝是不同的，不允许执行某操作时还可以通过加入角色来获得允许权。而拒绝执行某操作时，无法通过角色来获得允许权。

由于 GRANT、REVOKE、DENY3 种命令的格式用法基本一致，这里仅以授予权限为例进行讲解。

3．权限管理

权限管理中较为常用的是对象权限的管理。

1）设置表和视图的记录的访问权限

设置表和视图的记录的访问权限有两种方法：一种是使用图形界面，另一种是使用 T-SQL 命令。

（1）使用图形界面设置表和视图的记录的访问权限，具体方法如下。

①单一用户：给一个用户设置对表或视图记录的访问权限

【例 14.20】syh 是 OnlineShopping 数据库的数据库用户，OnlineShopping 数据库中有表 shop_user，要求 syh 只能查看 shop_user 中的数据，不能做修改和删除操作。具体方法如下。

第一步：在 SSMS 中展开 OnlineShopping 数据库的【安全性】|【用户】节点，选择【syh】用户并右击，在弹出的快捷菜单中选择【属性】选项，在右侧窗口中打开"数据库用户-syh"窗口，选择【安全对象】选项卡，如图 14.24 所示。

第二步：单击【搜索】按钮，弹出【添加对象】对话框，选中【特定对象】单选按钮，单击【确定】按钮，系统弹出【选择对象】对话框，单击【对象类型】按钮，弹出【选择对象类型】对话框，选中【表】复选框，如图 14.25 所示。

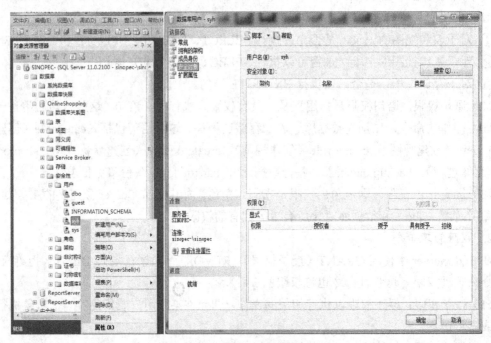

图 14.24 设置数据库用户的权限

模块四 数据库安全管理 / 217

图 14.25 添加并选择对象类型

第三步：单击【确定】按钮，返回【选择对象】对话框，单击【浏览】按钮，弹出【查找对象】对话框，选择表 shop_user，如图 14.26 所示。

第四步：单击【确定】按钮，返回【数据库用户-syh】窗口，此时 syh 用户对表 shop_user 的所有操作权限都显示在窗口中，根据题目要求，【选择】权限选中【授予】复选框，【插入】、【更新】、【删除】权限选中【拒绝】复选框，如图 14.27 所示。

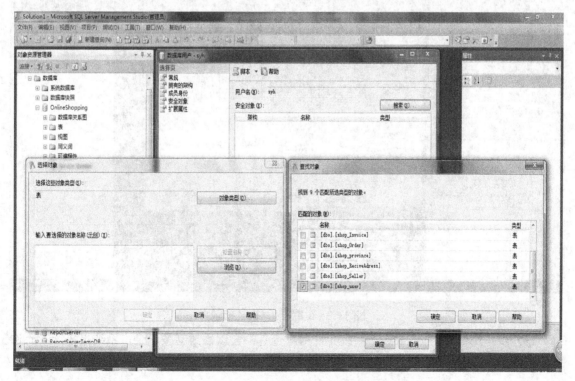

图 14.26 选择相应的数据表

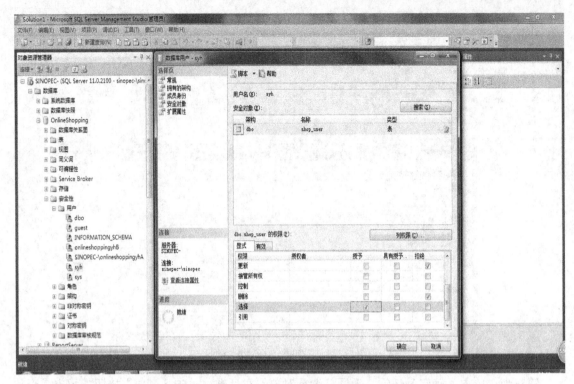

图 14.27　给数据库用户授权

第五步：单击【确定】按钮，完成授权，为验证授权效果，使用"syh"用户名重新登录，如图 14.28。

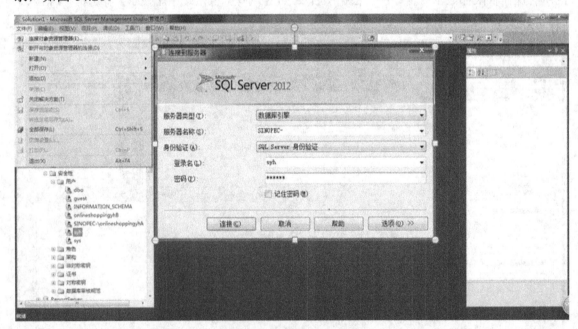

图 14.28　数据库用户登录

第六步：浏览表 shop_user，系统允许用户查看，尝试修改某条记录，系统报错，不允许修改，如图 14.29 所示。

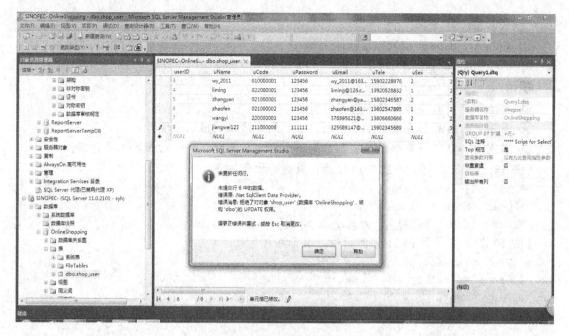

图 14.29 验证数据库用户权限

② 多用户：给多个具有相同权限的用户设置对表或视图记录的访问权限。

【例 14.21】有多个 OnlineShopping 数据库的数据库用户，OnlineShopping 数据库中有表 shop_user，要求其只能查看 shop_user 中的数据，不能做修改和删除操作。

方法一：使用例 14.20 的方法，逐一授权。该方法虽可以解决问题，但效率太低。

方法二：自定义数据库角色（方法参考例 14.17），打开其数据库角色属性窗口，将要设置权限的多个数据库用户添加到该数据库角色中，如图 14.30 所示。选择【安全对象】选项卡，使用例 14.20 中的方法设置权限。

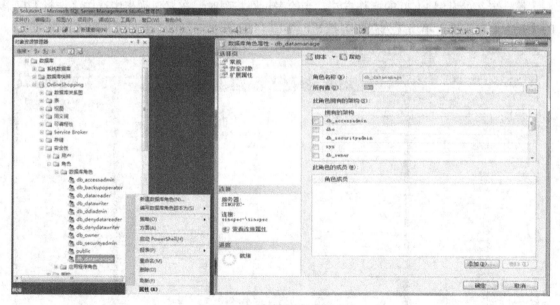

图 14.30 数据库角色属性

（2）使用 T-SQL 命令设置表和视图的记录的访问权限，其语句格式如下。

```
GRANT  authority_name  [,...n]  on  table_name/view_name  to  username/
```

customrolename

① authority_name：用来指定权限名称。

② username/customactor：用户账户/自定义角色名称。

提示：

③ 单一用户，to 后面直接添加用户名。

④ 多用户，to 后面直接添加多个用户名，用户名之间用逗号隔开。

⑤ 多用户，也可将多个用户名添加到一个自定义角色中，to 后面添加角色名。

【例 14.22】实现例 14.20 中的目标，其命令语句如下。

```
Use OnlineShopping
Grant select on shop_user to syh
Deny insert,delete,update on shop_user to syh
```

【例 14.23】实现例 14.21 中的目标，其命令语句如下。

```
Use OnlineShopping
Grant select on shop_user to syh,yhA,yhB
Deny insert,delete,update on shop_user to syh,yhA,yhB
```

或者：

```
Use OnlineShopping
Grant select on shop_user to db_datamanage
Deny insert,delete,update on shop_user to db_datamanage
```

2）设置表和视图的字段的访问权限

设置表和视图的字段的访问权限有两种方法：一种是使用图形界面，另一种是使用 T-SQL 命令。

（1）使用图形界面设置表和视图的字段的访问权限，具体方法如下。

【例 14.24】syh 是 OnlineShopping 数据库的数据库用户，OnlineShopping 数据库中有表 shop_user，表中有字段 uPassword，要求 syh 对该表有访问权，但不能访问字段 uPassword。

第一步：参考例 14.20 的操作方法，当给表设置权限时，在权限列表中选中【选择】权限的【授予】复选框，单击【列权限】按钮，如图 14.31 所示。

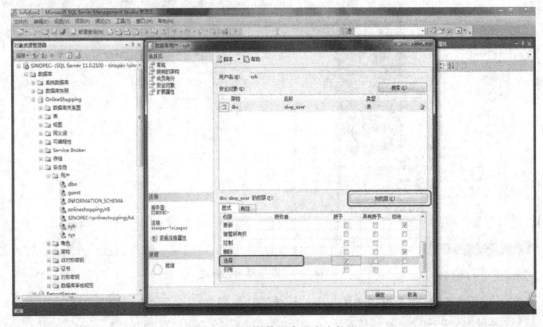

图 14.31　设置数据库用户表权限

第二步:弹出【列权限】对话框,根据题目要求,uPassword 字段选中【拒绝】复选框,其余字段选中【授权】复选框,如图 14.32 所示。

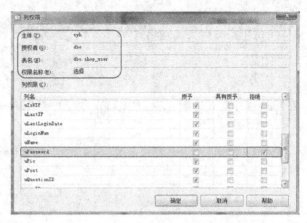

图 14.32 设置列权限

想一想:如何验证授权结果?

(2)使用 T-SQL 命令设置表和视图的字段的访问权限,其语句格式如下。

```
GRANT authority_name [,...n] on table_name/view_name (column_name) to username/customactor
```

【例 14.25】syh 是 OnlineShopping 数据库的数据库用户,OnlineShopping 数据库中有表 shop_user,表中有字段 userID、uname、ucode、uPassword、uTele,要求 syh 可以访问 userID、uname、ucode、uTele、但不能访问字段 uPassword,不能更改 userID、uname、ucode、uTele。

```
Use OnlineShopping
Grant select on shop_user (userID,uname,ucode,uTele) to syh
Deny select on shop_user (uPassword) to syh
Deny update on shop_user (userID,uname,ucode,uTele) to syh
```

3) 设置存储过程的访问权限

设置存储过程的访问权限有两种方法:一种是使用图形界面,另一种是使用 T-SQL 命令。

(1) 使用图形界面设置存储过程的访问权限,具体方法如下。

【例 14.26】要求 OnlineShopping 数据库的数据库用户"syh"不能执行存储过程 sp_addrole。

第一步:在"数据库用户-syh"窗口中选择【安全对象】选项卡,单击"搜索"按钮,参考例 14.20,将对象类型设置为"存储过程"。

第二步:在【选择对象】对话框中单击【浏览】按钮,弹出【查找对象】对话框,选中 sp_addrole,如图 14.33 所示。

第三步:单击【确定】按钮,返回"数据库用户-syh"窗口,此时 syh 用户对存储过程"sp_addrole"的所有操作权限都显示在窗口中,根据题目要求,【执行】权限选中【拒绝】复选框,如图 14.34 所示。单击【确定】按钮完成设置。

想一想:如何验证授权结果?

提示:设置不同类型的数据库权限,可以根据需要在相应数据库用户的属性窗口的【安全对象】选项卡中,选择相应对象类型。常用的对象有表、视图、存储过程等。

(2)使用 T-SQL 命令设置存储过程的访问权限,其语句格式如下。

```
Grant authority_name [,...n] on procedure to username/customactor
```

【例 14.27】实现例 14.26 中的目标。其命令语句如下。

```
Use [OnlineShopping]
GO
Deny Execute On[sys].[sp_addrole] To [syh]
```

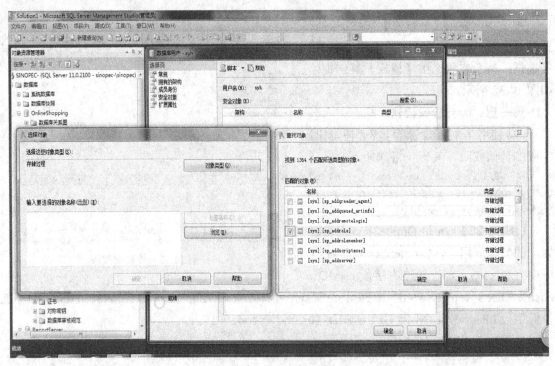

图 14.33 选择相应的存储过程

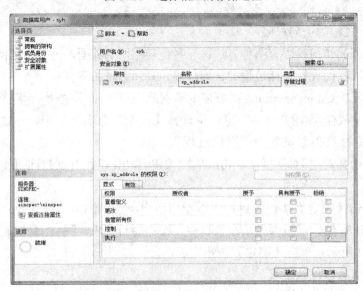

图 14.34 给数据库用户授权

二、实施过程

【子任务分析】

根据上述子任务的描述,本任务需要完成以下操作。

(1)由于 OnlineShoppingyhA 是固定数据库角色 db_owner 的成员,所以对数据库 OnlineShopping 有任意操作权限,但职责所限,只允许其访问数据库中的任意表,而不允许插入、修改、删除表中记录。

(2)由于 OnlineShoppingyhB 是固定数据库角色 db_datareader 的成员,所以能查看数据库 OnlineShopping 中的所有用户表的数据,但职责所限,不允许其查看用户密码,且不能使用

sp_addrole 存储过程。

（3）本任务中的权限管理主要针对数据库用户，OnlineShoppingyhC 不是数据库用户，所以这里没有设置权限。

【子任务实施步骤】

（1）在 SSMS 中打开数据库用户 OnlineShoppingyhA 的属性窗口，选择【安全对象】选项卡，单击【搜索】按钮，参考例 14.20 的方法，选择【表】对象类型，添加该数据库中的所有表，返回属性窗口，如图 14.35 所示。在【安全对象】对话框中依次选定表，在【权限】中逐一设置每个表的权限，根据题目要求，【选择】权限选中【授予】复选框，【插入】、【更新】、【删除】权限选中【拒绝】复选框，单击【确定】按钮完成设置。

（2）参照用户 OnlineShoppingyhA 的设置方法，在 OnlineShoppingyhB 的属性窗口中选择【安全对象】选项卡，添加该数据库中的所有表，但与 OnlineShoppingyhA 的设置不同，此处先选定表【shop_user】，在【权限】中选择【选择】权限，单击【列权限】按钮，弹出【列权限】对话框，根据题目要求，uPassword 字段选中【拒绝】复选框，其余字段选中【授权】复选框（参照例 14.24），单击【确定】按钮完成设置。设置存储过程权限参照例 14.26，此处不再赘述。

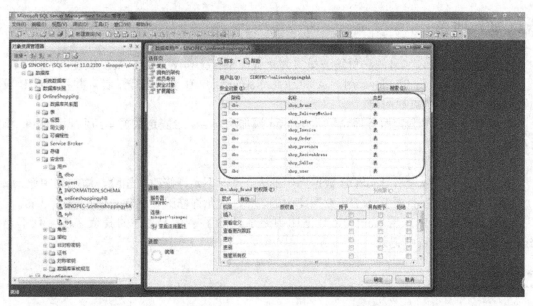

图 14.35　数据库用户 OnlineShoppingyhA 的属性窗口

课堂练习

一、选择题

1. SQL 语言中的 GRANT 和 REVOKE 语句主要用来维护数据库的（　　）。
   A. 完整性　　　　B. 可靠性　　　　C. 安全性　　　　D. 一致性
2. 关于 SQL Server 2012 账户管理的说法中正确的是（　　）。
   A. 登录者只能是 Windows 用户
   B. 数据库用户只能是 Windows 用户
   C. 登录者只能是 SQL Server 用户
   D. 登录者既可以是 Windows 用户，又可以是 SQL Server 用户

3. 关于 SQL Server 2012 角色管理的说法中正确的是（　　）。
   A. 用户可以自定义固定服务器角色
   B. 数据库角色是系统自带的，一般不可以自定义
   C. 每个用户只能拥有一个角色
   D. 角色是用来简化很多权限分配给很多用户这一复杂任务的管理的
4. 删除 SQL Sever 身份验证的登录账户的是（　　）。
   A. sp_droplogin　　　B. sp_revokelogin　　　C. sp_addlogin　　　D. sp_grantlogin
5. 创建 Windows 身份验证的登录账户的是（　　）。
   A. sp_addlogin　　　B. sp_grantlogin　　　C. sp_droplogin　　　D. sp_revokelogin

二、填空题

1. 安全的数据库管理系统必须提供两个层次的功能，一是_____；二是_____。
2. SQL Server 2012 安全机制可以划分为 5 个层级：_____，_____，_____，_____，_____。
3. SQL Server 2012 提供了_____，_____两种验证模式来确认用户是否登录了服务器。
4. SQL Server 2012 账户分为_____，_____两类。
5. SQL Server 的权限包括_____，_____，_____三大类。

实践与实训

1. 设置数据库×××的身份验证模式为 "SQL Server 和 Windows 身份验证"。
2. 账户管理：将 Windows 用户 A 和 SQL Server 用户 B 设置为登录者，并将用户 B 设置为数据库×××的数据库用户。
3. 角色管理：给固定服务器角色 sysadmin 添加用户 A；给固定数据库角色 db_owner 添加用户 B。
4. 权限管理。
（1）允许用户 B 查看 BookDB 数据库中的表 1，但不允许修改、删除、添加表中记录。
（2）允许用户 B 查看 BookDB 数据库中的表 2，且允许修改、删除、添加表中记录。
（3）允许用户 B 查看 BookDB 数据库中表 3 的除了字段 1 之外的其余字段，且不允许修改、删除、添加表中记录。

任务总结

本任务在实际应用中是非常重要的，它是确保数据安全的重要管理手段。这里主要讲述了 SQL Server 2012 中的权限管理，从身份验证模式的选择，到服务器和数据库的用户管理，再到权限设置，无一不是数据库安全保障的基本设置。换言之，这些操作虽不是保证数据库安全的充分条件，却是保证数据安全的必要条件。而灵活地使用这些方法，严禁非法用户访问服务器或数据库，合理地设置用户权限，让所有用户既不能越权操作，又不会被权限限制，这些是管理员必须认真考虑的事情。

任务 15　备份和恢复数据

 任务描述

随着信息技术的快速发展，数据库作为信息系统的核心承担着重要角色。数据库的可靠性

也日趋重要,如果发生意外或数据丢失,其损失将十分惨重。针对具体的业务要求制定详细的数据库备份和恢复策略是十分必要的。针对网上商城系统的数据库也不例外。本任务将介绍如何备份和恢复数据库。

知识重点

(1) 熟练掌握数据库的备份方法。
(2) 熟练掌握数据库的恢复方法。
(3) 熟悉数据库的恢复模式和备份策略。

知识难点

(1) 针对不同的情况判断采取合适的数据库备份策略和方法。
(2) 针对不同的情况判断采取合适的数据库恢复模式和方法。

子任务 15.1 备份设备

【子任务描述】

对于一些复杂的系统,特别是当涉及一个在线操作和交易的系统时,如网上商城系统,对于数据的保护和及时的故障修复非常重要。若需要当系统数据出现问题能及时恢复,则要对数据进行有效的备份。有效的数据备份需要选定备份设备,以及对备份设备进行有效的管理。

【子任务实施】

一、知识基础

SQL Server 2012 数据库管理系统提供了一套功能强大的数据备份和恢复工具。数据库的备份和恢复可以保护数据库的重要数据。当数据库的数据发生意外时,可以及时恢复数据,避免造成更大的损失。在数据保护中,需要选定合适的备份设备,以提高数据库对数据的保护力度。

1. 备份设备

备份设备是指为了防止设备系统运转中由于某台关键或易损设备的故障造成整个系统瘫痪,专门预备用于替换故障设备的设备。备份设备有时也简称为"备机"。

2. 备份设备的类型

常见的备份设备的类型分为 3 种:磁盘备份设备、磁带备份设备、逻辑备份设备。

1) 磁盘备份设备

磁盘备份设备是指存储在硬盘或者其他磁盘上的文件。备份磁盘可以是服务器上的本地磁盘,也可以是作为共享网络资源的远程磁盘。在使用远程磁盘时,应针对备份设备使用文件的完全限定通用命名约定(UNC)名称。UNC 名称采用以下格式:\\Systemname\ShareName\Path\ FileName。

提示:在使用远程磁盘时,在网络上备份数据可能受网络错误的影响,因此,建议在完成备份后验证备份操作。

2) 磁带备份设备

磁带备份设备与磁盘备份设备的使用方式一样,但是也有区别:磁带备份设备必须直接物理地连接在运行 SQL Server 2012 服务器的计算机上;磁带备份设备不支持远程设备备份。

在使用磁带机时,操作系统要支持一个或多个磁带机。如果磁带备份设备在备份操作过程中被写满的情况下,还要进行新的数据填写,则 SQL Server 2012 会提示用户更换新的磁带,然后继续进行备份操作。

注意：如果要备份 SQL Server 2012 数据库中的数据到磁带设备上，则应该使用支持 Windows NT 的磁带设备，并且只能使用该磁带设备指定的磁带类型。

3）逻辑备份设备

逻辑备份设备是特定物理备份设备的别名。通常逻辑备份设备比物理备份设备更能简单、有效地描述备份设备的特征。通过逻辑备份设备，可以在引用相应的物理备份设备时使用间接寻址。

如果准备将一系列备份数据写入相同的路径或磁带设备，则使用逻辑备份设备更有优势。可以编写一个备份脚本以使用特定逻辑备份设备。此时，不需更新脚本即可切换到新的物理备份设备。切换的过程只需两步：删除原来的逻辑备份设备；定义新的逻辑备份设备，新设备使用原来的逻辑设备名称，但映射到不同的物理备份设备。

3. 创建备份设备

创建备份设备的方法主要有两种：一种是用图形界面创建，另一种是使用系统提供的命令和功能创建。使用图形界面创建在"实施过程"中详细介绍。

使用系统提供的命令创建备份设备的具体语法如下。

```
EXEC sp_addumpdevice [@devtype=] 'device_type',
[@logicalname=] 'logical_name',
[@physicalname=] 'physical_name'
[,@cntrltype=] 'controller_type'|[@devstatus=] 'device_status']
```

（1）sp_addumpdevice：系统定义的存储过程名称。

（2）[@devtype=] 'device_type'：用来指定备份设备的类型。该类型为 varchar(20)，无默认值，可以是 disk（硬盘）、tape（磁带）或 pipe（命名管道）。

（3）[@logicalname=] 'logical_name'：用来指定备份设备的逻辑名称。logical_name 的数据类型为 sysname，无默认值，且不能为空。

（4）[@physicalname=] 'physical_name'：用来指定备份设备的物理名称。物理名称必须遵从操作系统文件名规则或网络设备的通用命名约定，并且必须包含完整的路径，该数据类型为 nvarchar(260)，无默认值，且不能为 NULL。

（5）[@cntrltype=] 'controller_type'：用来指定备份设备的类型，若 controller_type 值为 2，表示是磁盘；若其值为 5，则表示是磁带，该项可以省略。

（6）[@devstatus=] 'device_status'：用来指定设备的状态。若 device_status 值为 noskip，则表示读 ANSI 磁带头；若值为 skip，则表示跳过 ANSI 磁带头。

【例 15.1】使用命令方式为数据库"BookDB"创建名称为"BookDB 系统备份"的备份设备。

使用的命令语句如下。

```
EXEC sp_addumpdevice 'disk','BookDB 系统备份',
 'D:\Program Files\Microsoft SQL Server\MSSQL11.SQL2012\MSSQL\Backup\BookDB 系统备份.bak'
```

4. 查看备份设备

可以使用系统定义的存储过程"sp_helpdevice"查看服务器上所有备份设备的信息。

【例 15.2】查看所有备份设备的信息。

输入命令如下。

```
EXEC sp_ helpdevice
```

5. 管理备份设备

前面讲解了备份设备的创建方法，对于备份设备的管理，可以删除备份设备。删除备份设备的具体语法如下。

```
EXEC sp_dropdevice 备份设备名 [,'delfile']
```

delfile：用来指定删除设备时同时删除其使用的操作文件。

【例 15.3】 删除"BookDB 系统备份"备份设备及其操作文件。

输入命令如下。

```
EXEC sp_dropdevice BookDB系统备份,delfile
```

提示：在执行创建备份设备、查看备份设备和删除备份设备等存储过程的命令时，需要在系统数据库 master 中执行，或在命令前添加"USE master GO"。

二、实施过程

【子任务分析】

根据上述子任务的描述，本任务需要为网上商城系统的数据库创建备份设备，并能够查看备份设备及对备份设备进行管理。

【子任务实施步骤】

1. 创建备份设备

创建备份设备的方法主要有两种：一种是用图形界面创建，另一种是使用系统提供的命令和功能创建，即使用存储过程 sp_addumpdevice 创建。

1) 使用图形界面创建备份设备

步骤 1：启动 SQL Server 2012 中的 SQL Server Management Studio 工具，使用 Windows 或 SQL Server 身份登录，建立连接。

步骤 2：在对象资源管理器中展开【服务器对象】节点，右击【备份设备】节点，在弹出的快捷菜单中选择【新建备份设备】选项，如图 15.1 所示。

步骤 3：在【备份设备】窗口的【设备名称】文本框中输入"OnlineShopping 系统备份"。设置目标文件或者默认值，如图 15.2 所示。

图 15.1 新建备份设备

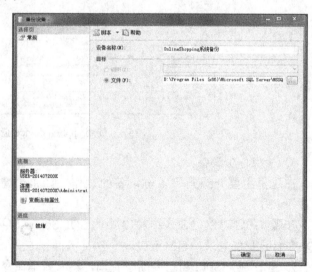

图 15.2 "备份设备"窗口

步骤 4：在【备份设备】窗口中单击【确定】按钮，即可完成备份设备的创建。

2) 使用系统提供的存储过程命令创建

步骤 1：启动 SQL Server 2012 中的 SQL Server Management Studio 工具，使用 Windows 或 SQL Server 身份登录，建立连接。

步骤 2：在 SSMS 窗口中新建查询，输入如下命令。

```
USE master
```

```
GO
EXEC sp_addumpdevice 'disk','OnlineShopping系统备份',
    'D:\Program Files\Microsoft SQL Server\MSSQL11.SQL2012\MSSQL\
Backup\OnlineShopping系统备份.bak'
```
执行结果如图 15.3 所示

图 15.3　使用 sp_addumpdevice 创建备份设备

2. 查看备份设备

步骤 1：启动 SQL Server 2012 中的 SQL Server Management Studio 工具，使用 Windows 或 SQL Server 身份登录，建立连接。

步骤 2：在 SSMS 窗口中新建查询，输入如下命令。

```
USE master
GO
EXEC sp_helpdevice
```
执行结果如图 15.4 所示。

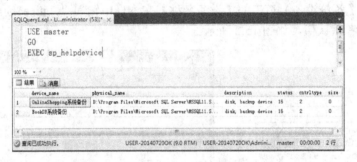

图 15.4　使用 sp_helpdevice 查看备份设备

3. 管理备份设备

在这里主要介绍删除备份设备的操作，如果创建的备份设备要删除，则可以使用的方法如下。

步骤 1：启动 SQL Server 2012 中的 SQL Server Management Studio 工具，使用 windows 或 SQL Server 身份登录，建立连接。

步骤 2：在 SSMS 窗口中新建查询，输入如下命令。

```
USE master
GO
EXEC sp_dropdevice OnlineShopping系统备份,delfile
```
执行结果如图 15.5 所示。

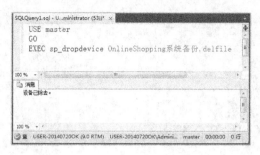

图 15.5　使用 sp_dropdevice 删除备份设备

子任务 15.2　备份数据库

【子任务实施】

为了对网上商城系统的数据库进行有效的保护，需要选择适当的时间和合适的方法为网上商城系统的数据库进行备份，根据网上商城系统的特点设计合适的备份策略。

一、知识基础

1. 备份

备份就是将数据库的结构、对象和数据进行复制，在数据库的数据出现问题时，能够帮助系统恢复到某个时间点的操作。

2. 备份的类型

在 SQL Server 2012 中提供了 4 种备份数据库的方式：完整备份、差异备份、事务日志备份、文件和文件组备份。

（1）完整备份：备份整个数据库的所有内容，包括事务日志。该备份类型需要比较大的存储空间来存储备份文件，备份时间也比较长，在还原数据时，只需还原一个备份文件。

（2）差异备份：差异备份是完整备份的补充，只备份上次完整备份后更改的数据。相对于完整备份来说，差异备份的数据量比完整数据备份小，备份的速度也比完整备份快。因此，差异备份通常是常用的备份方式。在还原数据时，要先还原前一次的完整备份，再还原最后一次所做的差异备份，这样才能使数据库的数据恢复为最后一次差异备份时的内容。

（3）事务日志备份：事务日志备份只备份事务日志里的内容。事务日志记录了上一次完整备份或事务日志备份后数据库的所有变动过程。事务日志记录的是某一段时间内的数据库变动情况，因此在进行事务日志备份之前，必须进行完整备份。与差异备份类似，事务日志备份生成的文件较小、占用时间较短，但是在还原数据时，除了先还原完整备份之外，还要依次还原每个事务日志备份，而不是只还原最后一个事务日志备份（这是与差异备份的区别）。

（4）文件和文件组备份：如果在创建数据库时，为数据库创建了多个数据库文件或文件组，则可以使用该备份方式。使用文件和文件组备份方式可以只备份数据库中的某些文件，该备份方式在数据库文件非常庞大时十分有效，由于每次只备份一个或几个文件或文件组，可以分多次来备份数据库，以免大型数据库备份的时间过长。另外，由于文件和文件组备份只备份其中一个或多个数据文件，当数据库里的某个或某些文件损坏时，可以只还原损坏的文件或文件组备份。

3. 完整备份数据库

完整备份数据库有两种方式，一种是使用图形界面方式，另一种是使用命令方式。使用图形界面方式见"实施过程"部分。

使用命令方式完整备份数据库的命令如下。

```
BACKUP DATADASE database_name
TO <backup_device>
[WITH
   [[,]NAME=backup_set_name]
   [[,]DESCRIPTION='']
   [[,]{INIT|NOINIT}]
   [[,]{COMPRESSION|NO_COMPRESSION}]
]
```

（1）database_name：用来指定数据库的名称。

（2）backup_device：用来指定备份的设备。

（3）WITH 子句：指定备份的选项，这里仅列出常用选项，更多选项可参考 SQL Server 的联机丛书。该选项可选。

（4）NAME=backup_set_name：用来指定备份的名称。

（5）INIT|NOINIT：用来指定新备份的数据的备份方式。INIT 表示新备份的数据覆盖当前备份设备上的每一项内容；NOINIT 表示新备份的数据添加到备份设备上已有内容的后面。

（6）COMPRESSION|NO_COMPRESSION：用来指定备份数据是否启用压缩功能。COMPRESSION 表示启用压缩功能；NO_COMPRESSION 表示不启用压缩功能。

【例 15.4】使用完整备份方式备份数据库 BookDB，命令如下。

```
BACKUP DATABASE BookDB
TO BookDB 系统备份
WITH INIT, NAME='BookDB-完整 数据库 备份',
DESCRIPTION='采用完整备份方式'
```

4．差异备份数据库

差异备份数据库有两种方式，一种是使用图形界面方式，另一种是使用命令方式。使用图形界面创建在"实施过程"中详细介绍。

使用差异备份数据库应输入如下命令。

```
BACKUP DATADASE database_name
TO <backup_device>
WITH DIFFERENTIAL
   [[,]NAME=backup_set_name]
   [[,]DESCRIPTION='']
   [[,]{INIT|NOINIT}]
   [[,]{COMPRESSION|NO_COMPRESSION}]
```

（1）WITH DIFFERENTIAL：用来指定采用的是差异备份。

（2）其他参数与完整备份相同。

【例 15.5】使用差异备份方式备份数据库 BookDB，存入 BookDB 系统备份设备，差异备份的文件名为"BookDB 差异备份"。

采用完整备份方式备份数据库的命令如下。

```
BACKUP DATABASE BookDB
TO BookDB 系统备份
WITH DIFFERENTIAL, NOTINIT, NAME='BookDB-差异 数据库 备份',
DESCRIPTION='采用差异备份方式'
```

提示：使用 BACKUP 语句进行差异备份时，要使用 NOINIT 选项，避免覆盖已经存在的完整备份。

5．事务日志备份数据库

事务日志备份数据库有两种方式，一种是使用图形界面方式，另一种是使用命令方式。使用图形界面方式在"实施过程"中详细介绍。

使用事务日志备份数据库应输入如下命令。

```
BACKUP LOG DATADASE database_name
TO <backup_device>
WITH
  [[,]NAME=backup_set_name]
  [[,]DESCRIPTION='']
  [[,]{INIT|NOINIT}]
  [[,]{COMPRESSION|NO_COMPRESSION}]
```

（1）LOG：用来指定仅备份事务日志。该日志是从上一次成功执行的日志备份到当前日志的末尾。必须创建完整备份，才能创建第一个日志备份。

（2）其他参数与完整备份相同。

【例 15.6】使用事务日志备份方式备份数据库 BookDB 的事务日志文件，存入 BookDB 系统备份设备，事务日志备份的文件名为"BookDB 事务日志备份"。

采用事务日志备份方式备份数据库的命令如下。

```
BACKUP DATABASE BookDB
TO BookDB 系统备份
WITH NOTINIT, NAME='BookDB-事务日志 数据库 备份',
DESCRIPTION='采用事务日志备份方式'
```

提示：当 SQL Server 完成日志备份后，自动截断数据库事务日志中不活动的部分（指已经完成的事务日志），因此，可以截断。事务日志被截断后，释放的空间可被重复使用，可以避免日志文件的无限增长。

6. 文件和文件组备份数据库

对于大型数据库，每次执行完备份需要消耗大量时间。SQL Server 2012 提供的文件和文件组的备份就可用于解决大型数据库的备份问题。

创建文件和文件组备份之前，需要先创建文件组。在 BookDB 数据库中添加一个数据库文件，并将该文件加入新的文件组，具体操作步骤如下。

（1）启动 SSMS 工具，采用 Windows 身份或 SQL Server 身份登录服务器。

（2）在对象资源管理中展开【服务器】|【数据库】节点，右击【BookDB】数据库，在弹出的快捷菜单中选择【属性】选项，打开【数据库属性】窗口。

（3）在数据库属性窗口中选择【文件组】选项卡，如图 15.6 所示。

（4）单击【添加】按钮，在【名称】文本框中输入一个新的数据库文件 otherFileGroup。

（5）选择【文件】选项卡，如图 15.7 所示。

（6）单击【添加】按钮，依次设置【逻辑名称】为"testGroup"，【文件类型】为"行数据"，【文件组】为"otherFileGroup"，【初始大小】为"5MB"，【路径】为"默认"，【文件名】为"testGroup.mdf"，如图 15.8 所示。

（7）单击【确定】按钮，在 otherFileGroup 文件组上创建这个新文件。

（8）展开数据库"BookDB"列表，右击表"bookinfor"，在弹出的快捷菜单中选择【设计】选项，打开表设计器，选择【视图】|【属性窗口】选项。

（9）在属性窗口中，展开【常规数据空间规范】节点，将【文件组或分区方案名称】设置为"otherFileGroup"，如图 15.9 所示。

（10）单击【全部保存】按钮，即可完成文件组的创建。

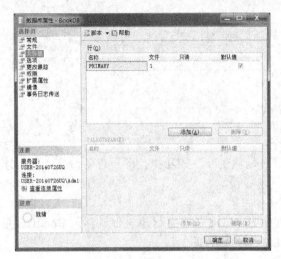
图 15.6 "文件组"选项卡

图 15.7 "文件"选项卡

图 15.8 设置参数

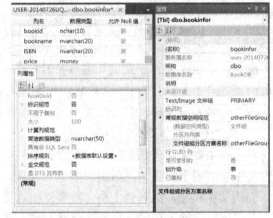
图 15.9 设置表属性

文件组创建后,使用 BACKUP 语句对文件组进行备份,语句格式如下。

```
BACKUP DATABASE database_name
<file_or_filegroup>[,...n]
TO <backup_device>
WITH options
```

file_or_filegroup:用来指定文件或文件组,若为文件,则写为"FILE=逻辑文件名",若为文件组,则写为"FILEGROUP=逻辑文件名"。

options:用来指定备份的选项,与上面介绍的备份方法相同。

【例 15.7】将 BookDB 数据库添加到文件组 otherFileGroup 中,并备份到"BookDB 系统备份"中。

可以输入如下语句。

```
BACKUP DATABASE BookDB
FILEGROUP='otherFileGroup'
TO BookDB 系统备份
WITH NOTINIT,NAME='BookDB-文件组 数据库 备份',
DESCRIPTION='采用文件组备份方式'
```

7. 备份的策略

在执行数据库备份前,首先需要知道什么时候备份数据库,隔多长时间备份一次数据库,采用什么方式备份数据库,一旦发生问题,数据能恢复的时间点,以及需要恢复的时间等问题。根据提出的这些问题,在数据库备份前,需要制定一个详细的备份策略。针对不同的数据库系统的实际情况,SQL Server 2012 提出了 5 种备份策略。

1)完整数据库备份策略

若数据库规模比较小,则可以只做完整备份。但如果只做完整数据库备份策略,事务日志会慢慢增加。当事务日志变满后,用户需要对事务日志进行清理,否则,SQL Server 会阻止进一步的数据库活动,用户应进行以下操作。

(1)必须定期清理事务日志。

(2)可将 trunc.log on chkpt 选项设置为 True,从而尽可能减小事务日志。使用该选项时,所有已提交的事务会在检查点发生时写入数据库,并且事务日志会被截断。事务日志中将不包含最后一次完整数据库备份后数据库中的更改。

提示:完整数据库备份策略的优点是恢复过程比其他策略速度快。

2)完整数据库和差异备份策略

若数据库太大,以至于无法每晚完成一次完整备份,则应该考虑与差异备份配合使用。此时,备份不用每次都完整备份数据库,只需要备份数据库中发生变化的部分数据。

采用完整数据库和差异备份策略的优点:当数据库比较大时,使用该方法可以提高备份的速度。该策略的缺点:恢复过程比完整数据库策略慢。例如,在一周内采用该策略,可以在一周中的第一天采取完整数据库备份,在接下来的 4 天中,采用差异备份,当第 5 天发生故障时,可以恢复周一的完整备份和 4 天的差异备份。

提示:由于完整数据库备份和差异备份策略不消除日志,因此如果使用此策略,则应使用 TRUCATE_ONLY 子句备份事务日志,以便于手工消除日志。

3)完整数据库和事务日志备份策略

该策略是一种常用的备份策略,即将完整数据库备份配合事务日志备份使用,从而记录在两次完整的数据库备份之间所有的数据库活动。当数据库发生故障时,可以恢复最近一次的完整数据库备份,并使用自上次完整数据库备份后创建的所有事务日志备份。

该策略是让事务日志保持整洁的最佳方法。因为其从事务日志中消除旧事务的唯一备份类型。这种方法也提供了一个非常快的备份过程。

4)组合备份策略

该策略将以上备份组合起来。每种策略都有其优缺点,充分利用各种策略的优点,可以达到最佳的效果。恢复数据库的过程也仍然比较快,且可以利用时间点恢复功能。该策略快速且简单。例如,每周一执行完整备份,在 7 天内每天白天数据库访问高峰期前后的固定时间段内执行 3 个事务日志备份,在每天晚上执行差异备份。如果数据库在 7 天内任意时刻发生故障,只要恢复周一的完整备份,以及前一天晚上的差异备份和当天发生故障前的事务日志备份即可。

5)文件和文件组备份策略

该策略是只备份数据库的文件和文件组。若用户处理的是大型数据库,且只要备份单独的文件,则采用该策略比较合适。

使用文件和文件组备份时,必须备份事务日志。如果使用"在检查点截断日志"选项,则将不能使用这种备份策略。如果数据库的对象跨多个文件和文件组,则必须同时备份所有相关文件和文件组。

二、实施过程

【子任务分析】

根据上述子任务的描述，本任务要为网上商城系统的数据库进行备份，根据网上商城系统的特点设计合适的备份策略。

【子任务实施步骤】

根据以上内容的阐述，网上商城系统主要采用组合备份策略。每周周一执行完整备份，在 7 天内的每天白天数据库访问高峰期前后的固定时间段内执行 3 个事务日志备份，如在上午 7:00～8:00，下午 13:00～14:00，晚上 23:00～24:00 执行差异备份。如果数据库在 7 天内任意时刻发生故障，则只要执行恢复周一的完整备份，以及前一天晚上的差异备份和当天发生故障前的事务日志备份即可。

1. 使用完整备份的方式备份数据库

步骤 1：启动 SQL Server 2012 中的 SQL Server Management Studio 工具，使用 Windows 或 SQL Server 身份登录，建立连接。

步骤 2：在对象资源管理器中展开【服务器】节点，右击数据库名称 OnlineShopping，在弹出的快捷菜单中选择【任务】|【备份】选项，如图 15.10 所示。

步骤 3：弹出备份数据库对话框，在【常规】选项卡中可以看到备份数据库的备份信息，如图 15.11 所示。

图 15.10 备份数据库　　　　　　图 15.11 "常规"选项卡

步骤 4：在【常规】选项卡中，在【源】选项组中，设置备份类型为【完整】，根据网上商城系统采用的备份策略，可以将完整备份的【备份集过期时间】设置为"30"天。

步骤 5：在【目标】选项组中，选中【磁盘】单选按钮，若备份到本地默认文件夹则可以继续步骤 6 的操作，若备份到其他文件夹或某个备份设备则可以单击【添加】按钮，弹出【选择备份目标】对话框，如图 15.12 所示，选择备份的设备或文件夹，本项目选择备份到默认文件夹，如图 15.13 所示。

步骤 6：在【选项】选项卡中，在【覆盖介质】选项组中选中【覆盖所有现有备份集】单选按钮，在【可靠性】选项组中选中【完成后验证备份】复选框，如图 15.14 所示。

模块四 数据库安全管理 / 235

图 15.12 "选择备份目标"对话框

图 15.13 完整备份数据库（一）

步骤 7：单击【确定】按钮，弹出消息框，如图 15.15 所示，即可完成完整数据库备份。

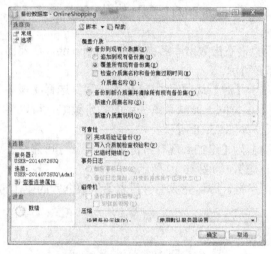

图 15.14 完整备份数据库（二）

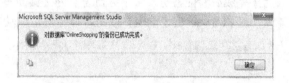

图 15.15 消息框

2. 使用差异备份的方式备份数据库

步骤 1：启动 SQL Server 2012 中的 SQL Server Management Studio 工具，使用 Windows 或 SQL Server 身份登录，建立连接。

步骤 2：在对象资源管理器中展开【服务器】节点，右击数据库名称 OnlineShopping，在弹出的快捷菜单中选择【任务】|【备份】选项，如图 15.10 所示。

步骤 3：打开备份数据库窗口，在【常规】选项卡【源】选项组中，【备份类型】选择【差异】，【备份集】选项组中的备份集名称默认即可，根据网上商城系统采用的备份策略，可以将差异备份的【备份集过期时间】设置为"7"天，如图 15.16 所示。

步骤 4：在【选项】选项卡中，设置【覆盖介质】为【追加到现有备份集】，在【可靠性】选项组中选中【完成后验证备份】复选框，如图 15.17 所示。

步骤 5：单击【确定】按钮，弹出备份成功的消息框，即可完成差异备份数据库的操作。

图 15.16 差异备份数据库（一）

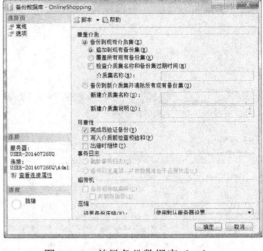
图 15.17 差异备份数据库（二）

3. 使用事务日志备份的方式备份数据库

步骤1：启动 SQL Server 2012 中的 SQL Server Management Studio 工具，使用 Windows 或 SQL Server 身份登录，建立连接。

步骤2：在对象资源管理器中展开【服务器】节点，右击数据库名称 OnlineShopping，在弹出的快捷菜单中选择【任务】|【备份】选项，如图 15.6 所示。

步骤3：打开备份数据库窗口，在【常规】选项卡【源】选项组中，【备份类型】选择【事务日志】，【备份集】选项组中的备份集名称默认即可，根据网上商城系统采用的备份策略，可以将事务日志备份的【备份集过期时间】设置为"3"天，如图 15.18 所示。

步骤4：在【选项】选项卡中，设置【覆盖介质】为【追加到现有备份集】，设置【可靠性】为【完成后验证备份】，【事务日志】为【截断事务日志】，如图 15.19 所示。

步骤5：单击【确定】按钮，弹出备份成功的消息框，即可完成事务日志备份数据库的操作。

图 15.18 事务日志备份（一）

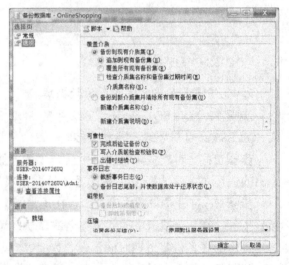
图 15.19 事务日志备份（二）

子任务 15.3　恢复数据库

【子任务实施】

根据子任务 15.2 完成的数据库的备份，该任务要实现网上商城系统的数据库的数据恢复，并为其选择合适的恢复方法。

一、知识基础

1. 恢复

恢复就是将数据库的数据结构和数据还原为备份时的状态。

2. 恢复的模式

SQL Server 2012 数据库恢复模式分为 3 种：完整恢复模式、大容量日志恢复模式、简单恢复模式。

1）完整恢复模式

该模式为默认恢复模式。它会完整记录下操作数据库的每一个步骤。使用完整恢复模式可以将整个数据库恢复到一个特定的时间点，这个时间点可以是最近一次可用的备份、一个特定的日期和时间或标记的事务。

完整恢复模式在故障恢复中具有最高优先级。这种恢复模式使用数据库备份和事务日志备份，能够较为安全地防范媒体故障。因完整恢复模式中的事务日志记录了全部事务，所以可以还原到某个时间点。

2）大容量日志恢复模式

大容量日志恢复模式是对完整恢复模式的补充。简单地说，就是要对大容量操作进行最小日志记录，节省日志文件的空间（如导入数据、批量更新、SELECT INTO 等操作）。例如，一次性向数据库中插入数十万条记录时，在完整恢复模式下每一个插入记录的动作都会记录在日志中，使日志文件变得非常大，而在大容量日志恢复模式下，只记录必要的操作，不记录所有日志。这样可以大大提高数据库的性能。但是该种模式也存在缺点：由于日志不完整，一旦出现问题，数据将可能无法恢复，也不能恢复数据库到某个特定时间点。因此，一般只有在需要进行大量数据操作时才将恢复模式改为大容量日志恢复模式，数据处理完毕之后，立刻修改恢复模式为完整恢复模式。

3）简单恢复模式

在该模式下，数据库会自动把不活动的日志删除，因此简化了备份的还原，但因为没有事务日志备份，所以不能恢复到失败的时间点。通常，此模式只用于对数据库数据安全要求不太高的数据库。在该模式下，数据库只能做完整和差异备份。

当数据库的恢复模式进行修改后，数据库必须重新备份，选择不同的数据库恢复模式，对应的数据库备份方式也不同。一般情况下，默认使用完整恢复模式。

二、实施过程

【子任务分析】

根据上述子任务的描述，本任务要实现网上商城系统的数据库的数据恢复，并为其选择合适的恢复方法。

【子任务实施步骤】

根据上面的叙述，网上商城数据库选择"完整恢复模式"，按照子任务 15.2 中选择的组合策略进行备份，在本任务中选择相应的恢复方法。

恢复数据库时有两种方法，一种是采用图形界面，另一种是采用命令。这里主要介绍使用图形界面方式恢复数据库，具体步骤如下。

步骤 1：启动 SQL Server 2012 中的 SQL Server Management Studio 工具，使用 Windows 或 SQL Server 身份登录，建立连接。

步骤 2：在对象资源管理器中展开【服务器】|【数据库】节点，右击 OnlineShopping，在

弹出的快捷菜单中选择【任务】|【还原】|【数据库】选项,如图15.20所示。

步骤3:打开还原数据库窗口,如图5.21所示。

步骤4:在还原数据库窗口的【选择页】中选择【常规】选项卡,单击【时间线】按钮,可以设置恢复数据库的时间点。对于网上商城数据库OnlineShopping,首先需要进行完整备份的恢复和差异备份的恢复,因此,此项先不设置。在【还原计划】选项组的【要还原的备份集】列表框中,选择类型为完整和差异的复选框,取消选中日志类型复选框,如图15.22所示。

步骤5:在还原数据库窗口的【选择页】中选择【选项】选项卡,在该选项卡的【恢复状态】下拉列表中,选择【RESTORE WITH NORECOVERY】选项,如图15.23所示。

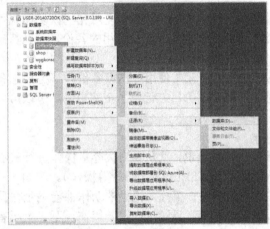

图15.20 还原数据库

图15.21 还原数据库窗口

图15.22 "常规"选项卡

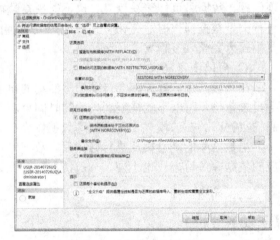

图15.23 "选项"选项卡

步骤6:选择【选项页】中的【文件】选项卡,默认设置即可,单击【确定】按钮。

步骤7:当弹出还原成功消息框后,并没有真正地实现数据库的还原操作,要等后续操作完成,因为选择了【RESTORE WITH NORECOVERY】选项,所以数据库正处于还原状态,如图15.24所示。

步骤8:继续执行还原事务日志备份(为了方便测试,建议在执行事务日志备份前,先向数据库用户信息表中插入一条记录信息,执行事务日志备份后再还原),事务日志备份的还原一般选择时间点恢复,因此,在图15.21中单击【时间线】按钮,选择【具体日期和时间】,设定日期和时间后,单击【确定】按钮,返回还原数据库窗口,在【选择用于还原的备份集】列表框中选择事务日志类型的备份,单击【确定】按钮,即可完成数据库的还原操作。

图 15.24 处于还原状态的数据库界面

课堂练习

一、选择题

1. 数据库的第一次备份应该是（　　），这种备份内容为其他备份方法提供了基线。
   A. 完整备份　　　　　B. 增量数据库备份
   C. 事务日志备份　　　D. 数据库文件或文件组备份
2. 创建备份设备使用的存储过程为（　　）。
   A. sp_helpdevice　　　B. sp_creatdevice
   C. sp_addumpdevice　　D. sp_deldevice
3. 差异备份数据库采用的命令是（　　）。
   A. BACKUP DATADASE　　　　B. BACKUP LOG DATADASE
   C. BACKUP DATADASE LOG　　D. BACKUP DATADASE…WITH DIFFERENTIAL
4. 数据库的默认恢复模式是（　　）。
   A. 完整恢复模式　　　　B. 简单恢复模式
   C. 大容量日志恢复模式　D. 以上均可

二、填空题

1. SQL Server 2012 提供了_____种数据库恢复模式，分别是_____、_____、_____。
2. 常见的备份设备的类型分为 3 种：_____、磁带备份设备、逻辑备份设备。
3. _____只备份上次完整备份后更改的数据。
4. _____备份整个数据库的所有内容，包括事务日志。

三、简答题

1. 简述数据库备份的类型。
2. 简述数据库的恢复模式。
3. 简述数据的备份策略。

实践与实训

1. 对任务 4 "实践与实训"中的数据库 Student 采用完整备份进行备份。
2. 对任务 4 "实践与实训"中的数据库 Student 采用差异备份进行备份。
3. 对任务 4 "实践与实训"中的数据库 Student 采用事务日志备份进行备份。

任务总结

本任务主要介绍了数据库的备份和恢复,网上商城系统中数据库在服务器上运行时,不可避免地会出现意外甚至损害,为了能够及时恢复原来状态,使数据库正常运行,此时需要对数据库的数据进行有效的备份。本任务介绍了备份数据库的类型、备份操作的方法,以及备份的策略,还介绍了数据库的恢复模式、数据库的恢复操作等。

任务 16 分离与附加数据库

任务描述

在网上商城系统中,由于各种问题,总会涉及将一台计算机上的数据库移动到另一台计算机上,也会涉及将一个数据库从一个实例移动到另一个实例中,解决这样的问题正是本任务将要实现的操作。

知识重点

(1)熟练掌握数据库的分离方法。
(2)熟练掌握数据库的附加方法。
(3)理解分离与附加数据库的意义。

知识难点

(1)分离数据库的方法。
(2)附加数据库的方法。

子任务 16.1 分离数据库

【子任务描述】

当网上商城系统需要从一台机器转移到另一台机器上时,或者将本地开发的系统转移到服务器上试运行或运行时,均需要对系统的数据库先进行分离操作,再执行附加操作,从而实现转移的目的。本任务就要实现网上商城系统数据库的分离操作。

【子任务实施】

一、知识基础

SQL Server 提供了备份与还原数据库、分离与附加数据库和导入与导出数据等功能。当需要将数据库从一台计算机转移到另一台计算机时,就需要分离数据库,再通过附加数据库实现数据库的转移操作。

分离数据库即是将当前计算机中的数据库所在的数据文件(扩展名为.mdf)及事务日志文件(扩展名为.ldf)一起从 SQL Server 实例中删除,但是数据库在数据文件和其对应的事务日志文件中保持不变。

实现数据库的分离操作有两种方法,一种是使用图形界面,另一种是使用 SQL 命令。使用图形界面分离数据库方法在"实施过程"中详细介绍。

使用 SQL 命令实现数据库的分离，命令语句如下。

```
EXEC sp_detach_db [@dbname=]'dbname'
```

（1）sp_detach_db：在 SQL Server 中进行数据库分离的系统存储过程名（参见任务 11）。

（2）[@dbname=]'dbname'：要分离的数据库的名称。

执行该语句后，对象资源管理器中数据库仍然存在于数据库列表中，需要刷新后分离的数据库名称不显示。

注意：使用 SQL 命令分离数据库时，一定要使用 user master，因 sp_detach_db 存储过程在系统数据库 master 中定义。

【**例 16.1**】新建数据库"BookDB"，并在该数据库中新建包含字段 bID 的表 bookinfor，使用 T-SQL 命令实现分离该数据库的功能。

在查询编辑窗口中输入如下命令。

```
use master
GO
EXEC sp_detach_db 'BookDB'
```

执行结果如图 16.1 所示。

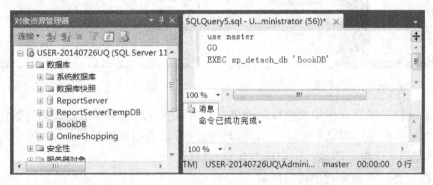

图 16.1　使用 T-SQL 命令分离 BookDB 数据库

在对象资源管理器中，仍然能够看到数据库"BookDB"，此时需要执行刷新命令，BookDB 在数据库列表框中将不再显示。

注意：

（1）若数据库存在数据库快照，则必须删除所有数据库快照，才能分离数据库。

（2）若该数据库正在某个数据库镜像会话中进行镜像，则必须先终止该会话，否则无法分离数据库。

（3）若数据库处于可疑状态，则必须将数据库设为紧急模式，才能对其进行分离。

（4）若数据库为系统数据库，则不能实现分离操作。

二、实施过程

【**子任务分析**】

根据上述子任务的描述，本任务需要将网上商城系统的数据库从当前计算机 SQL Server 实例中分离。

【**子任务实施步骤**】

实现数据库的分离有两种方法，一种是使用图形界面，另一种是使用 T-SQL 命令。

（1）使用图形界面的方法分离数据库，具体步骤如下。

步骤 1：启动 SQL Server 2012 中的 SQL Server Management Studio 工具。

步骤 2：在资源管理器中，右击网上商城数据库 OnlineShopping，选择【任务】|【分离】选项，如图 16.2 所示。

步骤 3：在打开的【分离数据库】窗口中，可看到要分离的数据库，如图 16.3 所示。

图 16.2　分离数据库

图 16.3　"分离数据库"窗口

① 删除连接：断开与指定数据库的连接，因为不能分离连接为活动状态的数据库。

② 更新统计信息：默认情况下，分离操作将在分离数据库时保留过期的优化统计信息；若要更新现有的优化统计信息，则应选中此复选框。

③ 状态：当前数据库的准备情况。

④ 消息：当前数据库的连接情况，若未连接，则不显示任何信息。

步骤 4：若状态为【就绪】，则直接单击【确定】按钮即可实现数据库的分离。

步骤 5：若状态为【未就绪】，如图 16.4 所示，则直接单击【确定】按钮，将弹出如图 16.5 所示的错误提示信息。此时需要选中【删除连接】复选框，再单击【确定】按钮，才能正常地分离数据库。

图 16.4　未就绪状态的分离数据库

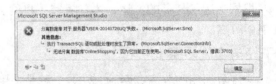

图 16.5　错误提示信息

提示：在 SQL Server 中，【分离数据库】窗口中状态显示"未就绪"或者信息显示"活动连接",则需要先选中【删除连接】复选框,再单击【确定】按钮。

(2)使用 T-SQL 命令分离数据库,具体步骤如下。

步骤 1:启动 SQL Server 2012 中的 SQL Server Management Studio 工具。

步骤 2:新建查询,在 SSMS 窗口中单击【新建查询】按钮,打开新的查询编辑窗口,在窗口中输入如下命令语句。

```
use master
GO
EXEC sp_detach_db 'OnlineShopping'
```

单击【执行】按钮或按 F5 快捷键,执行结果如图 16.6 所示。

图 16.6　使用 T-SQL 命令分离 OnlineShopping 数据库

子任务 16.2　附加数据库

【子任务描述】

在子任务 16.1 中实现了数据库的分离操作,要实现网上商城系统数据库的转移需要继续执行附加数据库的操作,本任务就要实现数据库的附加操作。

【子任务实施】

一、知识基础

附加数据库即将已经分离的数据库的数据文件及其事务日志文件一起添加到 SQL Server 实例中。

实现数据库的附加操作有两种方法,一种是使用图形界面向导,另一种是使用 T-SQL 命令。使用图形界面附加数据库在"实施过程"中详细介绍。

使用 T-SQL 命令实现数据库的附加,使用的主要命令语句有如下 3 种。

1)第一种命令语句

```
EXEC sp_attach_db [@dbname=]'dbname',
[@filename1=]'filename_n'[,...16]
```

[@filename1=]'filename_n': 数据库文件的物理路径,最多可以指定 16 个文件名,参数名称从@filename1 开始,一直增加到@filename16。

[@dbname=]'dbname':要附加的数据库的名称。

2)第二种命令语句

```
EXEC sp_attach_single_file_db [@dbname=]'dbname',
[@physname1=]'physical_name'
```

[@physname1=]'physical_name':指定数据库文件的物理路径,主要指扩展名为.mdf 的文件物理路径。

3)第三种命令语句

```
CREATE DATEBASE [@dbname=]'dbname'
ON(FILENAME='filename')[,
```

```
    (FILENAME='filename')]
    FOR ATTACH |ATTACH_REBUILD_LOG
```

[,(FILENAME='filename')]：该部分可选，若需要附加事务日志文件，则该部分可以使用。

FOR ATTACH：适用于读/写数据库，也适用于只读数据库，必须指定数据文件。

FOR ATTACH_REBUILD_LOG：只限于读/写数据库，必须指定数据文件，该方法自动创建一个新的 1MB 的日志文件。此文件放置于默认的日志文件处。

这 3 种命令均能实现附加数据库，但也有区别。第 1 种方法附加数据库时需要指定数据库分离后移动的所有文件，该种方法在后续版本中不再使用。第 2 种方法附加数据库时仅仅指定一个数据文件的数据库，不能用于多个数据文件，该方法在后续版本中将不再使用。第 3 种方法附加数据库时，是通过附加一组现有的操作系统文件来创建数据库的，即扩展名为.mdf 的数据文件，该方法是较新版本支持的方法，早期的版本无法使用。该种方法对数据库的权限进行了处理，如果数据库是一个可读/写的数据库，则当前的事务日志文件不可使用，并且进行附加操作前在没有使用用户或打开的事务的情况下关闭了该数据库，那么 FOR ATTACH 会自动重新生成日志文件并更新主文件。相比之下，对于只读数据库，由于主文件不能更新，因此不能重新生成日志。因此，如果附加一个事务日志文件不可使用的只读数据库，则必须在 FOR ATTACH 子句中提供日志文件或文件。通常，FOR ATTACH_REBUILD_LOG 用于将具有大型日志的可读/写数据库复制到另一台服务器中，在这台服务器上，数据库副本频繁使用，或仅用于读操作，因而所需的日志空间少于原始数据库。

提示：针对目前存在的 64 位和 32 位的环境，SQL Server 的磁盘存储格式均相同。因此，可以将 64 位环境中的数据库附加到 32 位环境中，反之亦然。

【例 16.2】 使用 T-SQL 命令将例 16.1 中分离的数据库 BookDB 附加到当前 SQL Server 实例中。

在查询编辑窗口中，使用第 1 种方法附加数据库，可以输入如下命令语句。

```
use master
GO
EXEC sp_attach_db @dbname='BookDB',
    @filename1='D:\Program Files\Microsoft SQL Server\MSSQL11.MSSQLSERVER\MSSQL\ DATA\BookDB.mdf',
    @filename2='D:\Program Files\Microsoft SQL Server\MSSQL11.MSSQLSERVER\MSSQL\ DATA\BookDB_log.ldf'
```

使用第 2 种方法附加数据库，可以输入以下命令。

```
EXEC sp_attach_single_file_db @dbname='BookDB',
    @physname='D:\Program Files\Microsoft SQL Server\MSSQL11.MSSQLSERVER\MSSQL\ DATA\BookDB.mdf'
```

使用第 3 种方法附加数据库，输入以下命令。

```
use master
GO
CREATE DATABASE 'BookDB'ON
    ( FILENAME='D:\Program Files\Microsoft SQL Server\MSSQL11.MSSQLSERVER\MSSQL\DATA\BookDB.mdf',
      FILENAME='D:\Program Files\Microsoft SQL Server\MSSQL11.MSSQLSERVER\MSSQL\DATA\BookDB_log.ldf')
    FOR ATTATH
```

二、实施过程

【子任务分析】

根据上述子任务的描述，本任务需要将网上商城系统的数据库附加到当前计算机的 SQL

Server 实例中。

【子任务实施步骤】

实现数据库的附加有两种方法,一种是使用图形界面向导分离数据库,另一种是使用 T-SQL 命令分离数据库。

(1) 使用图形界面向导附加数据库,具体操作步骤如下:

步骤 1:启动 SQL Server 2012 中的 SQL Server Management Studio 工具。

步骤 2:在对象资源管理器中右击【数据库】,在弹出的快捷菜单中选择【附加】选项,如图 16.7 所示。

步骤 3:在打开的【附加数据库】窗口中,单击【添加】按钮,弹出定位数据库文件对话框,如图 16.8 所示。

图 16.7 附加数据库

图 16.8 "附加数据库"窗口

步骤 4:在定位数据库文件对话框中,选择【OnlineShopping.mdf】文件,如图 16.9 所示。

步骤 5:单击【确定】按钮后,【附加数据库】窗口中【数据库详细信息】部分会出现文件名为【OnlineShopping.mdf】和【OnlineShopping_log.ldf】的文件,如图 16.10 所示,单击【确定】按钮,附加数据库完成。

图 16.9 选择数据库文件

图 16.10 添加 OnlineShopping 数据库后

步骤 6:在对象资源管理器中的数据库列表中并未出现附加的 OnlineShopping 数据库,还需要右击【数据库】,在弹出的快捷菜单中选择【刷新】选项,这时在数据库列表中才会出现附加的数据库 OnlineShopping。

（2）使用 T-SQL 命令实现附加数据库，前面介绍了 3 种方法，这里采用第 3 种方法，具体操作步骤如下。

步骤 1：启动 SQL Server 2012 中的 SQL Server Management Studio 工具。

步骤 2：新建查询分析，在 SSMS 窗口中单击【新建查询】按钮，打开新的查询编辑窗口，在窗口中输入如下命令语句。

```
use master
GO
CREATE DATABASE 'OnlineShopping'ON
  ( FILENAME='D:\Program Files\Microsoft SQL Server\MSSQL11.MSSQLSERVER\MSSQL\DATA\ OnlineShopping.mdf',
    FILENAME=' D:\Program Files\Microsoft SQL Server\MSSQL11.MSSQLSERVER\MSSQL\DATA\ OnlineShopping_log.ldf')
    FOR ATTATH
```

步骤 3：单击【执行】按钮或者按 F5 快捷键，即可实现附件数据库。

课堂练习

一、选择题

1. 使用 T-SQL 命令附加数据库有（　　）种方法。
   A. 1　　　　　　B. 2　　　　　　C. 3　　　　　　D. 4
2. 若数据库为（　　）则能实现分离操作。
   A. 系统数据库　　　　　　　　　　B. 用户创建的处于正常状态的数据库
   C. 存在快照的数据库　　　　　　　D. 处于可用状态的数据库
3. 在执行 T-SQL 命令分离数据库时，必须在（　　）系统数据库中执行。
   A. master　　　　B. tempdb　　　　C. model　　　　D. msdb
4. 使用图形界面附加数据库时，选择的是扩展名为（　　）的数据库文件。
   A. .mdf　　　　　B. .ndf　　　　　C. .log　　　　　D. .ldf

二、填空题

1. 分离数据库可使用的存储过程为_____。
2. SQL Server 2012 及以后版本支持附加数据库时使用的存储过程为_____。

三、简答题

1. 简述分离数据库的含义。
2. 简述附加数据库的含义。
3. 简述哪些情况下数据库不能实现分离操作。

实践与实训

1. 对任务 4 "实践与实训"中的数据库 Student 执行分离操作。
2. 对任务 4 "实践与实训"中的数据库 Express 执行分离操作。
3. 对任务 4 "实践与实训"中的数据库 Student 执行附加操作。
4. 对任务 4 "实践与实训"中的数据库 Express 执行附加操作。

任务总结

本任务在实际项目中应用非常广泛。在很多项目中,当涉及数据库移动时均会用到数据库的分离与附加操作。本任务主要以网上商城系统为例,讲解了使用图形界面向导和 T-SQL 命令分离和附加数据库的方法。

任务 17 导入导出数据

任务描述

本任务将讲述数据库应用中比较常用的一个功能。在网上商城系统中,有些数据库中的数据需要导出为 Excel 格式的数据,以方便使用;有些数据需要导出到其他数据库中;有些外部数据需要通过人工录入为 Excel 等格式的文件,并将其导入 SQL Server 数据库;甚至有些其他类型数据库(如 Access)中的数据需要导入 SQL Server。这些功能的实现均需要借助导入导出数据来实现。

知识重点

(1)熟练掌握导入数据的方法。
(2)熟练掌握导出数据的方法。

知识难点

(1)导入数据时,该数据文件的数据格式的设置。
(2)导出到其他数据库时,目标数据库格式的设置。

子任务 17.1 导出数据

【子任务描述】

网上商城面对大量数据,有些数据需要根据要求变换为 Excel 格式或者其他数据类型的文件。用户可以根据需要将 SQL Server 中的数据导出为其需要的数据格式。本任务中,需要将网上商城数据库中的一些表导出为 Excel 表格;把另外一些表导出到一个新的数据库中。

【子任务实施】

一、知识基础

数据的导入导出是 SQL Server 2012 中的重要传输工具,它可以将数据从一种数据环境中传输到另一种数据环境中。导出数据库既可以将数据库中的表导出为其他格式的数据文件,如 Excel 文件、Access 文件等;也可以将一个数据库中的表导出到另一个数据库中。

1. 导出到 Excel 文件中

(1)新建一个 Excel 文件,用以接收数据库中的数据,如文件 Excel_OnlineShopping.xlsx。
(2)在 SSMS 工具中选定要导出数据的数据库并右击,如选中 OnlineShopping 并右击。
(3)在弹出的快捷菜单中选择【任务】|【导出数据库】选项,系统打开【SQL Server 导入

和导出向导】窗口，如图 17.1 所示。

图 17.1 导出数据

（4）单击【下一步】按钮，选择数据源和数据库，一般选择默认选项即可。

（5）单击【下一步】按钮，选择目标数据，在【目标】下拉列表中选择【Microsoft Excel】选项，在【Excel 版本】下拉列表中选择【Microsoft Excel 2007】选项，单击【浏览】按钮，选择新建好的 Excel 文件，如图 17.2 所示。

（6）单击【下一步】按钮，选中【复制一个或多个表或视图的数据】单选按钮，单击【下一步】按钮，选择源表和源视图，选中需要导出的表，如 "shop_user"，如图 17.3 所示。

（7）单击【下一步】按钮，单击【立即执行】按钮，单击【下一步】按钮，再单击【完成】按钮完成导出。

图 17.2 选择目标　　　　　　　　图 17.3 选择源表和源视图

2. 导出到其他数据库中

（1）参考"导出到 Excel 文件中"的方法，在选择目标界面中，在【目标】下拉列表中选择数据库类型，若为 Access 数据库，则选择【Microsoft Access（Microsoft Access Database Engine）】选项，若仍为 SQL Server 数据库，则选择【SQL Server Native Client 11.0】选项，如图 17.4 所示。

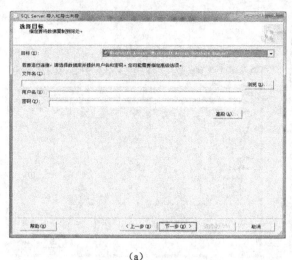 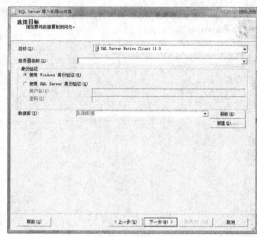

(a)　　　　　　　　　　　　　　(b)

图 17.4　选择目标数据库格式

2. 与"导出成 Excel 格式数据"类似，要选定目标对象的文件名，不同的是，数据库文件需要输入用户名和密码，SQL Server 数据库要选择服务器名称，根据需要填写完毕后单击【下一步】按钮，按照"导出成 Excel 格式数据"的方法逐步操作即可完成导出。

想一想：将一个 SQL Server 2012 数据库中的数据导出到另一个 SQL Server 2012 数据库中，应该如何操作呢？

二、实施过程

【子任务分析】

根据上述子任务的描述，本任务需要完成下面的操作。

（1）将数据库 OnlineShopping 中的数据表 shop_Seller 导出到 Excel 2007 文件 Seller.xlsx 中。

（2）将数据库 OnlineShopping 中的数据表 shop_Order、shop_Seller、shop_user 导出到新的 SQL Server 数据库 abc 中。

【子任务实施步骤】

（1）新建 Excel 2007 文件"Seller.xlsx"，进入数据库导出向导，在【选择目标】对话框中，【目标】选择【Microsoft Excel】，【Excel 版本】选择【Microsoft Excel 2007】，单击【浏览】按钮，选择【Seller.xlsx】文件。在【选择源表和源视图】窗口中，选中需要导出的表【shop_Seller】，其余步骤根据向导提示完成导出即可。可以参考"知识基础"中的"导出到 Excel 文件中"。

（2）进入数据库导出向导，在【选择目标】对话框中，【目标】选择【SQL Server Native Client 11.0】，【服务器名称】选择当前连接的服务器，本例中是"SINOPEC-"，选择合适的身份验证，本例中选择"Windows 身份验证"，若 abc 数据库已存在，则可在【数据库】下拉列表中直接选择该数据库，本例中 abc 数据库还未建立，所以单击【新建】按钮，新建数据库【abc】，如图 17.5 所示。在【选择源表和源视图】窗口中，选中需要导出的表【shop_Order】、【shop_Seller】、【shop_user】，其余步骤根据向导提示完成导出即可。

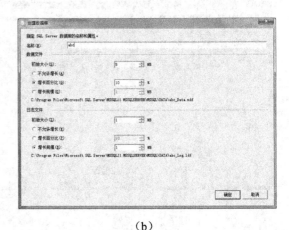

(a)　　　　　　　　　　　　　　　(b)

图 17.5　选择目标数据库

子任务 17.2　导入数据

【子任务描述】

在网上商城的数据管理中，经常会有一些数据是通过外部人工录入生成 Excel 文件或文本文件，再导入 SQL Server 数据库的，也有一些数据是从其他类型数据库（如 Access）中导入的。本任务中，需要将 Excel 文件中的数据和 Access 数据库中的数据导入到网上商城数据库中。

【子任务实施】

一、知识基础

导入数据既可以将一些其他格式的数据文件，如 Excel 文件、Access 文件等导入到 SQL Server 数据库中；又可以将一个数据库中的表导入到另一个数据库中。

1. 从 Excel 2007 文件中导入

（1）整理 Excel 2007 文件中的表结构，使表格第一行为列名，如图 17.6 所示。

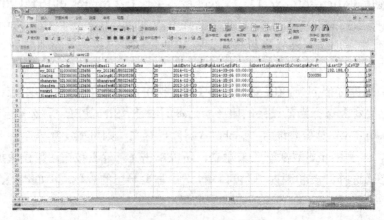

图 17.6　Excel 中的表结构

（2）在 SSMS 工具中选定要导入数据的数据库并右击，如 abc。

（3）在弹出的快捷菜单中选择【任务】|【导入数据】选项，系统打开"SQL Server 导入和导出向导"窗口，如图 17.7 所示。

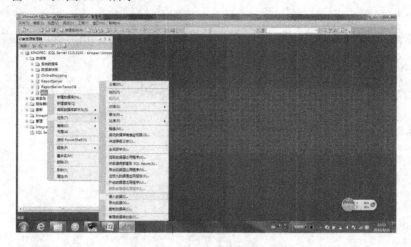

图 17.7　导入数据

（4）单击【下一步】按钮，打开【选择数据源】窗口，在【数据源】下拉列表中选择【Microsoft Excel】选项，在【Excel 版本】下拉列表中选择【Microsoft Excel 2007】选项，单击【浏览】按钮，选择数据所在的 Excel 文件，如 shop.xlsx，如图 17.8 所示。

（5）单击【下一步】按钮，选择目标，即选择需要导入数据的数据库，一般选择默认选项即可。

（6）单击【下一步】按钮，选中【复制一个或多个表或视图的数据】单选按钮，单击【下一步】按钮，选择源表和源视图，选择数据所在 Excel 工作簿中的工作表，如图 17.9 所示。

图 17.8　选择 Excel 文件作为数据源　　　　图 17.9　选择需要导入的 Excel 工作表

（7）单击【下一步】按钮，单击【立即执行】按钮，单击【下一步】按钮，再单击【完成】按钮即可完成导入。

2. 从 Access 2007 文件中导入

（1）在 SSMS 工具中选定要导入数据的数据库并右击，如 abc，在弹出的快捷菜单中选择【任务】|【导入数据】选项，选择数据源，在【数据源】下拉列表中选择【Microsoft Access（Microsoft Access Database Engine）】选项，单击【浏览】按钮，选择数据所在的 Access 文件，如 abc.accdb，

如图 17.10 所示。

（2）单击【下一步】按钮，按照向导提示操作，在【选择源表和源视图】窗口中，选择数据所在的 Access 表，如图 17.11 所示，其余步骤按照"从 Excel 2007 文件中导入"的方法，逐步操作即可完成导入。

图 17.10　选择 Access 文件作为数据源　　　　图 17.11　选择需要导入的 Access 文件

想一想：将一个 SQL Server 2012 数据库中的数据导入到另一个 SQL Server 2012 数据库中，应该如何操作呢？

二、实施过程

【子任务分析】

根据上述子任务的描述，本任务需要完成下面的操作。

（1）将 Excel 2007 文件"OnlineShopping.xlsx"中的工作表"shop_infor"导入到 SQL Server 数据库 OnlineShopping 中。

（2）将 Access 2007 文件"OnlineShopping.accdb"中的表 shop_Order、shop_Seller、shop_user 导入到 SQL Server 数据库 OnlineShopping 中。

【子任务实施步骤】

（1）将 Excel 2007 文件"OnlineShopping.xlsx"中的工作表"shop_infor"导入到 SQL Server 数据库 OnlineShopping 中，具体步骤如下。

步骤 1：进入数据导入和导出向导，在【选择数据源】窗口的【数据源】下拉列表中，选择【Microsoft Excel】选项，在【Excel 版本】下拉列表中选择【Microsoft Excel 2007】选项，单击【浏览】按钮，选择【OnlineShopping.xlsx】文件。

步骤 2：在【选择源表和源视图】窗口中，选中数据所在的工作表【shop_infor】。其余步骤根据向导提示完成导入。可以参考"知识基础"中的第一部分"从 Excel 2007 文件中导入"。

（2）将 Access 2007 文件"OnlineShopping.accdb"中的表 shop_Order、shop_Seller、shop_user 导入到 SQL Server 数据库 OnlineShopping 中，具体步骤如下。

步骤 1：进入数据导入和导出向导，在【选择数据源】窗口的【数据源】下拉列表中，选择【Microsoft Access（Microsoft Access Database Engine）】选项，单击【浏览】按钮，选择【OnlineShopping.accdb】文件。

步骤 2：在【选择源表和源视图】窗口中，选中表【shop_Order】、【shop_Seller】、【shop_user】。其余步骤根据向导提示完成导入。

课堂练习

一、选择题

1. 关于数据的导入导出，下列说法中不正确的是（　　）。
   A．SQL Server 数据库中的数据只能导出到 SQL Server 数据库中
   B．SQL Server 数据库中的数据可以导出到 Excel 文件中
   C．Access 文件中的数据可以导入到 SQL Server 数据库中
   D．Excel 文件中的数据可以导入到 SQL Server 数据库中
2. 以下不能导入到 SQL Server 数据库中的是（　　）。
   A．Excel 文件　　　　　　　　　　　B．Access 数据库文件
   C．SQL Server 数据库文件　　　　　　D．文本文件
3. SQL Server 数据库中的表不能导出成为（　　）。
   A．Excel 文件　　　　　　　　　　　B．Access 数据库文件
   C．SQL Server 数据库文件　　　　　　D．文本文件

二、填空题

1. SQL Server 数据库中的表通常可以导出为_____，_____，_____3 类数据。
2. _____，_____，_____3 类数据可以导入 SQL Server 数据库。
3. SQL Server 导出数据时需要先选择_____和_____，再选择_____。
4. 将 SQL Server 中的表导出 Excel 文件时，必须提前创建好一个_____。
5. 将 Excel 文件导入 SQL Server 时，必须提前创建好一个_____。

实践与实训

1. 将 SQL Server 数据库 XXX 中的表 1 导出到 Excel 文件中。
2. 将 SQL Server 数据库 XXX 中的表 2 导出到 Access 文件中。
3. 将 SQL Server 数据库 XXX 中的表 3 导出到 SQL Server 数据库 YYY 中。
4. 将 Excel 文件中的所有数据表导入到 SQL Server 数据库 ZZZ 中。
5. 将 Access 文件中的所有数据表导入到 SQL Server 数据库 ZZZ 中。
6. 将 SQL Server 数据库 YYY 中的所有数据表导入到 SQL Server 数据库 ZZZ 中。

任务总结

本任务在实际应用中是较为常用的，它可以把 SQL Server 2012 中的数据导出为其他数据格式，以方便用户使用；也可以把其他数据格式的数据导入 SQL Server 2012，提高了数据的使用效率。数据导入导出还经常用于 SQL Server 2012 中的不同数据库之间，提高了数据的可应用性，减少了数据冗余，方便管理和应用数据。

附录 A T-SQL 编程基础

1. T-SQL 语法规则

T-SQL 语法规则如表 A.1 所示。

表 A.1 T-SQL 语法规则

语法规则	说明
大写	T-SQL 关键字
斜体或小写字母	用户提供的 T-SQL 语法的参数
粗体	数据库名、表名、列名、索引名、存储过程名、实用工具、数据类型名,以及必须按所显示的原样键入的文本
下画线	指示当语句中省略了包含带下画线的值的子句时应用的默认值
|(竖线)	分隔括号或大括号中的语法项。只能使用其中一项
[ ](方括号)	可选语法项。不要键入方括号
{ }(大括号)	必选语法项。不要键入大括号
[,...n]	指示前面的项可以重复 n 次。各项之间以逗号分隔
[...n]	指示前面的项可以重复 n 次。每一项由空格分隔
;	T-SQL 语句终止符。虽然在此版本的 SQL Server 中大部分语句不需要分号,但将来的版本需要分号
<label> ::=	语法块的名称。此约定用于对可在语句中的多个位置使用的过长语法段或语法单元进行分组和标记。可使用语法块的每个位置由括在尖括号内的标签指示:<标签>。集是表达式的集合,如 <分组集>;列表是集的集合,如 <组合元素列表>

2. 引用数据库对象名的规则

数据库对象名的引用规则如下。

在 T-SQL 2012 中,所有对数据库对象名的引用都是由 4 部分组成的名称,格式如下。

```
server_name.[database_name].[schema_name].object_name
|database_name.[schema_name].object_name
|schema_name.object_name
|object_name
```

(1) server_name:指定链接的服务器名称或远程服务器名称。

(2) database_name:如果对象驻留在 SQL Server 的本地实例中,则指定 SQL Server 数据库的名称。如果对象在链接服务器中,则 database_name 将指定 OLE DB 目录。

(3) schema_name:如果对象在 SQL Server 数据库中,则指定包含对象的架构的名称。如果对象在链接服务器中,则 schema_name 将指定 OLE DB 架构名称。

(4) object_name:对象的名称。

3. T-SQL 的语法元素

每一条 Transact-SQL 语句都包含一系列元素,下面分别对其进行介绍。

1）标识符

标识符：用来标识服务器、数据库和数据库类型对象的名称。SQL Server 标识符有两类，即常规标识符和分隔标识符。

（1）常规标识符：由字母、数字、@、$、_或#组成。

① 第一个字符必须为字母 a~z、A~Z、其他语言的字母、_（下画线）、@或者#。

② 以@开头的标识符表示局部变量或参数。

③ 以"@@"开头的标识符表示全局变量（也称配置函数）。

④ 以#开头的标识符表示临时表或过程。

⑤ 标识符不可为保留关键字。

（2）分隔标识符：对不符合标识符规则的标识符必须进行分隔，即使用双引号或方括号分隔，如[max_size]。

2）保留关键字

SQL Server 将保留关键字用于定义、操作和访问数据库。保留关键字是 SQL Server 使用的 T-SQL 语言语法的一部分，用于分析和理解 T-SQL 语句和批处理。尽管在 T-SQL 脚本中使用 SQL Server 保留关键字作为标识符和对象名在语法上是可行的，但规定只能使用分隔标识符。

3）数据类型

在 SQL Server 中，每个列、局部变量、表达式和参数都具有一个相关的数据类型，它分为系统数据类型和用户定义的数据类型两种。在子任务 4.2 中已对数据类型进行了详细介绍。

4）函数

与其他程序设计语言中的函数相似，可以有 0 个、1 个或多个参数，并返回一个值或值的集合。

5）表达式

简单表达式可以是一个常量、变量、列或标量函数，可以用运算符将两个或更多的简单表达式连接起来组成复杂表达式。

6）运算符

运算符是一种符号，用来指定要在一个或多个表达式中执行的操作。

7）注释

SQL Server 支持两种注释字符，即"--"和"/*...*/"。"--"用于注释一行，"/*...*/"用于注释多行。

附录 B　T-SQL 常用函数

SQL Server 提供了很多的内置函数，常用的内置函数有聚合函数、字符串函数、日期和时间函数、系统函数、转换函数、数学函数、元数据函数、安全函数、游标函数、行集函数、配置函数、复制函数、分析函数、逻辑函数、排名函数等。

1．聚合函数

聚合函数如表 B.1 所示。

表 B.1　聚合函数表

函 数 名	功 能
SUM([ALL|DISTINCT]expression)	用于返回一组数据的和
MAX([ALL|DISTINCT]expression)	用于返回一组数据的最大值
MIN([ALL|DISTINCT]expression)	用于返回一组数据的最小值
COUNT({[[ALL|DISTINCT]expression]|*)	用于返回一组数据的总行数。 COUNT(*)返回行数，包括 NULL 和重复项的值； COUNT(ALL express)对组中每一行都计算 expression 并返回非空值的数量； COUNT(DISTINCT expression)对组中每一行都计算 expression 并返回唯一非空值的数量
AVG([ALL|DISTINCT]expression)	用于计算一组数据的平均值
COUNT_BIG({[[ALL|DISTINCT]expression]|*)	同 COUNT({[[ALL|DISTINCT]expression]|*)，不同的是返回值是一个 bigint 数据类型的值
VAR([ALL|DISTINCT]expression)	用于返回指定表达式中所有值的方差，通常和 OVER 一起使用
VARP([ALL|DISTINCT]expression)	返回指定表达式中所有值的总体方差
STDEV([ALL|DISTINCT]expression)	返回指定表达式中所有值的标准偏差
STDEVP([ALL|DISTINCT]expression)	返回指定表达式中所有值的总体标准偏差
GROUPING (<column_expression>)	指示是否聚合 GROUP BY 列表中的指定列表达式
GROUPING_ID(<column_expression>[,…n])	计算分组级别的函数。仅当指定了 GROUP BY 时，GROUPING_ID 才能在 SELECT <select> 列表、HAVING 或 ORDER BY 子句中使用
CHECKSUM([ALL|DISTINCT]expression)	返回组中各值的校验和，将忽略 NULL 值。后面可以跟随 OVER 子句

2．字符串函数

字符串函数如表 B.2 所示。

表 B.2　字符串函数表

函 数 名	功 能
ASCII(character_expression)	返回字符表达式中最左侧的字符的 ASCII 码值
CHAR(integer_expression)	将 int ASCII 代码转换为字符

续表

函 数 名	功 能
NCHAR(integer_expression)	根据 Unicode 标准的定义，返回具有指定整数代码的 Unicode 字符
◆ CONCAT(string_value1,string_value2[,string_valueN])	返回作为串联两个或更多字符串值的结果的字符串
CHARINDEX(expressionToFind,expressionToSearch[,start_location])	在一个表达式中搜索另一个表达式并返回其起始位置
DIFFERENCE(character_expression ,character_expression)	返回一个整数值，指示两个字符表达式的 SOUNDEX 值之间的差异
◆FORMAT(value,format[,culture])	返回 SQL Server 2012 中以指定的格式和可选的区域性格式化的值。使用 FORMAT 函数将日期/时间和数值格式化为识别区域设置的字符串。对于一般的数据类型转换，可使用 CAST 或 CONVERT
LEFT(character_expression,integer_expression)	返回字符串中从左边开始指定个数的字符
RIGHT(character_expression,integer_expression)	返回字符串中从右边开始指定个数的字符
LEN(string_expression)	返回指定字符串表达式的字符数，其中不包含尾随空格
LOWER(character_expression)	返回将大写字符数据转换为小写字符后的字符表达式
UPPER(character_expression)	返回小写字符数据转换为大写字符后的字符表达式
LTRIM(character_expression)	返回删除了前导空格之后的字符表达式
RTRIM(character_expression)	返回删除了尾随空格之后的字符表达式
PATINDEX('%pattern%',expression)	返回模式在指定表达式中第一次出现的起始位置；如果在所有有效的文本和字符数据类型中都找不到该模式，则返回零
QUOTENAME('character_string'[,'quote_character'])	返回带有分隔符的 Unicode 字符串，分隔符的加入可使输入的字符串成为有效的 SQL Server 分隔标识符
REPLACE(string_expression,string_pattern,string_replacement)	用另一个字符串值替换出现的所有指定字符串值
REPLICATE(string_expression,integer_expression)	以指定的次数重复字符串值
REVERSE(string_expression)	返回字符串值的逆序
SOUNDEX (character_expression)	返回一个由 4 个字符组成的代码 (SOUNDEX)，用于评估两个字符串的相似性
SPACE (integer_expression)	返回由重复空格组成的字符串
STR(float_expression[,length[,decimal]])	返回由数字数据转换来的字符数据
STUFF(character_expression,start,length,replaceWith_expression)	STUFF 函数将字符串插入到另一个字符串中。它从第一个字符串的开始位置删除指定长度的字符；然后将第二个字符串插入到第一个字符串的开始位置
SUBSTRING(expression,start,length)	返回 SQL Server 2012 中的字符、二进制、文本或图像表达式的一部分
UNICODE('ncharacter_expression')	按照 Unicode 标准的定义，返回输入表达式的第一个字符的整数值

3．日期和时间函数

日期和时间函数如表 B.3 所示。

表 B.3　日期和时间函数表

函 数	功 能
DATENAME(datepart,date)	返回表示指定日期的指定 datepart 的字符串
DATEPART(datepart,date)	返回表示指定 date 的指定 datepart 的整数
DAY(date)	返回表示指定 date 的"日"部分的整数

续表

函 数	功 能
MONTH(date)	返回表示指定 date 的"月"部分的整数
YEAR(date)	返回表示指定 date 的"年"部分的整数
SYSDATETIME()	返回包含计算机的日期和时间的 datetime2(7)值，SQL Server 的实例正在该计算机上运行
SYSUTCDATETIME()	返回包含计算机的日期和时间的 datetimeoffset(7)值，SQL Server 的实例正在该计算机上运行
SYSUTCDATETIME()	返回包含计算机的日期和时间的 datetime2(7)值，SQL Server 的实例正在该计算机上运行。日期和时间作为 UTC 时间（通用协调时间）返回
CURRENT_TIMESTAMP	返回包含计算机的日期和时间的 datetime 值，SQL Server 的实例正在该计算机上运行。时区偏移量未包含在内
GETDATE()	返回包含计算机的日期和时间的 datetime 值，SQL Server 的实例正在该计算机上运行
GETUTCDATE()	返回包含计算机的日期和时间的 datetime 值，SQL Server 的实例正在该计算机上运行。日期和时间作为 UTC 时间（通用协调时间）返回
◆DATEFROMPARTS(year,month,day)	返回表示指定年、月、日的 date 值
◆DATETIME2FROMPARTS(year,month,day,hour,minute,seconds,fractions,precision)	对指定的日期和时间返回 datetime2 值（具有指定精度）
◆DATETIMEFROMPARTS(year,month,day,hour,minute,seconds,milliseconds)	为指定的日期和时间返回 datetime 值
◆DATETIMEOFFSETFROMPARTS(year,month,day,hour,minute,seconds,fractions,hour_offset,minute_offset,precision)	对指定的日期和时间返回 datetimeoffset 值，即具有指定的偏移量和精度
◆SMALLDATETIMEFROMPARTS(year,month,day,hour,minute)	为指定的日期和时间返回 smalldatetime 值
◆TIMEFROMPARTS(hour,minute,seconds,fractions,precision)	对指定的时间返回 time 值（具有指定精度）
DATEDIFF(datepart,startdate,enddate)	返回两个指定日期之间所跨的日期或时间 datepart 边界的数目
DATEADD(datepart,number,date)	通过将一个时间间隔与指定 date 的指定 datepart 相加，返回一个新的 datetime 值
◆EOMONTH(start_date[,month_to_add])	SWITCH OFFSET 更改 DATETIMEOFFSET 值的时区偏移量并保留 UTC 值
TODATETIMEOFFSET(expression,time_zone)	TODATETIMEOFFSET 将 datetime2 值转换为 datetimeoffset 值。datetime2 值被解释为指定 time_zone 的本地时间
ISDATE (expression)	确定 datetime 或 smalldatetime 输入表达式是否为有效的日期或时间值

4．系统函数

系统函数如表 B.4 所示。

表 B.4　系统函数表

函 数	功 能
◆[database_name .]$PARTITION.partition_function_name(expression)	为 SQL Server 2012 中任何指定的分区函数返回分区号，一组分区列值将映射到该分区号中

续表

函 数	功 能
ERROR	返回执行的上一个 T-SQL 语句的错误号
@@IDENTITY	返回最后插入的标识值的系统函数
@@PACK_RECEIVED	返回 SQL Server 自上次启动后从网络读取的输入数据包数
@@ROWCOUNT	返回受上一语句影响的行数
@@TRANCOUNT	返回在当前连接上执行的 BEGIN TRANSACTION 语句的数目
BINARY_CHECKSUM(*|expression[,...n])	返回按照表的某一行或表达式列表计算的二进制校验和值
CHECKSUM(*|expression[,...n])	返回按照表的某一行或一组表达式计算出来的校验和值
CONTEXT_INFO()	返回 context_info 值，该值通过使用 SET CONTEXT_INFO 语句为当前会话或批处理设置
CONNECTIONPROPERTY (property)	返回处理请求时使用的唯一连接的连接属性的相关信息
CURRENT_REQUEST_ID()	返回当前会话中当前请求的 ID
ERROR_LINE( )	返回发生错误的行号，该错误导致运行 TRY...CATCH 构造的 CATCH 块
ERROR_MESSAGE( )	返回导致 TRY...CATCH 构造的 CATCH 块运行的错误的消息文本
ERROR_NUMBER( )	返回错误的错误号，该错误会导致运行 TRY...CATCH 结构的 CATCH 块
ERROR_PROCEDURE( )	返回发生错误而导致运行 TRY...CATCH 构造的 CATCH 块的存储过程或触发器的名称
ERROR_SEVERITY( )	返回导致 TRY...CATCH 构造的 CATCH 块运行的错误的严重性
ERROR_STATE( )	返回导致 TRY...CATCH 构造的 CATCH 块运行的错误状态号
FORMATMESSAGE(msg_number,[param_value[,...n]])	根据 sys.messages 中的现有消息构造一条消息
GETANSINULL(['database'])	返回此会话的数据库的默认为空
HOST_ID()	返回工作站标识号
HOST_NAME()	返回工作站名
ISNULL(check_expression,replacement_value)	使用指定的替换值替换 NULL
ISNUMERIC(expression)	确定表达式是否为有效的数值类型
MIN_ACTIVE_ROWVERSION	返回当前数据库中最低的活动 rowversion 值
NEWID()	创建 uniqueidentifier 类型的唯一值
NEWSEQUENTIALID()	启动 Windows 后在指定计算机上创建大于先前通过该函数生成的任何 GUID 的 GUID。重新启动 Windows 后，GUID 可以再次从一个较低的范围开始，但仍是全局唯一的
ROWCOUNT_BIG()	返回已执行的上一语句影响的行数
XACT_STATE()	用于报告当前正在运行的请求的用户事务状态的标量函数
GET_FILESTREAM_TRANSACTION_CONTEXT()	返回表示会话的当前事务上下文的标记

其中：partition_function_name 表示对其应用一组分区列值的任何现有分区函数的名称。

5. 转换函数

转换函数如表 B.5 所示。

表 B.5 转换函数表

函　　数	功　　能
◆CAST(expression AS data_type [(length)])	在 SQL Server 2012 中将表达式由一种数据类型转换为另一种数据类型
◆CONVERT(data_type[(length)],expression[,style])	在 SQL Server 2012 中将表达式由一种数据类型转换为另一种数据类型
◆PARSE(string_value AS data_type [USING culture])	返回 SQL Server 2012 中转换为所请求的数据类型的表达式的结果
TRY_CAST(expression AS data_type[(length)])	返回转换为指定数据类型的值（如果转换成功）；否则返回 NULL
TRY_CONVERT(data_type[(length)],expression[,style])	返回转换为指定数据类型的值（如果转换成功）；否则返回 NULL
◆ TRY_PARSE(string_value AS data_type [USING culture])	在 SQL Server 2012 中，返回表达式的结果（已转换为请求的数据类型）；如果强制转换失败，则返回 NULL。TRY_PARSE 仅用于从字符串转换为日期/时间和数字类型

6. 数学函数

系统函数如表 B.6 所示。

表 B.6 系统函数表

函　　数	功　　能
ABS(numeric_expression)	返回指定数值表达式的绝对值（正值）的数学函数
ACOS(float_expression)	数学函数，返回其余弦是所指定的 float 表达式的角（弧度），也称为反余弦
ASIN(float_expression)	返回以弧度表示的角，其正弦为指定 float 表达式，也称为反正弦
ATAN(float_expression)	返回以弧度表示的角，其正切为指定的 float 表达式，也称为反正切函数
ATN2(float_expression,float_expression)	返回以弧度表示的角，该角位于正 x 轴和原点至点 (y, x) 的射线之间，其中 x 和 y 是两个指定的浮点表达式的值
CEILING(numeric_expression)	返回大于或等于指定数值表达式的最小整数
COS(float_expression)	返回指定表达式中以弧度表示的指定角的三角余弦
COT(float_expression)	返回指定的 float 表达式中指定角度（以弧度为单位）的三角余切值
DEGREES(numeric_expression)	返回以弧度指定的角的相应角度
EXP(float_expression)	返回指定的 float 表达式的指数值
FLOOR(numeric_expression)	返回小于或等于指定数值表达式的最大整数
LOG(float_expression [, base])	返回指定 float 表达式的自然对数
LOG10 (float_expression)	返回指定 float 表达式的常用对数（即以 10 为底的对数）
PI()	返回 PI 的常量值 3.14159265358979
POWER(float_expression ,y)	返回指定表达式的指定幂的值
RADIANS(numeric_expression)	对于在数值表达式中输入的度数值返回弧度值
RAND([seed])	返回一个介于 0 到 1（不包括 0 和 1）之间的伪随机 float 值
ROUND(numeric_expression,length[,function])	返回一个数值，舍入到指定的长度或精度
SIGN(numeric_expression)	返回指定表达式的正号 (+1)、零(0)或负号 (-1)
SIN(float_expression)	以近似数字表达式返回指定角度（以弧度为单位）的三角正弦值
SQRT(float_expression)	返回指定浮点值的平方根
SQUARE(float_expression)	返回指定浮点值的平方
TAN(float_expression)	返回输入表达式的正切值

其中：

（1）float_expression：浮点表达式。

(2) numeric_expression：精确数字或近似数字数据类型类别的表达式。
(3) seed：提供种子值的整数表达式。

7．元数据函数

元数据函数如表 B.7 所示。

表 B.7 元数据函数表

函　数	功　能
@@PROCID	返回 T-SQL 当前模块的对象标识符 (ID)
APP_NAME( )	返回当前会话的应用程序名称
APPLOCK_MODE('database_principal','resource_name','lock_owner')	返回所有者对特定应用程序资源所持有的锁模式
APPLOCK_TEST('database_principal','resource_name','lock_mode' ,'lock_owner')	返回信息，以指示是否可以为指定锁所有者授予对某种资源的锁而不必获取锁
ASSEMBLYPROPERTY('assembly_name','property_name')	返回有关程序集的属性的信息
COL_LENGTH('table','column')	返回列的定义长度（以字节为单位）
COL_NAME(table_id ,column_id)	根据指定的对应表标识号和列标识号返回列的名称
COLUMNPROPERTY(id,column,property)	返回有关列或参数的信息
DATABASE_PRINCIPAL_ID('principal_name')	返回当前数据库中的主体的 ID
DATABASE_PRINCIPAL_ID('principal_name')	返回指定数据库的指定数据库选项或属性的当前设置
DB_ID(['database_name'])	返回数据库标识号
DB_NAME([database_id])	返回数据库名称
FILE_ID(file_name)	返回当前数据库中给定逻辑文件名的文件标识号
FILE_IDEX(file_name)	返回当前数据库中的数据、日志或全文文件的指定逻辑文件名的文件标识号
FILE_NAME(file_id)	返回给定文件标识号的逻辑文件名
FILEGROUP_ID('filegroup_name')	返回指定文件组名称的文件组标识号
FILEGROUP_NAME(filegroup_id)	返回指定文件组标识号的文件组名
FILEGROUPPROPERTY(filegroup_name,property)	提供文件组和属性名时，返回指定的文件组属性值
FILEPROPERTY(file_name ,property)	指定当前数据库中的文件名和属性名时，返回指定的文件名属性值
FULLTEXTCATALOGPROPERTY('catalog_name','property')	返回有关 SQL Server 2012 中的全文目录属性的信息
FULLTEXTSERVICEPROPERTY('property')	返回与全文引擎属性有关的信息。
INDEX_COL('[database_name.[schema_name].|schema_name]table_or_view_name',index_id,key_id)	返回索引列名称。对于 XML 索引，返回 NULL
INDEXKEY_PROPERTY(object_ID,index_ID,key_ID, property)	返回有关索引键的信息。对于 XML 索引，返回 NULL
INDEXPROPERTY(object_ID,index_or_statistics_name ,property)	根据指定的表标识号、索引或统计信息名称及属性名称，返回已命名的索引或统计信息属性值
NEXT VALUE FOR [database_name.][schema_name.]sequence_name [OVER(<over_order_by_clause>)]	通过指定的序列对象生成序列号
OBJECT_DEFINITION(object_id)	返回指定对象的定义的 Transact-SQL 源文本

函 数	功 能
OBJECT_ID('[database_name.[schema_name.].[schema_name.]object_name'[,'object_type'])	返回架构范围内对象的数据库对象标识号
OBJECT_NAME(object_id[,database_id])	返回架构范围内对象的数据库对象名称
OBJECT_SCHEMA_NAME(object_id[,database_id])	返回架构范围内对象的数据库架构名称
OBJECTPROPERTY(id,property)	返回当前数据库中架构范围内的对象的有关信息
OBJECTPROPERTYEX(id,property)	返回当前数据库中架构范围内的对象的相关信息
ORIGINAL_DB_NAME()	返回由用户在数据库连接字符串中指定的数据库名称
PARSENAME('object_name',object_piece)	返回对象名称的指定部分
SCOPE_IDENTITY()	返回插入到同一作用域中的标识列内的最后一个标识值
SCHEMA_ID([schema_name])	返回与架构名称关联的架构 ID
SERVERPROPERTY(propertyname)	返回有关服务器实例的属性信息
STATS_DATE(object_id,stats_id)	返回表或索引视图上统计信息的最新更新的日期
TYPE_ID([schema_name]type_name)	返回指定数据类型名称的 ID
SCOPE_IDENTITY()	返回插入到同一作用域中的标识列内的最后一个标识值
STATS_DATE(object_id,stats_id)	返回表或索引视图上统计信息的最新更新的日期
TYPE_ID([schema_name]type_name)	返回指定数据类型名称的 ID
TYPE_NAME(type_id)	返回指定类型 ID 的未限定的类型名称
TYPEPROPERTY(type,property)	返回有关数据类型的信息
SERVERPROPERTY(propertyname)	返回有关服务器实例的属性信息

其中：

（1）database_principal：可将对数据库中对象的权限授予它们的用户、角色或应用程序角色。

（2）resource_name：由客户端应用程序指定的锁资源名称。

（3）lock_mode：要为特定资源获取的锁模式。

（4）ock_owner：锁的所有者，它是请求锁时指定的 lock_owner 值。

（5）assembly_name：程序集的名称。

（6）property_name：要检索其有关信息的属性的名称。

（7）schema_name：架构名称。

8．安全函数

安全函数如表 B.8 所示。

表 B.8　安全函数表

函 数	功 能
CERTENCODED(cert_id)	返回二进制格式的证书的公共部分
CERTPRIVATEKEY(cert_ID,'encryption_password'[,'decryption_password'])	返回二进制格式的证书私钥
CURRENT_USER	返回当前用户的名称
HAS_DBACCESS('database_name')	返回信息，说明用户是否可以访问指定的数据库
HAS_PERMS_BY_NAME(securable,securable_class,permission[,sub-securable][,sub-securable_class])	评估当前用户对安全对象的有效权限

续表

函 数	功 能
IS_MEMBER({'group'|'role'})	指示当前用户是否为指定 Microsoft Windows 组或 SQL Server 数据库角色的成员
IS_ROLEMEMBER('role'[,'database_principal'])	指示指定的数据库主体是否为指定数据库角色的成员
IS_SRVROLEMEMBER('role'[,'login'])	指示 SQL Server 登录名是否为指定服务器角色的成员
LOGINPROPERTY('login_name','property_name')	返回有关登录策略设置的信息
ORIGINAL_LOGIN()	返回连接到 SQL Server 实例的登录名
PERMISSIONS([objectid[,'column']])	返回一个包含位图的值,该值指示当前用户的语句、对象或列权限
PWDENCRYPT('password')	返回使用密码哈希算法的当前版本的输入值的 SQL Server 密码哈希
PWDCOMPARE('clear_text_password',password_hash [,version])	对密码执行哈希操作并将该哈希与现有密码的哈希进行比较
SESSION_USER	返回当前数据库中当前上下文的用户名
SESSIONPROPERTY(option)	返回会话的 SET 选项设置
SUSER_ID(['login'])	返回用户的登录标识号
SUSER_NAME([server_user_id])	返回用户的登录标识名
SUSER_SID(['login'][,Param2])	返回指定登录名的安全标识号 (SID)
SUSER_SNAME([server_user_sid])	返回与安全标识号 (SID) 关联的登录名
SYSTEM_USER	当未指定默认值时,允许将系统为当前登录名提供的值插入到表中
USER	当未指定默认值时,允许将系统为当前用户的数据库用户名提供的值插入到表内
USER_ID(['user'])	返回数据库用户的标识号
USER_NAME([id])	根据指定的标识号返回数据库用户名

其中:

(1) certificate_ID:证书的 **certificate_id**。可通过 sys.certificates 或使用 CERT_ID(Transact-SQL) 函数提供。cert_id 的类型为 **int**。

(2) encryption_password:用于对返回的二进制值进行加密的密码。

(3) decryption_password:用于对返回的二进制值进行解密的密码。

(4) group:被检查的 Windows 组的名称;必须采用格式 Domain\Group。group 的数据类型为 sysname。

(5) role:被检查的 SQL Server 角色的名称。role 的数据类型为 sysname,它可以包括数据库固定角色或用户定义的角色,但不包括服务器角色。

(6) clear_text_password:未加密的密码。clear_text_password 的数据类型为 sysname(nvarchar(128))。

(7) password_hash:密码的加密哈希。password_hash 的数据类型为 varbinary(128)。

(8) Version:已过时参数。

9. 游标函数

游标函数如表 B.9 所示。

表 B.9 游标函数表

函 数	功 能
@@CURSOR_ROWS	返回连接上打开的一个游标中的当前限定行的数目。为了提高性能,SQL Server 可异步填充大型键集和静态游标。可调用 @@CURSOR_ROWS 以确定当其被调用时检索了游标符合条件的行数

函 数	功 能
@@FETCH_STATUS	返回针对连接当前打开的任何游标发出的最后一条游标 FETCH 语句的状态
CURSOR_STATUS ({'local','cursor_name'} |{'global', 'cursor_name'} |{'variable','cursor_variable'})	一个标量函数，它允许存储过程的调用方确定该存储过程是否已为给定的参数返回了游标和结果集

其中：

（1）'local'：指定一个常量，该常量指示游标的源是一个本地游标名。

（2）'cursor_name'：游标的名称。游标名必须符合有关标识符的规则。

（3）'global'：指定一个常量，该常量指示游标的源是一个全局游标名。

（4）'variable'：指定一个常量，该常量指示游标的源是一个本地变量。

（5）'cursor_variable'：游标变量的名称。必须使用 cursor 数据类型定义游标变量。

10．行集函数

行集函数如表 B.10 所示。

表 B.10　行集函数表

函 数	功 能
OPENDATASOURCE (provider_name, init_string)	不使用连接服务器的名称，而提供特殊的连接信息，并将其作为 4 部分对象名的一部分
OPENQUERY(linked_server ,'query')	在指定的连接服务器上执行指定的传递查询。该服务器是 OLE DB 数据源
OPENROWSET ({'provider_name',{'datasource';'user_id';'password' |'provider_string'} ,{[catalog.][schema.]object |'query' } | BULK 'data_file', {FORMATFILE='format_file_path'[<bulk_options>] |SINGLE_BLOB|SINGLE_CLOB|SINGLE_NCLOB} })	包含访问 OLE DB 数据源中的远程数据所需的所有连接信息
OPENXML(idoc int [in],rowpattern nvarchar[in],[flags byte[in]]) [WITH(SchemaDeclaration|TableName)]	OPENXML 通过 XML 文档提供行集视图

11．配置函数

配置函数如表 B.11 所示。

表 B.11　配置函数表

函 数	功 能
@@DBTS	返回当前数据库的当前 timestamp 数据类型的值。这一时间戳值在数据库中必须是唯一的

续表

函 数	功 能
@@LANGID	返回当前使用的语言的本地语言标识符 (ID)
@@LANGUAGE	返回当前所用语言的名称
@@LOCK_TIMEOUT	返回当前会话的当前锁定超时设置（毫秒）
@@MAX_CONNECTIONS	返回 SQL Server 实例允许同时进行的最大用户连接数。返回的数值不一定是当前配置的数值
@@MAX_PRECISION	按照服务器中的当前设置，返回 decimal 和 numeric 数据类型所用的精度级别
@@NESTLEVEL	返回在本地服务器上执行的当前存储过程的嵌套级别（初始值为 0）
@@OPTIONS	返回有关当前 SET 选项的信息
@@REMSERVER	返回远程 SQL Server 数据库服务器在登录记录中显示的名称。（下一个版本将不再使用）
@@SERVERNAME	返回运行 SQL Server 的本地服务器的名称
@@SERVICENAME	返回 SQL Server 正在其下运行的注册表项的名称。若当前实例为默认实例，则 @@SERVICENAME 返回 MSSQLSERVER；若当前实例为命名实例，则该函数返回该实例名
@@SPID	返回当前用户进程的会话 ID
@@TEXTSIZE	返回 TEXTSIZE 选项的当前值
@@VERSION	返回当前的 SQL Server 安装的版本、处理器体系结构、生成日期和操作系统

12. 分析函数

分析函数如表 B.12 所示。

表 B.12 分析函数表

函 数	功 能
FIRST_VALUE([scalar_expression]) OVER ([partition_by_clause] order_by_clause[rows_range_clause])	返回 SQL Server 2012 中有序值集中的第一个值
LAG(scalar_expression[,offset] [,default]) OVER([partition_by_clause] order_by_clause)	访问相同结果集的先前行中的数据，而不使用 SQL Server 2012 中的自连接
LAST_VALUE([scalar_expression) OVER([partition_by_clause] order_by_clause rows_range_clause)	返回 SQL Server 2012 中有序值集中的最后一个值
LEAD(scalar_expression[,offset],[default]) OVER([partition_by_clause]order_by_clause)	访问相同结果集的后续行中的数据，而不使用 SQL Server 2012 中的自连接
PERCENTILE_CONT(numeric_literal) WITHIN GROUP(ORDER BY order_by_expression[ASC|DESC]) OVER([<partition_by_clause>])	基于 SQL Server 2012 列值的连续分布计算百分位数。将内插结果，且结果可能不等于列中的任何特定值
PERCENTILE_DISC(numeric_literal) WITHIN GROUP (ORDER BY order_by_expression [ASC|DESC]) OVER([<partition_by_clause>])	计算 SQL Server 2012 中整个行集内或行集的非重复分区内已排序值的特定百分位数

续表

函 数	功 能
PERCENT_RANK( ) OVER([partition_by_clause] order_by_clause)	计算 SQL Server 2012 中一组行内某行的相对排名
CUME_DIST( ) OVER ([partition_by_clause] order_by_clause)	计算某个值在 SQL Server 2012 中的一组值内的累积分布

其中：

（1）calar_expression：要返回的值基于指定的偏移量。这是一个返回单个（标量）值的任何类型的表达式。scalar_expression 不能为分析函数。

（2）Offset：从其中获取值的当前行之后的行数。如果未指定，则默认值为 1。offset 可以是列、子查询或其他值为正整数的表达式，或者可隐式转换为 bigint。offset 不能是负数值或分析函数。

（3）default：当偏移量 offset 的 scalar_expression 为 NULL 时要返回的值。如果未指定默认值，则返回 NULL。default 可以是列、子查询或其他表达式，但不能是分析函数。default 的类型必须与 scalar_expression 相符。

（4）OVER([partition_by_clause]order_by_clause)：partition_by_clause 将由 FROM 子句生成的结果集划分成 RANK 函数适用的分区。

（5）literal：要计算的百分位数。该值必须介于 0.0 和 1.0 之间。

13. 复制函数

复制函数如表 B.13 所示。

表 B.13 复制函数表

函 数	功 能
PUBLISHINGSERVERNAME()	为参与数据库镜像会话的已发布数据库返回起始发布服务器的名称

14. 逻辑函数

逻辑函数如表 B.14 所示。

表 B.14 逻辑函数表

函 数	功 能
◆CHOOSE(index,val_1,val_2[,val_n])	在 SQL Server 2012 中从值列表返回指定索引处的项
◆IIF(boolean_expression,true_value,false_value)	在 SQL Server 2012 中，根据布尔表达式计算为 true 还是 false，返回其中一个值

其中：

（1）index：一个整数表达式，表示其后的项列表是从 1 开始的索引。

（2）val_1 … val_n：任何数据类型的逗号分隔的值列表。

15. 排名函数

排名函数如表 B.15 所示。

表 B.15 排名函数表

函 数	功 能
NTILE(integer_expression) OVER([<partition_by_clause>]<order_by_clause >)	将有序分区中的行分发到指定数目的组中

续表

函　数	功　能
RANK() OVER([partition_by_clause] order_by_clause)	返回结果集的分区内每行的排名。行的排名是相关行之前的排名数加一
ROW_NUMBER( )OVER([PARTITION BY value_expression,...[n]] order_by_clause)	返回结果集分区内行的序列号，每个分区的第一行从 1 开始
DENSE_RANK( ) OVER([<partition_by_clause>]<order_by_clause >)	返回结果集分区中行的排名，在排名中没有任何间断。行的排名等于所讨论行之前的所有排名数加一

其中：

（1）<partition_by_clause>：将 FROM 子句生成的结果集划分为此函数适用的分区。

（2）<order_by_clause>：确定 NTILE 值分配到分区中各行的顺序。当在排名函数中使用 <order_by_clause> 时，不能用整数表示列。

以上常用函数表中，左侧有◆符号的函数代表是 SQL Server 2012 的新增函数。

附录 C　参考答案

模块一　数据库创建

任务 1　数据库技术基础知识

课堂练习

一、选择题

1. C　2. B　3. D　4. C　5. A

二、填空题

1. 一对一，一对多，多对多
2. 层次模型，关系模型，网状模型
3. 手工文档，文件系统，数据库系统
4. 数据定义，数据操纵，数据控制
5. 层次模型

三、简答题

1. 什么是数据？什么是数据库？

答：数据是信息的表达方式和载体，是人们描述客观事物及其活动的抽象表示，是描述事物的符号记录。它是利用信息技术进行采集、处理、存储和传输的基本对象，数据的概念包括描述事物特性的数据内容和存储在某一种媒体上的数据形式。

数据库指的是以一定方式存储在一起、能为多个用户共享、具有尽可能小的冗余度、与应用程序彼此独立的数据集合。

2. 数据管理技术的发展经历了几个阶段？

答：数据管理技术的发展大致经历了以下 3 个阶段。

人工管理阶段：人工管理阶段的计算机主要应用于科学计算，绝大部分的数据管理基本上是手工方式，用纸卡及报表等进行一记载、存储、查询和修改。

文件管理阶段：文件管理阶段指把有关的数据组织成一种文件，这种数据文件可以脱离程序而独立存在，由一个专门的文件管理系统实施统一管理。

数据库系统管理阶段：数据库系统管理阶段指对所有的数据实行统一规划管理，形成一个数据中心，构成一个数据库，数据库中的数据能够满足所有用户的不同要求，供不同用户共享。

3. 什么是数据模型？什么是概念模型？

答：数据模型是一种表示数据特征的抽象模型，是数据处理的关键和基础。它是专门用于抽象、表示和处理现实世界中的数据（信息）的工具，DBMS 的实现都是建立在某种数据模型基础上的。数据模型通常由数据结构、数据操作和完整性约束（数据的约束条件）3 个基本部分组成，称为数据模型的三要素。

概念模型是对真实世界中问题域内的事物的描述，不是对软件设计的描述。概念的描述包括：记号、内涵、外延，其中记号和内涵是其最具实际意义的。概念数据模型也称信息模型，位于客观现实世界与机器世界之间。它只是用于描述某个特定机构所关心的数据结构，实现数据在计算机中表示的转换，是一种独立于计算机系统的数据模型。

4. 什么是 E-R 图？

1976 年，美籍华人陈平山提出了实体联系模型，也称 E-R 模型或 E-R 图。这种模型是用 E-R 图描述事物及其联系的概念模型，是数据库应用系统设计者与普通用户进行数据建模和交流沟通的常用工具，非常直观易懂、简单易用。

实践与实训

假定一个部门的数据库包括以下信息。
（1）职工的信息：职工号、姓名、地址和所在部门。
（2）部门的信息：部门所有职工、部门名、经理和销售的产品。
（3）产品的信息：产品名、制造商、价格、型号及产品的内部编号。
（4）制造商的信息：制造商名称、地址、生产的产品名和价格。
试画出这个数据库的 E-R 图。
答：E-R 图如下。

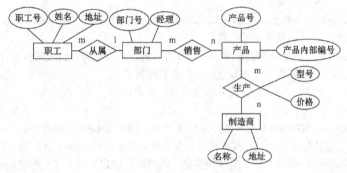

任务 2　数据库的安装

课堂练习

一、选择题

1．B　2．C

二、填空题

1．各个数据库对象
2．撤销
3．计算机名
4．SQL 企业管理器

三、简答题

1．什么是 SQL？
SQL 指的是结构化查询语言，它的主要功能是与各种数据库建立联系，进行沟通。按照美国国家标准学会的规定，SQL 被作为关系型数据库管理系统的标准语言。

2．SQL Server 2012 产品有哪些版本？各种版本的特点是什么？
SQL Server 2012 产品家族设计了企业版、商业智能版和标准版，还包括 Web 版本、开发者版本和精简版。
（1）企业版：SQL Server 2012 企业版提供了全面的高端数据中心功能，极为快捷，虚拟化不受限制，还具有端到端的商业智能，可为关键任务工作负荷提供较高服务级别，支持最终用户访问深层数据。
（2）商业智能版：SQL Server 2012 商业智能版提供了综合性平台，可支持组织构建和部署安全、可扩展且易于管理的 BI 解决方案。它提供基于浏览器的数据浏览与可见性等卓越功能、强大的数据集成功能以及增强的集成管理功能。
（3）标准版：SQL Server 2012 标准版提供了基本数据管理和商业智能数据库，使部门和小型组织能够顺利运行其应用程序并支持将常用开发工具用于内部部署和云部署，有助于以最少的 IT 资源获得高效的数据库管理。

（4）Web 版：对于 Web 宿主来说，要为 Web 资产提供可伸缩性、经济性和可管理性的功能，SQL Server 2012 Web 版本是一个成本较低的选择。

（5）开发版：SQL Server 2012 开发版支持开发人员基于 SQL Server 构建任意类型的应用程序。它包括企业版的所有功能，但有许可限制，只能用做开发和测试系统，而不能用于生产服务器。SQL Server 开发版是构建和测试应用程序人员的理想之选。

（6）精简版：SQL Server 2012 精简版是入门级的免费数据库，是学习和构建桌面及小型服务器数据驱动应用程序的理想选择。它是独立软件供应商、开发人员和热衷于构建客户端应用程序人员的最佳选择。如果需要使用更高级的数据库功能，则可以将 SQL Server 精简版无缝升级到其他更高端的 SQL Server 版本。

3．安装 SQL Server 2012 Enterprise Edition 有哪些硬件需求与软件需求？

硬件环境：SQL Server 2012 支持 32 位操作系统，至少 1GHz 或同等性能的兼容处理器，建议使用 2GHz 及以上处理器的计算机；支持 64 位操作系统，1.4GHz 或速度更快的处理器。最低支持 1GB，建议使用 2GB 或更大的 RAM，至少 2GB 可用硬盘空间。

软件环境：Windows 7，Windows Server 2008 SP2，Windows Server 2008 R2，Windows Vista SP2。

4．SQL Server 2012 包含哪些主要的组件？

SQL Server 2012 的组件主要包括数据库引擎、分析服务、集成服务、报表服务以及主数据服务组件。

5．SQL Server 2012 支持哪两种身份验证模式？各有何特点？

SQL Server 2012 支持 Windows 验证模式和混合验证模式。

（1）Windows 身份验证模式

当用户通过 Microsoft Windows 用户账户进行连接时，SQL Server 使用 Windows 操作系统中的信息验证账户名和密码。这是默认的身份验证模式，比混合模式更为安全。Windows 身份验证使用 Kerberos 安全协议，根据强密码的复杂性验证提供密码策略强制实施，提供账户锁定支持，并支持密码过期。

（2）混合模式（Windows 和 SQL Server 身份验证）：允许用户使用 Windows 和 SQL Server 身份验证进行连接。通过 Windows 用户账户进行连接的用户可以使用经过 Windows 验证的受信任连接。如果选择混合模式身份验证，则必须为所有 SQL Server 登录名设置强密码。这对于 Sa 和作为 sysadmin 固定服务器角色的登录名尤为重要。

实践与实训

1．在 Windows 7 中安装 SQL Server 2012 软件。

答：参照子任务 2.2 "实施过程"部分内容安装数据库。

2．测试安装 SQL Server 2012 软件是否成功。

答：参照子任务 2.2 "实施过程"部分内容安装并测试数据库。

任务 3　关系数据库设计

课堂练习

一、选择题

1．A　　2．C　　3．B　　4．D　　5．C

二、填空题

1．人工管理阶段、文件系统阶段、数据库系统
2．实体完整性、参照完整性
3．所有属性都是原子值

三、简答题

1．阅读下列说明，画出其 E-R 图：

登记参赛球队的信息。记录球队的编号、名称、代表地区、成立时间等信息。记录球队的每个队员的编

号、姓名、年龄、身高、体重等信息。每个球队有多名队员，一个队员只能参加一个球队。

E-R 图如下。

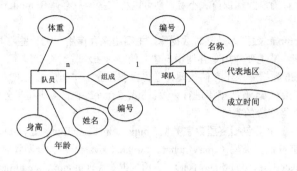

2．简述数据库的体系结构。

外模式、模式、内模式、外模式/模式映像、模式/内模式映像

3．简述概念模型转换成数据模型的原则。

（1）一个实体型转换为一个关系模式，实体的属性就是关系的属性，实体的码就是关系的码。

（2）一个 1∶1 的联系可以转换为一个独立的关系模式，也可以和任意一端合并。如果联系的属性很多，则可以考虑单独转换为一个关系模式，联系名称即为关系模式的名称，两边连接的实体的码及本身的属性即为该联系的属性，主键是两边连接的实体的码。

（3）一个 1∶n 的联系可以转换为一个独立的关系模式，也可以和 n 端合并。如果联系的属性很多，则可以考虑单独转换为一个关系模式，联系名称即为关系模式的名称，两边连接的实体的码及本身的属性即为该联系的属性，主键是两边连接的实体的码。

（4）一个 m∶n 的联系转换为一个独立的关系模式，两边连接的实体的码及本身的属性即为该联系的属性，主键是两边连接的实体的码。

4．简述数据库设计的步骤。

数据库的设计分为需求分析、概念设计、逻辑设计、物理设计、实施和运行维护 6 个阶段。

实践与实训

提示：图书馆管理系统基本包括图书档案（统一书号，书名，作者等和图书本身信息有关系的属性）、图书基本信息（图书编号，购买日期等和每本书有关系的属性）、借书证基本信息（借书证号，姓名等读者属性）3 个实体，借阅（借阅日期，归还日期等属性）的联系，同学们可以根据情况自行设计概念模型、数据模型和物理设计，设计的时候注意需要用范式原理对关系模式进行优化，而且字段类型、长度和约束要认真细致地考虑，参考自己做好的需求分析。

任务 4　创建数据库

课堂练习

一、选择题

1．C　2．A　3．A　4．A　5．B　6．C　7．B　8．B

二、填空题

1．.mdf、.ldf

2．CREATE DATABASE mail

三、简答题

1．简述系统数据库及其作用。

SQL Server 中有 master、model、tempdb 和 msdb 等系统数据库。

（1）master 数据库：master 数据库是 SQL Server 数据库中最重要的，是整个数据库的核心。该数据库中包含所有用户的登录信息、用户所在组信息、所有系统的配置选项、服务器中本地数据库的名称和信息、SQL

Server 的初始化方式等。

（2）model 数据库：model 数据库是 SQL Server 2012 中创建数据库的模板。若用户希望创建的数据库具有某些特定信息，或者数据库有确定的初识值大小等，则可以将这些信息存储在 model 数据库中，并以此为模板创建新的数据库。

（3）tempdb 数据库：tempdb 数据库是临时数据库，主要用来存储用户的一些临时数据信息。tempdb 数据库用做系统的临时存储空间，其主要作用是存储用户建立的临时表和临时存储过程。

（4）msdb 数据库：msdb 数据库用于存储代理计划警报和作业工作的信息。SQL Server 是一个重要的 windows 服务。建议不要直接对 msdb 数据库进行修改，SQL Server 中的其他程序会自动使用该数据库。

2. 简述 SQL Server 数据字段的类型。

答：SQL Server 数据字段主要包括整型数字类型（bigint、int、smallint、tinyint）、浮点型数字类型（float、real、decimal、numeric）、字符数据类型（char、nchar、varchar、nvarchar）、日期和时间数据类型（date、time、datetime、datetime2、smalldatetime、datetimeoffset）、货币数据类型（money、smallmoney）、位数据类型（bit）、二进制数据类型（binary、varbinary）、文本和图形数据类型（text、ntext、image）、其他数据类型（timestamp、uniqueidentifier、xml、cursor、sql_variant）等。

3. 简述主键与外键的区别。

（1）定义：主键能唯一标识一条记录；外键是另一个表的主键，外键可以重复、可以为空值。

（2）作用：主键用来保证数据完整性；外键用来和其他表建立联系。

（3）数量：主键有且只有一个；一个表可以有多个外键。

4. 简述约束的种类。

SQL Server 2012 中有 5 种约束，包括主键约束、唯一性约束、检查约束、默认约束和外键约束。

实践与实训

1. 答：提示信息如下。

（1）创建数据库和数据表的方法有两种，一种是使用图形界面创建，另一种是使用 T-SQL 命令实现。

使用图形界面创建可参考任务 4.1 中创建 OnlineShopping 数据库的方法。

使用 T-SQL 命令方法创建，可以输入如下语句。

```
CREATE DATABASE Student
```

（2）创建表也有两种方法，一种是使用图形界面创建，另一种是使用 T-SQL 命令实现。

使用图形界面创建参考任务 4.2 中创建表 shop_Order 的方法。

使用 T-SQL 命令方法创建表 stu_infor，可以输入如下语句。

```
CREATE TABLE stu_infor
(
stuID varchar(20) PRIMARY KEY NOT NULL,
stuName varchar(50) NOT NULL,
age int is NULL,
phone varchar(20) is NULL,
address nvarchar(50) is NULL,
department nvarchar(50) is NULL,
)
```

创建课程表 stu_course，可以输入如下语句。

```
CREATE TABLE stu_course
(
cID varchar(20) PRIMARY KEY NOT NULL,
cName varchar(50) NOT NULL,
cClass varchar(20) is NULL,
)
```

创建成绩表 stu_score，可以输入如下语句。

```
CREATE TABLE stu_score
```

```
(
ID int IDENTITY(1,1) PRIMARY KEY NOT NULL,
stuID varchar(20) NOT NULL,
cID varchar(20) NOT NULL,
score float NOT NULL,
)
```

2. 答：答案略。

模块二　数据库基础管理和维护

任务5　数据库管理和维护

课堂练习

一、选择题

1. A　　2. C　　3. B　　4. B　　5. A

二、填空题

1. ADD LOG FILE
2. ADD FILEGROUP
3. MODIFY FILE
4. MODIFY NAME
5. sp_dbremove

三、简答题

1. 创建和管理数据库有哪几种方法？

在 SQL Server 2012 中，创建和管理数据库主要有以下两种方法。

（1）使用图形界面工具创建。

（2）使用 T-SQL 语句创建。

2. 利用 SQL 语句可以对数据库的哪些属性进行修改？

答：使用 MODIFY FILE 语句可以修改数据文件的属性，一次只能更改一个属性，包括 FILENAME(文件名)、SIZE（文件大小）、FILEGROWTH(文件的自动增长方式)、MAXSIZE(最大容量)。如果指定要修改 SIZE 属性，则新文件大小必须比文件当前大。

3. 删除数据库有哪几种方法？

答：在 SQL Server 2012 中，删除数据库主要有以下两种方法。

（1）使用 SSMS 工具删除。

（2）使用 T-SQL 语句删除。

　　① DROP DATABASE　数据库名称。

　　② EXEC 或 EXECUTE sp_dbremove　数据库名称。

4. 重命名数据库有哪几种方法？

在 SQL Server 2012 中，重命名数据库主要有以下两种方法。

（1）使用 SSMS 工具重命名。

（2）使用 T-SQL 语句重命名。

　　① EXEC 或 EXECUTE sp_renamedb　数据库原名称,数据库新名称。

　　② ALTER DATABASE　数据库原名称。

　　③ MODIFY NAME=数据库新名称。

5. 重命名数据库后，数据库文件的逻辑名是否随之更改？如何更改数据库文件的逻辑名？

数据库重命名后，其文件的逻辑名称不会更改，可以使用下面的 SQL 语句进行修改。

ALTER DATABASE　数据库名称。

MODIFY FILE(NAME=文件原名称,NEWNAME=文件新名称)。

实践与实训

1．向数据库 OnlineShopping 中添加一个新的数据文件，文件名为 OnlineShopping2_data.ndf，初始大小为 20MB，不限制文件增长，每次文件自动增长的增量为 10%。

答：参考子任务 5.2 中的 ALTER DATABASE 语句，具体代码可参考例 5.3。

2．向数据库 OnlineShopping 中添加一个新的日志文件，文件名为 OnlineShopping2_log.ldf，初始大小为 30MB，文件最大为 150MB，每次文件自动增长的增量为 5MB。

答：参考子任务 5.2 中的 ALTER DATABASE 语句，具体代码可参考例 5.3。

3．修改数据库 OnlineShopping 的数据文件 OnlineShopping2_data.ndf，将文件每次自动增加的量改为 10MB。

答：参考子任务 5.2 中的 ALTER DATABASE 语句，具体代码可参考图 5.12。

任务 6　数据表管理和维护

课堂练习

一、选择题

1．A　　2．C　　3．C　　4．B　　5．D　　6．C

二、填空题

1．ALTER COLUMN
2．DROP COLUMN
3．ADD
4．DROP CONSTRAINT
5．SELECT

三、简答题

1．数据表中的数据在进行更新和删除操作时应该注意什么问题？什么是级联更新和级联删除？

答：如果一个表 A 的主键是表 B 的外键，那么修改表 A 的主键或者删除表 A 中的某些记录都会导致表 B 中一些记录的外键找不到表 A 中与之对应的主键，从而使数据的参照完整性出现问题。解决这一问题可以采用级联删除和级联更新方法。

所谓级联删除，就是指如果删除主键表中的某些记录，那么外键表中引用主键表中被删除的主键的记录也会一同被删除。级联更新类似于级联删除，即如果修改主键表中某些记录的主键值，那么外键表中引用主键表中被修改的主键的记录也会一同被更新。

2．TRUNCATE 语句的作用是什么？它与 DELETE 语句有什么区别？

答：TRUNCATE 语句的功能相当于不带 WHERE 子句的 DELETE 语句，即删除表中的所有记录，但是该语句的执行效率更高，而且占用系统资源和系统日志资源更少。

3．如何判断 INSERT 命令和 DELETE 命令是否执行成功？

答：INSERT 语句和 DELETE 语句的执行结果是一个整数，它表示受影响的行数。可以根据返回结果进行判断，如果受影响行数大于 0，则表示有记录被成功插入或删除。

4．什么是数据参照完整性？如何实现数据的参照完整性？

答：参照完整性是相关联的两个表之间的约束，具体来说，就是外键表中每条记录外键的值必须是主表中存在的，因此，如果在两个表之间建立了关联关系，则对一个关系进行的操作会影响到另一个表中的记录。

如果实施了参照完整性，那么当主表中没有相关记录时，就不能将记录添加到外键表中；也不能在外键表中存在匹配的记录时删除主表中的记录，更不能在外键表中有相关记录时更改主表中的主键值。

5．向数据表中添加数据时应注意哪些问题？

答：表名称后面的字段列表是需要插入数据的列，如果表中的每个字段都需要插入数据，则字段列表可以省略；VALUES 后面的值列表与前面的字段列表一一对应，如果省略字段列表，那么就意味着表中的每个列都需要数据，VALUES 后面的值列表次序与表中的字段序列一一对应；插入数据时，值的数据类型必须与所对应列的数据类型相匹配，否则会导致插入数据失败。

实践与实训

1. 向数据库 OnlineShopping 的订单表 shop_Order 中添加一个名为 unitprice 的列，其类型为 money；添加成功后，再删除该列。

答：参考子任务 6.1 中的 ALTER TABLE 语句，添加列的代码可参考图 6.6，删除列的代码可参考例 6.2。

2. 向数据库 OnlineShopping 的订单表 shop_Order 中添加一个外键约束，使该表中的 userid 字段参考用户表 shop_user 中的主键 userid。

答：参考子任务 6.1 中的 ALTER TABLE 语句，具体代码可参考图 6.6。

3. 向数据库 OnlineShopping 的省份表 shop_Province 中添加一条记录：省份代码为 10000021；省份名称为云南省。

答：参考子任务 6.3 中的 INSERT 语句，具体代码可参考例 6.4。

4. 修改数据库 OnlineShopping 的用户表 shop_user，将消费总金额最高用户的积分加 100。

答：参考子任务 6.4 中的 UPDATE 语句，具体代码可参考图 6.15。

5. 删除数据库 OnlineShopping 商品信息表 shop_infor 中从未被订购过的商品信息。

答：参考子任务 6.5 中的 DELETE 语句，具体代码可参考图 6.18。

模块三 数据库应用

任务 7 表数据查询

课堂练习

一、选择题

1. D　2. A　3. D　4. A　5. C　6. B　7. C

二、填空题

1. 数据定义语言、数据操纵语言
2. 左外连接、右外连接、完全外连接
3. LIKE
4. AVG()
5. INNER JOIN、JOIN
6. 笛卡尔积查询

三、简答题

1. 简述常用的聚合函数。

常用聚合函数有平均值函数 AVG()、最大值函数 MAX()、最小值函数 MIN()、和值函数 SUM()、统计项数值 COUNT()等。

2. 简述单表查询中对查询结果进行排序使用的语句。

用户在使用数据库对数据查询时，可以使用 ORDER BY 子句，对查询的结果进行某种排序。通常在使用时与 ASC（升序）和 DESC（降序）一起使用。

3. 简述多表查询的种类。

在数据库中的多表查询包括内连接查询、外连接查询、交叉连接查询、自连接查询、联合查询、交查询、差查询、嵌套查询。

4. 简述表查询中的模糊查询。

在 WHERE 子句中使用 LIKE 对数据库中的数据进行模糊查询。"%" 表示任意长度的字符串；"_" 表示任意单个字符。

实践与实训

1. 使用单表查询查找数据库 OnlineShoping 商品信息表 shop_infor 中特价商品的"商品编码"、"商品名称"和"商品数量"等信息。

答：使用的查询语句如下。
```
SELECT shopID as '商品编码',sName '商品名称', sStockNum '商品数量'
FROM shop_infor
WHERE sIsSpecial=1
```

2. 使用单表查询查找数据库 OnlineShoping 商品信息表 shop_infor 中折扣价格大于 2000 元的"商品编码"、"商品名称"和"折后价格"等信息。

答：使用的查询语句如下。
```
SELECT shopID as '商品编码',sName '商品名称',sDiscountPrice '折扣价格'
FROM shop_infor
WHERE sDiscountPrice>2000
```

3. 统计商品信息表 shop_infor 中特价商品的数量，并显示"商品编码"、"商品名称"和"特价商品数量"等信息。

答：使用的查询语句如下。
```
SELECT shopID as '商品编码',sName '商品名称',count(sIsSpecial) as '特价商品的数量'
FROM shop_infor
WHERE sIsSpecial=1
```

4. 统计商品信息表 shop_infor 中新商品的数量，并显示"商品编码"、"商品名称"和"新商品数量"等信息。

答：使用的查询语句如下。
```
SELECT shopID as '商品编码',sName '商品名称',count(sIsNew) as '新商品的数量'
FROM shop_infor
WHERE sIsNew=1
```

5. 统计商品信息表 shop_infor 中各种品牌商品的数量，并显示"商品编码"、"商品名称"、"商品品牌"和"商品数量"等信息并将这些信息插入新到的数据表 shop_BrandNum 中。

答：使用的查询语句如下。
```
INSERT INTO shop_BrandNum(shopID,sName,bBrand,count(S.sBrandID)as sNum)
SELECT shopID,sName,bBrand
FROM shop_infor as S and shop_Brand as B WHERE S.sBrandID=B.sBrandID
```

任务8 视图的应用

课堂练习

一、选择题

1. D　　2. B　　3. A　　4. C

二、填空题

1. 聚集索引、非聚集索引
2. 表扫描、查询索引
3. 聚集索引的键值，一个
4. CREATE INDEX、ALTER INDEX、DROP INDEX

三、简答题

1. 什么是视图？

视图是一个虚拟表，其内容由查询定义。同真实的表一样，视图包含一系列带有名称的列和行数据。但是，视图并不在数据库中以存储的数据集合形式存在。行和列数据来自由定义视图的查询所引用的表，并且在引用视图时动态生成。

2．视图的作用是什么？

视图主要有以下几方面作用。

（1）简化用户操作：视图机制使用户可以将注意力集中在关心的数据上。如果这些数据不是直接来自基本表的，则可以通过定义视图，使数据库看起来结构简单、清晰，并且可以简化用户的数据查询操作。例如，那些定义了若干个表连接的视图，它们将表与表之间的连接操作对用户隐藏起来了。换句话说，用户所做的只是对一个虚表的简单查询，而这个虚表是怎样得来的，用户无需了解。

（2）视图使用户能以多种角度看待同一数据：视图机制能使不同的用户以不同的方式看待同一数据，当许多不同种类的用户共享同一个数据库时，这种灵活性是非常必要的。

（3）视图能够对机密数据提供安全保护：利用视图机制，可以在设计数据库应用系统时，对不同的用户定义不同的视图，使机密数据不出现在不应该看到这些数据的用户视图上。这样的视图机制提供了对机密数据的安全保护功能；允许用户通过视图访问数据，而不授予用户直接访问数据表的权限，这就实现了对数据安全性的保护。

3．创建视图时应注意哪些问题？

视图后面的列名可以省略，但是在以下情况下需要写出列名。

（1）列是算术表达式或函数表达式。

（2）两个或更多的列具有相同的名称。

（3）视图中的列名称不同于 SELECT 语句中的列名称，如果未指定列名，则视图列将与 SELECT 语句中的列名相同。

4．利用视图更新和删除数据时，应注意哪些限制条件？

利用视图更新和删除数据时要注意以下几点。

（1）要利用视图更新、删除和插入数据表数据，视图中的 SELECT 语句必须是单表查询，如果是多表连接查询，则无法利用视图修改数据表中的数据。

（2）通过视图只能更新和删除其可以查询到的数据。

（3）如果在创建视图时加上则 WITH CHECK OPTION 子句，那么在执行更新和删除操作时应满足定义视图时 SELECT 语句中的 WHERE 条件。

5．如何查看视图的定义信息？

如果创建视图时没有加密，则可以使用以下两种方法查看视图定义。

（1）使用 SMS 工具的对象浏览器查看。

（2）通过执行存储过程 sp_helptext 查看。

实践与实训

1．在数据库 OnlineShopping 中创建视图"VIEW_TOTALUSERS"，查询每一类商品的订购次数。

参考子任务 8.1 中的 CREATE VIEW 语句，具体代码可参考图 8.2。

2．修改上面的视图"VIEW_TOTALUSERS"，查询每一类商品被 VIP 用户订购的次数。

答：参考子任务 8.2 中的 ALTER VIEW 语句，具体代码可参考例 8.1。

3．创建视图"VIEW_PROVINCES"，查询所有省份信息；利用该视图在省表"shop_Province"中插入一条新记录并删除一条记录。

答：创建视图可参考子任务 8.1 中的 CREATE VIEW 语句，具体代码可参考图 8.2，利用视图插入和删除记录的具体代码可参考图 8.9 和图 8.8。

任务 9 索引的应用

课堂练习

一、选择题

1．D 2．B 3．A 4．C

二、填空题

1. 聚集索引、非聚集索引
2. 表扫描、查询索引
3. 聚集索引的键值，一个
4. CREATE INDEX、ALTER INDEX、DROP INDEX

三、简答题

1. 索引的作用？其有何优缺点？

建立索引的目的是加快对表中记录的查找或排序。为表设置索引是要付出代价的：一是增加了数据库的存储空间，二是在插入和修改数据时要花费较多的时间。

2. 创建索引有何优点？

第一，通过创建唯一性索引，可以保证数据库表中每一行数据的唯一性。第二，可以大大加快数据的检索速度，这也是创建索引的最主要的原因。第三，可以加速表和表之间的连接，特别是在实现数据的参考完整性方面特别有意义。第四，在使用分组和排序子句进行数据检索时，同样可以显着减少查询中分组和排序的时间。第五，通过使用索引，可以在查询的过程中，使用优化隐藏器，提高系统的性能。

实践与实训

1. 答：参照子任务 9.1 中的 CREATE UNIQUE CLUSTERED INDEX 语句，具体代码可参照【例 9.1】。
2. 答：参照子任务 9.1 中的实施过程，具体操作参照子任务实施步骤。
3. 答：参照子任务 9.2 中的 exec sp_rename 语句，具体操作可参照【例 9.4】。
4. 答：参照子任务 9.1 中的 DBCC SHOW_STATISTICS 语句，具体代码可参照【例 9.3】。

任务 10　游标的应用

课堂练习

一、选择题

1. B　2. B　3. B　4. B　5. A

二、填空题

1. 打开、关闭、释放
2. 0
3. CLOSE

三、简答题

1. 简述游标的使用方法。
   （1）声明游标。
   （2）打开游标。
   （3）提取数据。
   （4）关闭游标。
   （5）释放游标。
2. 简述游标的优点。

答：游标的优点是逐行遍历每行数据。

实践与实训

1. 使用游标遍历数据库 OnlineShoping 商品信息表 shop_infor 中的"商品编码"、"商品名称"和"商品数量"等信息。

答：可以使用如下命令语句。

```sql
USE OnlineShopping
GO
--定义游标
DECLARE s_spxx  CURSOR KEYSET FOR SELECT sCode, sName, sStockNum
FROM shop_brand
OPEN s_ppxx  --打开游标
DECLARE @spbm nvarchar(50),@spmc nvarchar(50),@spsl int
IF @@ERROR=0   --判断游标打开是否成功
BEGIN
    IF @@CURSOR_ROWS>0
      BEGIN
      PRINT '共有商品'+RTRIM(CAST(@@CURSOR_ROWS AS CHAR(3)))+'种，分别是：'
       PRINT ''
--提取游标中的第一条记录，将其字段内容分别存入变量
      FETCH NEXT FROM s_spxx INTO @ spbm, @spmc, @spsl
      --检测全局变量@@FETCH_STATUS，如果有记录，则继续循环
      WHILE (@@FETCH_STATUS=0)
        BEGIN
        PRINT spbm +', '+@spmc +', '+@spsl
        --提取游标中的下一条记录，将其字段内容分别放入变量
        FETCH NEXT FROM s_spxx INTO @ spbm, @spmc, @spsl
        END
    END
END
ELSE
PRINT '游标存在问题！'
CLOSE s_spxx            --关闭游标
DEALLOCATE s_spxx       --释放游标
GO
```

2. 使用游标遍历数据库 OnlineShoping 用户表 shop_user 中的"用户编码"、"用户账户"和"联系方式"等信息。

答：代码参考题 1。

3. 使用游标遍历数据库 OnlineShoping 收货地址表 shop_ReciveAdress 中的"收货编号"、"收货人姓名"和"手机号码"等信息。

答：代码参考题 1。

4. 使用游标遍历数据库 OnlineShoping 店铺表 shop_Seller 中的"店铺编号"、"店铺名称"和"店铺网址"等信息。

答：代码参考题 1。

任务 11　存储过程的应用

课堂练习

一、选择题

1. B　　2. B　　3. C　　4. C

二、填空题

1. DML 触发器和 DDL 触发器
2. CREATE TRIGGER
3. INSERT、DELETE、UPDATE

4. INSTEAD OF

三、简答题

1. 什么是存储过程？

存储过程是一组完成特定功能的 SQL 语句集，经编译后存储在数据库中。用户通过指定存储过程的名称并给出参数（如果该存储过程带有参数）来执行它。

2. 存储过程具有哪些优点？

由于存储过程在创建时即在数据库服务器中进行了编译并存储在数据库中，所以存储过程运行要比单个 SQL 语句块快。同时，由于在调用时只需提供存储过程名和必要的参数信息，所以在一定程度上也可以减少网络流量和负载。

（1）存储过程允许标准组件式编程：存储过程在被创建以后可以在程序中被多次调用，而不必重新编写该存储过程的 SQL 语句。同时，数据库专业人员可随时对存储过程进行修改，但对应用程序源代码毫无影响（因为应用程序源代码只包含存储过程的调用语句），从而极大地提高了程序的可移植性。

（2）存储过程能够实现较快的执行速度：如果某一操作包含大量的 T-SQL 语句或分别被多次执行，那么存储过程要比批处理的执行速度快得多。因为存储过程是预编译的，所以在首次运行一个存储过程时，查询优化器对其进行分析、优化，并给出最终被存在系统表中的执行计划。而批处理的 T-SQL 语句在每次运行时都要进行编译和优化，因此执行速度比存储过程慢。

（3）存储过程能够减少网络流量：对于同一个针对数据库数据对象的操作（如查询、修改），如果这一操作涉及的 T-SQL 语句被组织成一个存储过程，那么当在客户计算机上调用该存储过程时，网络中传送的只是该调用语句，否则将是多条 T-SQL 语句，从而大大减少了网络流量，降低了网络负载。

（4）存储过程可被作为一种安全机制：系统管理员通过对执行某一存储过程的权限进行限制，从而能够实现对相应数据访问权限的限制，避免非授权用户对数据的访问，保证数据的安全。

3. 存储过程主要分为哪几类？其区别是什么？

在 SQL Server 中存储过程分为两类：系统提供的存储过程和用户自定义的存储过程。

系统存储过程主要存储在 master 数据库中并以 sp_ 为前缀。系统存储过程主要是从系统表中获取信息，从而为系统管理员管理 SQL Server 提供支持。通过系统存储过程，SQL Server 中的许多管理性或信息性的活动（如了解数据库对象、数据库信息）都可以被顺利、有效地完成。

用户自定义存储过程是由用户创建并能完成某一特定功能（如查询用户所需数据信息）的存储过程。

4. 修改存储过程有哪几种方法？假设有一个存储过程需要修改，但又不希望影响现有的权限，则应使用哪个语句进行修改？

修改存储过程有以下两种方法：一种方法是先删除原存储过程，再创建新的存储过程；另一种方法是使用 ALTER PROCEDURE 语句修改存储过程。二者区别在于，使用第一种方法修改存储过程时，所有与之关联的权限都将丢失。因此如果要保留现有权限，应使用第二种方法。

5. 创建存储过程时应注意哪些问题？

创建存储过程时，要注意以下几点。

（1）每个存储过程应该完成一个独立完整的业务功能。
（2）可以使用加密功能隐藏存储过程的脚本。
（3）应使用异常处理机制处理存储过程中可能出现的异常。
（4）对于较复杂的存储过程，应使用注释。
（5）尽量少使用可选参数，因为大量使用可选参数不仅会影响存储过程的执行效率，还会增大出错的几率。

实践与实训

1. 在数据库 OnlineShopping 中创建存储过程"queryTotalMoney"，查询某个时间段内的订货总金额并通过参数@totalmoney 返回总金额。

答：参考子任务 11.2 中的 CREATE PROCEDURE 语句，具体代码可参考例 11.3。

2. 在数据库 OnlineShopping 中创建存储过程"queryTOPProduct"，查询某个时间段内的累计订购数量前 3 名的商品名称和累计订购数量。

答：参考子任务 11.2 中的 CREATE PROCEDURE 语句，具体代码可参考例 11.7。

3．在数据库 OnlineShopping 中创建存储过程"insertProvince"，其功能是在省份表 shop_Province 中插入一条新记录，如果该记录的省份编号或者省份名称已存在，则提示错误信息"该省份编号或省份名称已存在！"，并使用 TRY…CATCH 处理产生的错误。

答：参考子任务 11.2 中的 CREATE PROCEDURE 语句，具体代码可参考子任务 11.2 的具体实施步骤。

任务 12　触发器的应用

课堂练习

一、选择题

1．B　2．B　3．C　4．C

二、填空题

1．DML 触发器和 DDL 触发器
2．CREATE TRIGGER
3．INSERT、DELETE、UPDATE
4．INSTEAD OF

三、简答题

1．简述触发器的类型。
触发器有两种类型：数据操作语言触发器和数据定义语言触发器。
2．简述触发器的作用。
触发器的主要作用就是其能够实现由主键和外键不能保证的复杂的参照完整性和数据的一致性，它能够对数据库中的相关表进行级联修改，能提供比检查约束更复杂的数据完整性，并自定义错误信息。触发器的主要作用有以下几个方面。
（1）强制数据库间的引用完整性。
（2）级联修改数据库中所有相关的表，自动触发其他与之相关的操作。
（3）跟踪变化，撤销或回滚违法操作，防止非法修改数据。
（4）返回自定义的错误信息，约束无法返回信息，而触发器可以。
（5）触发器可以调用更多的存储过程。

实践与实训

1．使用 OnlineShopping 数据库，创建名为 AVG_Order 的触发器，创建表 AVG_ORDER，在该表中创建 AVG_PRICE 字段，类型为 money，当新增 shop_Order 订单表信息时，求所有订单商品平均价格，更新 ABG_PRICE 字段。

答：参照子任务 12.2 中的 CREATE TRIGGER 语句，任务 7 中的 AVG 语句，具体代码可参照例 12.1。

2．使用 OnlineShopping 数据库，创建名为 Update_Invoice 的触发器，当更新该表信息时，提示："您没有权限更新该表信息！"。

答：参照子任务 12.2 中的 CREATE TRIGGER 语句，具体代码可参照例 12.4。

3．使用 OnlineShopping 数据库，删除前一个问题中的 Update_Invoice 触发器。

答：参照子任务 12.3 中的 DROP TRIGGER 语句，具体代码可参照例 12.9。

任务 13　SQL Sever 与 XML

课堂练习

一、选择题

1．B　2．A　3．B　4．A　5．B

二、简答题

1. 简述 XML 数据库的优势。

答：（1）XML 数据库能够对半结构化数据进行有效的存取和管理，如网页内容就是一种半结构化数据，而传统的关系数据库对于类似网页内容这类的半结构化数据无法进行有效的管理。

（2）提供对标签和路径的操作。传统数据库语言允许对数据元素的值进行操作，不能对元素名称操作，半结构化数据库提供了对标签名称的操作，包括对路径的操作。

（3）当数据本身具有层次特征时，由于 XML 数据格式能够清晰表达数据的层次特征，因此 XML 数据库便于对层次化的数据进行操作。XML 数据库适合管理复杂数据结构的数据集，如果已经以 XML 格式存储信息，则 XML 数据库利于文档存储和检索；可以用方便实用的方式检索文档，并能够提供高质量的全文搜索引擎。另外，XML 数据库能够存储和查询异种的文档结构，提供对异种信息存取的支持。

2．SELECT 语句的 FOR XML 子句支持几种 XML 转换模式，分别是什么模式？

答：共支持 4 种 XML 转换模式，分别为 RAW、AUTO、EXPLICIT 和 PATH 模式。

实践与实训

分别使用 RAW 模式和 AUTO 模式，从数据库 OnlineShopping 中提取商品信息表 shop_infor 中的数据，并把结果集以 XML 的形式显示在浏览器中。

答：命令语句如下。

```
USE OnlineShopping
select * from shop_infor for xml AUTO
GO
```

模块四 数据库安全管理

任务 14 SQL Server 的安全机制

课后练习

一、选择题

1．C   2．D   3．D   4．A   5．B

二、填空题

1．对用户是否有权限登录到系统及如何登录的管理、对用户能否使用数据库中的对象并执行相应操作的管理
2．客户机安全机制、网络传输的安全机制、实例级别安全机制、数据库级别安全机制、对象级别安全机制
3．Windows 身份验证模式、混合身份验证模式
4．登录者、数据库用户
5．对象权限，语句权限，固定角色权限

实践与实训

略

任务 15 备份和恢复数据库

课堂练习

一、单选题

1．A   2．C   3．D   4．A

二、填空题

1．3、完整恢复模式、大容量日志恢复模式、简单恢复模式

2. 磁盘备份设备
3. 差异备份
4. 完整备份

三、简答题

1. 简述数据库备份的类型。

SQL Server 2012 中提供了 4 种备份数据库的方式，即完整备份、差异备份、事务日志备份、文件和文件组备份。

（1）完整备份：备份整个数据库的所有内容，包括事务日志。

（2）差异备份：差异备份是完整备份的补充，只备份上次完整备份后更改的数据。

（3）事务日志备份：事务日志备份只备份事务日志中的内容。事务日志记录了上一次完整备份或事务日志备份后数据库的所有变动过程。

（4）文件和文件组备份：为数据库创建了多个数据库文件或文件组，可以只备份数据库中的某些文件或文件组。

2. 简述数据库的恢复模式的类型。

SQL Server 2012 数据库恢复模式有 3 种，即完整恢复模式、大容量日志恢复模式、简单恢复模式。

3. 简述数据的备份策略类型。

答：SQL Server 2012 提出了 5 种备份策略，包括完整数据库备份策略、完整数据库和差异备份策略、完整数据库和事务日志备份策略、组合备份策略、文件和文件组备份策略等。

实践与实训

1. 任务 4 中"实践与实训"中的数据库 Student 采用完整备份进行备份。

答：参考子任务 15.2 "实施过程"部分"使用完整备份的方式备份数据库"内容。

2. 任务 4 中"实践与实训"中的数据库 Student 采用差异备份进行备份。

答：参考子任务 15.2 "实施过程"部分"使用差异备份的方式备份数据库"内容。

3. 任务 4 中"实践与实训"中的数据库 Student 采用事务日志备份进行备份。

答：参考子任务 15.2 "实施过程"部分"使用事务日志备份的方式备份数据库"内容。

任务 16　分离与附加数据库

课堂练习

一、选择题

略

二、填空题

略

三、简答题

1. 简述分离数据库的含义。

分离数据库即是将当前计算机中的数据库所在的数据文件（扩展名为.mdf）及事务日志文件（扩展名为.ldf）一起从 SQL Server 实例中删除，但是数据库在数据文件和其对应的事务日志文件中保持不变。

2. 简述附加数据库的含义

附加数据库即将已经分离的数据库的数据文件及其事务日志文件一起添加到 SQL Server 实例中。

3. 简述哪些情况下数据库不能实现分离操作。

（1）若数据库存在数据库快照，则必须删除所有数据库快照，然后才能分离数据库。

（2）若该数据库正在某个数据库镜像会话中进行镜像，则必须先终止该回话，否则无法分离数据库。

（3）若数据库处于可疑状态，则必须将数据库设为紧急模式，才能对其进行分离。

（4）若数据库为系统数据库，则不能实现分离操作。

实践与实训

1. 对任务 4 "实践与实训" 中的数据库 Student 执行分离操作。

答：分离数据库有两种方法，使用图形界面分离数据库，参考任务 16.1 中 "实施过程" 部分分离数据库部分内容；使用 T-SQL 命令分离数据库，可使用如下命令语句。

```
use master
GO
EXEC sp_detach_db 'Student'
```

2. 对任务 4 "实践与实训" 中的数据库 Express 执行分离操作。

答：参考题 1。

3. 对任务 4 "实践与实训" 中的数据库 Student 执行附加操作。

答：附加数据库有两种方法，使用图形界面分离数据库，参考任务 16.2 中 "实施过程" 部分附加数据库部分内容；使用 T-SQL 命令附加数据库，可使用如下命令语句。

```
use master
GO
EXEC sp_attach_db 'Student'
```

4. 对任务 4 "实践与实训" 中的数据库 Express 执行附加操作。

答：参考题 3。

任务 17 导入与导出数据

课堂练习

一、选择题

1. A   2. D   3. D

二、填空题

1. Excel 文件、Access 数据库文件、其他 SQL Server 数据库文件
2. Excel 文件、Access 数据库文件、其他 SQL Server 数据库文件
3. 数据源、数据库、目标数据。
4. 新的 Excel 文件。
5. 新的 SQL Server 数据库文件。

实践与实训

略